Quanten sind anders

Thomas Görnitz ist Professor für Didaktik der Physik an der Johann Wolfgang Goethe-Universität Frankfurt. Nach dem Physikstudium und Promotion an der Universität Leipzig und einer politisch bedingten Unterbrechung seiner Forschungslaufbahn ging er 1979 an das Max-Planck-Institut zur Erforschung der Lebensbedingungen der wissenschaftlich technischen Welt zu Carl Friedrich von Weizsäcker, um die grundlegenden Verständnisfragen der Quantentheorie zu erforschen. Es folgten Forschungsprojekte zu kosmologischen und mathematischen Fragen der Quantentheorie, bevor Görnitz 1994 nach Forschungsstationen in verschiedenen Max-Planck-Institutionen und an der TU Braunschweig den Ruf nach Frankfurt annahm.

Heute wird bereits ein Viertel unseres Bruttosozialproduktes mit Anwendungen der Quantentheorie erwirtschaftet, aber noch immer gilt diese Theorie als „unversteh-bar", zumindest als „extrem schwierig" – jedoch, QUANTEN SIND ANDERS!

Thomas Görnitz zeigt in seinem Buch, das Carl Friedrich von Weizsäcker im Vorwort als „großen Beitrag" zur Interpretation der Quantentheorie bezeichnet, dass diese Theorie und ihre Strukturen durchaus anschaulich dargestellt werden können.

Görnitz, Professor für Didaktik der Physik an der Universität Frankfurt, macht deutlich, warum die durch die Quantentheorie begründete Revolution des Denkens so wichtig für das Verstehen unserer Welt ist. Er erschließt die Quantentheorie über ihre Interpretation als Physik der Beziehungen. Mit ihr kann auch im Rahmen der Physik der bekannten Tatsache Ausdruck verliehen werden, dass ein Ganzes sehr oft mehr ist als die Summe seiner Teile. Die damit begründete Einheit reicht von den Atomen, den „unteilbaren Objekten" der Physik, bis zu den Individuen, den „unteilbaren Objekten" der Gesellschaft.

Görnitz erläutert die „Schichtenstruktur" der Physik und zeigt, wie die auf Einheit zielende Quantenphysik, die den grundlegenden Teil darstellt, und die klassische Physik mit ihrer zerlegenden Struktur sich gegenseitig ergänzen und bedingen. Durch das Einbeziehen der Quanteninformation öffnet er auch einen Blick auf das tatsächliche Verstehen der Beziehungen zwischen Geist und Körper, zwischen Leib und Seele.

In diesem verständlich erklärenden Buch findet man einen Schlüssel zum Verstehen der Quantenwelt, die von den Quarks bis zum Kosmos alles umfasst.

Thomas Görnitz

Quanten sind anders

Die verborgene Einheit der Welt

Mit einem Vorwort von Carl Friedrich von Weizsäcker

Spektrum
AKADEMISCHER VERLAG

Wichtiger Hinweis für den Benutzer:
Der Verlag und der Autor haben alle Sorgfalt walten lassen, um vollständige und akkurate Informationen in diesem Buch zu publizieren. Der Verlag übernimmt weder Garantie noch die juristische Verantwortung oder irgendeine Haftung für die Nutzung dieser Informationen, für deren Wirtschaftlichkeit oder fehlerfreie Funktion für einen bestimmten Zweck. Ferner kann der Verlag für Schäden, die auf einer Fehlfunktion von Programmen oder ähnliches zurückzuführen sind, nicht haftbar gemacht werden. Auch nicht für die Verletzung von Patent- und anderen Rechten Dritter, die daraus resultieren. Eine telefonische oder schriftliche Beratung durch den Verlag über den Einsatz der Programme ist nicht möglich. Der Verlag übernimmt keine Gewähr dafür, dass die beschriebenen Verfahren, Programme usw. frei von Schutzrechten Dritter sind. Die Wiedergabe von Gebrauchsnamen, Handelsnamen, Warenbezeichnungen usw. in diesem Buch berechtigt auch ohne besondere Kennzeichnung nicht zu der Annahme, dass solche Namen im Sinne der Warenzeichen- und Markenschutz-Gesetzgebung als frei zu betrachten wären und daher von jedermann benutzt werden dürften. Der Verlag hat sich bemüht, sämtliche Rechteinhaber von Abbildungen zu ermitteln. Sollte dem Verlag gegenüber dennoch der Nachweis der Rechtsinhaberschaft geführt werden, wird das branchenübliche Honorar gezahlt.

Die Deutsche Nationalbibliothek verzeichnet diese Publikation in der Deutschen Nationalbibliografie; detaillierte bibliografische Daten sind im Internet über http://dnb.d-nb.de abrufbar.

Springer ist ein Unternehmen von Springer Science+Business Media
springer.de

1. Auflage 2006, unveränderter Nachdruck 2011
© Spektrum Akademischer Verlag Heidelberg 2006
Spektrum Akademischer Verlag ist ein Imprint von Springer

11   12   13   14   15   5   4

Planung und Lektorat: Katharina Neuser-von Oettingen, Anja Groth
Umschlaggestaltung: WSP Design, Heidelberg

ISBN 978-3-8274-1767-1

Vorwort von C. F. v. Weizsäcker
Wonach strebt die Wissenschaft von der Natur?

Sie hat den Menschen vielfach Macht gewährt. Die Lehre von der Kugelgestalt der Erde ließ Europäer per Schiff nach Westen fahren und führte zur Entdeckung und Beherrschung Amerikas. Die Lehre von Temperatur und Druck führte zur Konstruktion der Dampfmaschine. Die Entdeckung der Uranspaltung durch Neutronen führte zur Atombombe.

Aber der Verfasser dieses Buches suchte Erkenntnis und riskierte die Verletzung des Machtwillens der Regierung, unter der er lebte. Und wenn der Verfasser dieses Vorworts auf seine eigene Kindheit zurückblickt, so findet er eher Neugier als Motiv. Im Alter von vier Jahren wollte ich Lokomotivführer werden, mit sechs Jahren Forschungsreisender, mit acht oder neun Jahren Astronom. Das Wort „Neugier" aber reicht nicht aus. Als ich vierzehn Jahre alt war lebte unsere Familie in Kopenhagen; mein Vater war deutscher Diplomat. Eines Tages erzählte meine Mutter, sie habe einen ganz jungen Mann kennengelernt, der wunderbar Klavier spielte. Aber er war Physiker und arbeitete bei dem großen dänischen Physiker Niels Bohr. Er selbst hieß Werner Heisenberg. Ich kannte seinen Namen schon aus einer populärastronomischen Zeitschrift. Ich lernte ihn kennen, er wurde mein Lehrer. Er sagte mir einmal: „Im Jahrhundert Mozarts hätte ich wohl Musiker werden wollen, im jetzigen Jahrhundert aber Physiker."

Naturwissenschaft kann Macht liefern, sie kann schön sein. Wovon handelt sie?

Thomas Görnitz analysiert in diesem Buch einen noch unvollendeten grundsätzlichen Wandel in der Selbstinterpretation der modernen Naturwissenschaft. Dieser Wandel wurde in den ersten drei Jahrzehnten des jetzt zu Ende gehenden 20. Jahrhunderts (1900 bis etwa 1932) unserer Zeitrechnung notwendig; er ist Folge des Eintretens der „Quantentheorie" in die Grundlagen der Physik. In den rund siebzig seitdem verflossenen Jahren erwies sich die Quantentheorie als unausweichlich; nicht ein einziges empirisches Resultat hat sich gefunden, das den Aussagen der Quantentheorie widersprach. Aber die Debatte um den begrifflichen Sinn der Quantentheorie ist noch nicht vollendet. Das Buch von Görnitz ist ein großer Ansatz zu dieser heute fälligen Interpretation. Es ist aber so geschrieben, daß zu seiner Lektüre keine spezifische Kenntnis der mathematischen Physik nötig ist. Doch möchte ich wünschen, daß gerade spezifische Kenner der Quantentheorie seine Analysen detailliert studieren und sich zu eigen machen.

Läßt sich in wenigen Sätzen sagen, worum es hier geht?

Die beste sogenannte „klassische" Physik fand ihre Grundlage im 17. Jahrhundert bei Galilei, Descartes, Newton, ihre volle Durchführung im 19. Jahrhundert, in Mechanik, Elektrodynamik, Thermodynamik. Die klassische Physik glaubt an ein Raum-Zeit-Kontinuum, in dem sich trennbare Körper unter dem Einfluß der von ihnen erzeugten Kräfte bewegen. Für die Quantentheorie hingegen – so analysiert Görnitz – gibt es keine in Strenge „trennbaren Objekte". „Natur ist Beziehung" ist eine These seines Buches. Trennung der Objekte ist nur eine genäherte Beschreibung. Diese Näherung völlig zu überwinden hieße freilich eine für uns nicht in Strenge ausführbare Forderung. „Holismus" aber, also „ganzheitliches Denken", ist das Anliegen.

Eine fundamentale klassische Trennung, die nach Görnitz überwunden werden soll, ist die Gegenüberstellung der zwei von Descartes prinzipiell unterschiedenen Substanzen: der „res extensa" und der „res cogitans", also der ausgedehnten, geometrisch beschreibbaren Substanz und der denkenden, bewußten Substanz. Ich gestehe, daß ich schon als Neunzehnjähriger aus dem Munde von Niels Bohr den wohl von William James stammenden Satz gehört habe:
„Bewußtsein ist ein unbewußter Akt."
Bescheidener gesagt:
das Denken denkt sich nicht immer selbst.
Da ich damals schon Freud gelesen hatte, folgte ich diesem Gedanken.

Es ist nicht die Aufgabe eines Vorworts, den Inhalt des Buches zu wiederholen. Aber es könnte seine Aufgabe sein, zum Lesen des Buches anzuregen und damit zur Weiterführung seiner Gedanken.

Ich erlaube mir zum Abschluß eine Weiterführung selbst anzudeuten. Planck sah sich zur Quantenhypothese genötigt, weil ein elektromagnetisches Feld mit einem Kontinuum von Freiheitsgraden kein thermodynamisches Gleichgewicht zugelassen hätte. Planck selbst war nicht glücklich über seine Lösung diskret getrennter Freiheitsgrade, aber er sah, daß er ihr nicht entgehen konnte. Greift man nun aber einerseits ein aus Einsteins Allgemeiner Relativitätstheorie folgendes endliches Weltmodell andererseits den Begriff des Elementarteilchens auf, so könnte die Quantenhypothese eine zwingende Konsequenz sein. In dieser Richtung, so meine ich, sollte man weiterfragen.

Inhalt

Prolog: Quantentheorie ist verstehbar 1

In diesem Buch soll die Quantentheorie verständlich dargestellt werden.

Sie ist die revolutionärste Theorie über die Natur, die in unserem Jahrhundert aufgestellt wurde und wird unser Denken und unser Bild von der Natur auf Dauer sicherlich mehr verändern als die Relativitätstheorie oder die Chaostheorie.

Die Quantentheorie ist die erfolgreichste physikalische Theorie, die wir besitzen. Bis heute kennt man kein Experiment, das ihr widersprechen würde. Sie ist grundlegend für die Atom-, Kern- und Elementarteilchenphysik sowie für das Verständnis chemischer Grundgesetze und damit auch für molekularbiologische Prozesse und bedeutsam für Astrophysik, Kosmologie und für technisch so wichtige Bereiche wie die Festkörperphysik, die es ermöglicht, immer wieder neue Materialien, zum Beispiel Halbleiter für Computer oder Magnete und Supraleiter, zu entwickeln.

Dennoch besteht nicht einmal unter den Physikern, die sie so erfolgreich anwenden, Einigkeit darüber, wie sie zu interpretieren und damit zu verstehen sei.

In der Öffentlichkeit ist außer dem Begriff des „Quantensprunges" nur wenig über die Inhalte und Strukturen dieser Theorie bekannt.

1.1 Inhaltliche Übersicht

Ich habe mir hier das Ziel gesetzt, den Kern der Quantentheorie auf eine neue Weise darzustellen und zu zeigen, daß sie weder so „seltsam" noch gar so „verrückt" ist, wie man manchmal über sie lesen kann. Dazu wird es nötig sein, an solche Weisen des Verstehens anzuknüpfen, die in der Physik bisher nicht berücksichtigt worden sind, die wir aber dennoch aus unserer Lebenserfahrung kennen.

Auch ein dreiviertel Jahrhundert nach der Einführung der Quantenmechanik wird Physik weitgehend noch in der Form der „klassischen Physik" wahrgenommen, nämlich als eine *Physik der Objekte*. Diese Sichtweise möchte ich relativieren. Dabei wird sich zeigen, daß die klassische Physik mit ihrem recht starren System einer – zumindest theoretischen – Zerlegung der Welt in nichts als einzelne Objekte oft viel weiter von der Lebenswirklichkeit entfernt ist als die Quantenphysik.

Physik der Objekte

Physik der Beziehungen Die Quantenphysik charakterisiere ich als eine *Physik der Beziehungen*, der Beziehungen zwischen Individuen und innerhalb von Ganzheiten. Die Quantentheorie steht somit den Erfahrungen unseres alltäglichen Lebens mit seinen Beziehungen und Ambivalenzen um vieles näher als die klassische Physik; sie ist daher keineswegs so fremdartig, wie es oft dargestellt wird.

Die Quantenphysik befaßt sich mit dem *Unteilbaren*. Unteilbarkeit ist der Sinn des griechischen Wortes *Atom* und des lateinischen Begriffes *Individuum*.

Atom– Individuum Ein Individuum kann nicht einmal gedanklich in Teile zerlegt werden, *ohne daß dies schwerwiegende Auswirkungen* hätte. Für Biologie, Medizin und Psychologie ist die Unteilbarkeit des lebenden Organismus – eines „Individuums" – selbstverständlich, zerschneiden würde es nicht nur verändern, sondern in seinem Wesen zerstören. An einem zerschnittenen Frosch kann ich sehr wohl dessen Organe studieren, aber das Wesentliche, dieses lebendig gewesene Individuum, ist nicht mehr vorhanden.

Für die Physik war vor der Quantentheorie ein solch prinzipieller Aspekt von Unteilbarkeit nur für „punktförmige" Atome denkbar, nicht aber für räumlich ausgedehnte Objekte. Letztere konnten schon wegen ihrer Ausdehnung stets als teilbar gedacht werden.

Die Quantentheorie macht „räumlich ausgedehnte Individuen" zum Gegenstand einer Theorie in der Physik – ausgedehnte Individuen, bei deren Teilung Wesentliches verändert wird oder verlorengeht.

Dies kann beispielsweise ein einzelnes Atom sein oder ein Molekül. Lediglich solche mikroskopischen Individuen hatte man anfangs als Gegenstände der Quantenphysik verstanden. Heute kennt man auch größere Einheiten, die Quanteneigenschaften zeigen. Auch die Materialeigenschaften von makroskopischen Körpern, zum Beispiel Magnete oder gar Supraleiter, lassen sich erst im Rahmen der Quantentheorie verstehen. Ich vermute, daß auch die grundlegenden Eigenschaften biologischer Einheiten oder gar Individuen ebenfalls erst durch diese Theorie verstanden werden können.

Die Quantentheorie ist die erste mathematisch ausgearbeitete holistische Struktur, die wir besitzen.

Der Begriff „holistisch" ist dabei in dem Sinne zu verste- **holistische** *hen, daß ein Ganzes mehr ist als die Summe seiner Teile.* **Struktur**

Das erfordert einerseits, daß die mathematische Struktur Teile definieren kann, und andererseits, daß diese Teile nicht einfach additiv zusammenzusetzen sind, um das Ganze zu ergeben. Vielmehr erzeugen in einer holistischen Theorie die Teile, die miteinander wechselwirken, ein neues „Individuum", das mehr ist als die bloße Summe seiner Teile.

Wir kennen uns selbst als ausgedehnte Individuen, die, solange sie wach und geistig gesund sind, ein unteilbares Bewußtsein besitzen. Diese „Einheit des Bewußtseins", die uns bei einer Schau in unser Inneres gegenwärtig ist, hat viele Bezüge zum Holismus der Quantentheorie. Das legt die Vermutung nahe, daß wir – durch Vergleiche damit – anschaulichere Modelle für ein Quantenverhalten entwerfen können, aber auch, daß erst durch die Quantentheorie ein tieferes naturwissenschaftliches Verständnis nicht nur der Materie, sondern auch des menschlichen Denkens möglich wird.

Ich möchte die physikalischen Inhalte und die Diskussion um das philosophische Verständnis der Quantentheorie dar- **physikalische** legen, ohne dabei tiefer auf die mathematischen Strukturen **Inhalte** einzugehen, die dieser Theorie zugrunde liegen. Natürlich wäre es für mich einfacher, mit deren Hilfe die Sachverhalte klar und präzise darzustellen, aber ich meine, daß sich die wesentlichen Aspekte der modernen Naturwissenschaften auch ohne die den Phy-

sikern zur Verfügung stehende Hochschulmathematik darstellen
lassen sollten, und will deshalb hier auf diese Stütze verzichten.
Wichtig sind allerdings die neuen Modelle und Begriffe, welche
die Physiker mit der mathematischen Struktur verbinden.

Oft ergibt sich in anderen Wissenschaften aus innerer Notwendigkeit, daß man gegen das – zumeist durch die Schule vermittelte
– Bild von Physik starke Widerstände empfindet und sich daher
gegen den vermeintlichen „Wissenschaftsimperialismus" der Physiker wendet. In meiner langen Berufserfahrung ist mir aber deutlich geworden, daß die Vorstellung über die Physik und deren Bedeutung bei denen, die sie ablehnen oder zurückweisen, meist nicht
mit dem übereinstimmt, was sich in dieser Wissenschaft selbst im
Laufe unseres Jahrhunderts herausdifferenziert hat. Auswirkungen
der Quantenphysik, die vom Verlust der Stetigkeit bei Naturvor-
gängen bis zur Heisenbergschen Unbestimmtheitsrelation reichen,
haben Wissenschaftler und Nichtwissenschaftler mit Fragen konfrontiert, die über die normalen Forschungsprobleme weit hinaus-
greifen. Daher finde ich es verständlich, daß der Weg der Gedanken von der Spitze der Forschung bis hinein in das allgemeine Bewußtsein mehrere Jahrzehnte benötigt hat und daß dies besonders
deutlich wird, wenn Grundstrukturen wie das Verständnis von Kausalität und Lokalität physikalischer Ereignisse verändert werden.

Werner Heisenberg, der Entdecker der Unbestimmtheitsrelation
und Nobelpreisträger des Jahres 1932 für Physik, hat in der Tat die
moderne Physik als das philosophisch wichtigste Ereignis unseres
Jahrhunderts bezeichnet, wie sein Schüler und Freund Carl Friedrich v. Weizsäcker berichtet. Heisenbergs Sichtweise ist, ebenso
wie die Frage nach der eigentlichen Revolution der modernen Physik, selbst unter Physikern nicht unumstritten. So wurden und werden neben der Quantentheorie andere Entdeckungen, beispielsweise die Relativitätstheorie oder später die Chaostheorie, als historisch und erkenntnistheoretisch ebenso revolutionär betrachtet.
Darüber hinaus gilt die Quantentheorie selbst unter Physikern vielfach noch immer als unverständlich, gar als ein Ärgernis, das dem
Realismus widerspricht und ohne eine gründliche Mathematikaus-
bildung ein unerklärbares Rätsel bleibt, das jeder anschaulichen
Vorstellung zuwiderlaufen würde.

Warum die Quantenphysik immer noch so viel erkenntnistheoretisches Unbehagen hervorruft, gehört zu den Fragen, die in diesem Buch im Mittelpunkt stehen sollen.

Nicht zum ersten Male in der Geschichte sind Menschen damit konfrontiert, daß etwas, das zunächst im Gegensatz zu gesichert erscheinenden Erkenntnissen zu stehen scheint, sich später als richtig erweist. So berichtet schon Herodot (etwa 500 v. Chr.), der Vater der Geschichtsschreibung in der Antike, daß die alten Phönizier mit ihren Schiffen lange vor der Zeitenwende Afrika umsegelt hätten. Sie seien in Etappen gesegelt und immer, wenn die Vorräte knapp wurden, an Land gegangen, um zu säen, zu ernten und dann weiterzufahren. Allerdings schienen die Berichte nicht unbedingt glaubwürdig zu sein, denn sie enthielten unsinnige Beschreibungen wie die folgende: Angeblich hatten die Seefahrer, nachdem sie mehrere Jahre unterwegs waren, die Sonne mittags im Norden stehen sehen, aber für jedermann, der Augen im Kopf hatte, mußte klar sein, daß mittags die Sonne im Süden steht – jedenfalls in Griechenland oder Kleinasien und an jedem Ort des gesamten Mittelmeerraumes und der benachbarten Länder, kurz in der ganzen Herodot bekannten Welt.

Der Bericht, den Herodot trotz seiner Zweifel an der beschriebenen Beobachtung für mitteilenswert gehalten hat, ist heute gerade durch das, was ihm in der Antike so zweifelhaft erschien, eine verläßliche Quelle. Die Phönizier berichten, wie wir heute wissen, völlig richtig, daß die Sonne südlich des Äquators mittags im Norden stand – eine Tatsache, die sie aufgrund ihres kosmologischen Weltbildes nicht hätten erfinden können.

Logische Grundlagen der klassischen Physik, die allgemein gesichert erschienen, werden durch die Quantenphysik relativiert. Diese Revolution des Denkens steht im Mittelpunkt meines Buches, dessen zentrale Kapitel 4 und 5 den Unterschied von klassischer Physik und Quantenphysik und die „Schichtenstruktur" der Wirklichkeit behandeln.

Eilige Leser können ihre Lektüre mit Kapitel 4 beginnen, **Buchinhalt** das die Unterschiedlichkeit von klassischer und quantenphysikalischer Sicht anhand der wichtigsten Merkmale aufzeigt. Daran anschließend werden die Schwierigkeiten, die bei der Entwicklung und der Interpretation der Quantentheorie aufgetreten sind, am Beispiel von bedeutenden Persönlichkeiten aus der Geschichte der Physik erläutert. Das Kapitel schließt mit einer Beschreibung solcher physikalischer Sachverhalte, die man in einer Darstellung über die Quantenphysik nicht vermissen möchte.

Kapitel 5 über die „Schichtenstruktur" der Wirklichkeit stellt einen Zusammenhang zwischen der klassisch-physikalischen und der quantenphysikalischen Betrachtungsweise her und zeigt auf, wie die Ansätze des quantenphysikalischen Holismus und des klassischen Anti-Holismus einander ergänzen.

Das Buch beginnt mit einem kurzen historischen Abriß der Umbrüche im Naturverständnis der Menschen. An diesen Umwälzungen kann man erkennen, daß eine grundlegende Neubewertung von scheinbar alltagsfernen Sachverhalten gewaltige geistige Auswirkungen haben kann. Dies gilt nicht nur für die Sicht der Menschen auf die Welt, sondern auch für die Sicht des Menschen auf sich selbst und für die Entwicklung seiner kulturell-technischen Zivilisation.

An dieses Kapitel schließt sich eine mir in diesem Zusammenhang wichtige Betrachtung über sprachliche Aspekte der Erkenntnis an. Das Buch endet mit einem Überblick über die Gesichtspunkte, die nach meiner Meinung aus der Quantenrevolution für die Wechselbeziehung zwischen den Natur- und den Geisteswissenschaften folgen können.

Ich will in diesem Buch die Quantenphysik dadurch verständlich machen, daß ich an die holistische Sichtweise erinnere, die uns in unserer Innensicht gegeben ist. Dazu mußte ich mich auch mit den Strukturen des menschlichen Denkens und Fühlens befassen – Strukturen, die nicht zum üblichen Gegenstandsbereich der Physik gehören. Dieser psychologische Teil meines Ansatzes für die Darstellung der Quantenphysik wäre mir nicht möglich gewesen ohne intensive Diskussionen mit meiner Frau, die als Tierärztin und Psychologin durch ihre wissenschaftliche Ausbildung die ganzheitlichen Aspekte des Menschlichen, des Denkens und Fühlens und des Erlebens, sowohl von der biologischen wie auch von der psychischen Seite her erfassen kann.

In wissenschaftlichen Diskussionen mit anderen Natur- und Geisteswissenschaftlern, wie zum Beispiel Biologen und Theologen, habe ich den Eindruck gewonnen, daß ein Teil der Verständnisschwierigkeiten zwischen den Wissenschaftlern, die wir uns in unserer heutigen Zivilisation im Grunde genommen nicht mehr gestatten können, aus dem Bild von Naturwissenschaft herrührt, das durch das öffentliche Bildungswesen bisher vermittelt wird.

In manchen Bereichen der Geisteswissenschaften besteht nach meinem Eindruck ein Wahrnehmungsdefizit, wenn es um die natürlichen Strukturen geht, die allem Denken zugrunde liegen und die durch die biologischen, chemischen und physikalischen Naturwissenschaften erfaßt werden. Und umgekehrt werden Gegenstände, die man geisteswissenschaftlichen Bereichen zuordnen kann, von den Naturwissenschaften unzureichend berücksichtigt. So scheinen mir die sprachlichen und kulturellen Bedingtheiten naturwissenschaftlicher Erkenntnis in den Naturwissenschaften selbst oft nur unzureichend reflektiert zu werden. Da mir der interdisziplinäre Gehalt von Wissenschaft immer sehr wichtig war, möchte ich das Gespräch zwischen den wissenschaftlichen Disziplinen mit dem vorliegenden Buch zusätzlich anregen.

Darüber hinaus gilt es auch, einige Vorurteile über die Physik abzubauen, die eines der unbeliebtesten Schulfächer ist und als Studienfach dadurch auffällt, daß das Geschlechterverhältnis der Studierenden besonders unausgeglichen ist. Ich vermute den Grund unter anderem darin, daß das Weltbild der klassischen Physik von unseren persönlichen und sozialen Erfahrungen in einer Weise abweicht, die zu akzeptieren viele Menschen nicht mehr bereit sind.

Mein Wunsch ist es, verständlich machen zu können, daß innerhalb der Physik mit der Quantentheorie eine Wende eingetreten ist, welche die Einseitigkeiten der klassischen Physik überwindet, ohne das, was daran erfolgreich und richtig ist, aufzugeben.

1.2   Mein Weg zur Quantentheorie

Ich möchte dem Leser die Auseinandersetzung mit meinen Gedanken und Ideen dadurch erleichtern, daß ich meine wissenschaftlichen Motive verdeutliche. Während in den Naturwissenschaften die Ergebnisse unabhängig von den Personen zu gelten haben, die sie erzielen, so wird doch der Weg zu den jeweiligen Hypothesen auch von den Wünschen und den Erfahrungen der Wissenschaftler geprägt. Daher schildere ich zur Einführung einiges aus meinem eigenen Werdegang.

Soweit ich zurückdenken kann, haben naturwissenschaftliche Fragestellungen mein Interesse geweckt. Dieses Interesse galt der gleichen Frage, die Goethe seinem Faust in den Mund legte: „. . . wissen, was die Welt im Innersten zusammenhält." Auch wenn dieser Satz heute abgegriffen wirken mag, er beschreibt eine Neugier, die viele wissenschaftlich interessierte Menschen teilen, und führte mich dazu, Physik zu studieren. Die Sicherheit der Naturgesetze bot einen Ausgleich zu den unsicheren wirtschaftlichen und vor allem politischen Verhältnissen, in denen ich in den vierziger und fünfziger Jahren in Leipzig aufgewachsen bin. Für ein Theologiestudium fühlte ich mich nicht fromm genug und ein anderes geisteswissenschaftliches Studium erschien mir in der DDR ohne gleichzeitige Parteinahme für die „alleinseligmachende marxistische Weltanschauung" unmöglich. Die Naturwissenschaften stellten sich für mich daher auch als eine Nische dar, die von der staatlichen Ideologie weniger betroffen war.

Durch Zufall hatte ich von einer Mathematik-Olympiade in Leipzig erfahren und daran teilgenommen. Über Stadt- und Bezirksausscheide kam ich dabei bis zur DDR-Mathematik-Olympiade und gewann schließlich als erster Deutscher einen Preis bei einer Internationalen Mathematik-Olympiade. Dieser Erfolg ersparte mir die bereits angeordnete Einweisung in einen Braunkohlentagebau, so daß ich nach dem Abitur sofort studieren konnte, ohne mich erst in einem „praktischen Jahr bewähren" zu müssen.

Mein Physikstudium begann ich – unmittelbar nach der Errichtung der Berliner Mauer – an der Universität in Leipzig. Was dieses Eingesperrtsein in der DDR für die Betroffenen damals bedeutete, mag in den Jahren seit der Wiedervereinigung zunehmend in Vergessenheit geraten. Ich habe es – wie die meisten damals – als den Beginn einer lebenslangen Internierung empfunden.

Die vage Hoffnung, daß der Staat den gewonnenen Sicherheitszuwachs zu einer internen Liberalisierung nutzen würde, zerschlug sich bald. Von staatlicher Seite wurden selbst die Erkenntnisse aus den Naturwissenschaften ideologisch auf das „Prokrustes-Bett"[1] des Marxismus-Leninismus gespannt. Bei Studienbeginn sollten wir uns verpflichten, keine westliche Literatur für unser Studium zu verwenden. Die moderne Physik, und ganz besonders die Quantentheorie, galt als bürgerlich, idealistisch oder gar reaktionär. Der Indeterminismus der Quantentheorie ließ sich mit einem determinierten Ablauf der Geschichte hin zum Sieg des Kommunismus, wie ihn der Staat behauptete, nicht vereinbaren.

Öffentlicher Widerspruch gegen solche Behauptungen war nicht ungefährlich. So sollte beispielsweise ein Kommilitone von der Uni relegiert – „geext" – werden, weil er auf die Idee gekommen war, neben der Engelsschen Streitschrift gegen Karl Eugen Dühring den Philosophen Dühring selbst zu lesen. Untereinander versuchten wir trotzdem, den philosophischen Gehalt unserer Wissenschaft frei zu diskutieren. Wir waren froh über jede Möglichkeit, auch andere Ideen und Gedanken kennenlernen zu können. Einer der Höhepunkte meiner Studentenzeit war für mich ein Vortrag von Werner Heisenberg in Leipzig, der damals eine die ganze Fachwelt interessierende neue Theorie aufgestellt hatte. Seine Vorlesung, in der er eine umfassende Sicht auf die moderne Physik packend und spannend darstellte, beeindruckte uns tief, und wenn Carl Friedrich v. Weizsäcker in Halle als Mitglied der Leopoldina dort oder in der Marktkirche sprach, was wir in Leipzig manchmal durch Mund-zu-Mund-Propaganda rechtzeitig erfuhren, setzten wir alles daran, dort hinzufahren.

---

[1] Prokrustes, ein griechischer Räuber, der alle Reisenden, denen er habhaft wurde, auf sein Folterbett legte. Die zu kurz befundenen streckte er mit seinem Hammer, und den zu langen hackte er die Glieder ab – bis sie genau in sein Bett paßten.

In kleinen studentischen Gesprächskreisen versuchten wir, über Fragen Klarheit zu gewinnen, die wir öffentlich nicht stellen durften – so zur deterministischen Weltsicht, die mit der klassischen Physik verbunden wurde, oder gar zu den „Gesetzmäßigkeiten der Geschichte", die uns eine zu starke Vereinfachung schienen. Selbst das war nicht risikolos, wie uns nach der Flucht zweier Freunde in den Westen klar wurde, als die Staatssicherheit andere Personen aus deren engeren Freundeskreis als vermeintliche Helfer für lange Zeit einsperrte und mißhandelte. Darüber hat mein Studienfreund Günter Fritzsch in seinem Buch *Gesicht zur Wand*[2] ergreifend berichtet und eine der auch möglichen „Physikerkarrieren" im Sozialismus dargestellt.

Die wissenschaftliche Arbeit an der Universität wurde nicht nur durch fehlende Literatur oder unzureichende technische Ausstattung behindert, sondern vor allem auch durch das politische Umfeld und die fehlenden Kontaktmöglichkeiten zu der weltweiten Wissenschaftlergemeinschaft. Ein Besuch von Tagungen im westlichen Ausland schien bis zum Ende meiner beruflichen Laufbahn unmöglich. Eine freie Diskussion der philosophischen Relevanz meines Fachgebietes konnte nicht stattfinden.

Nach der Konferenz in Helsinki 1975 waren die Menschenrechte auch für die östlichen Staaten verbindlich gemacht worden – zumindest auf dem Papier. Damit schien mir zum ersten Male eine reale Möglichkeit gegeben, die Welt jenseits der Mauer bereits vor dem Rentenalter zu erleben. Da die politischen Verhältnisse in der DDR damals keine Besserung versprachen und zu unseren Lebzeiten ihr Ende nicht vorstellbar war, wagten es meine Frau und ich, einen neuen Anfang zu versuchen, und stellten einen Ausreiseantrag nach Westdeutschland. Damit war in der damaligen Zeit eine Weiterbeschäftigung an der Universität ausgeschlossen, wo ich nach meiner Promotion in der theoretischen Elementarteilchenphysik und in der Aus- und Weiterbildung von Lehrern ein Arbeitsfeld gefunden hatte, das mich fesselte.

Der Ausreiseantrag bedeutete eine Zäsur: Ich arbeitete für eine lange Zeit als Totengräber auf dem Friedhof einer evangelischen

---

[2]Fritzsch, G., 1996.

Kirche in einer Kleinstadt vor den Toren Leipzigs und gelangte dabei zu Erfahrungen, die man in einer gradlinigen akademischen Karriere üblicherweise nicht macht. So wurde mir angesichts offener Gräber die fundamentale Bedeutung der Zeit bewußt. Zwar sprechen einige naturphilosophische Betrachtungen, die von der Physik ausgehen und Zeit auf eine lediglich subjektive Kategorie reduzieren, der Zeit eine reale Bedeutung ab, aber auf dem Friedhof schien mir diese Relativierung so weit weg von der Realität zu sein, daß ich mich unmöglich darauf einlassen konnte oder wollte. Auch die Fragen, welche Rolle der Zufall in der Welt spielt und was Determiniertheit bedeuten kann, wurde für mich nun aus der Sphäre eines reinen theoretisch-philosophischen Diskurses herausgerissen.

Unter diesen Bedingungen war es nicht ganz einfach, meine wissenschaftliche Arbeit weiterzuführen, aber es war – auch dank der Unterstützung von Kollegen aus Westdeutschland – möglich. Eine Erleichterung war dabei der Umstand, daß für den Bereich der Elementarteilchenphysik wegen ihres großen Abstandes zu allen denkbaren Anwendungen damals weder im Osten noch im Westen Geheimhaltungsvorschriften existierten.

Im Jahre 1979 konnte ich mit meiner Frau und den Kindern in die Bundesrepublik übersiedeln und erhielt ein kurzfristiges Stipendium am Max-Planck-Institut zur Erforschung der Lebensbedingungen der wissenschaftlich-technischen Welt in Starnberg bei Carl Friedrich v. Weizsäcker. Damit begann eine wissenschaftliche Zusammenarbeit mit ihm, die bis heute andauert. In Starnberg befaßte sich eine kleine Gruppe mit den Grundlagen der Physik – vor allem der Quantentheorie. So konnte ich auf einem Forschungsgebiet arbeiten, für das ich mich schon lange begeistert hatte und das mich auch nach der Schließung des Starnberger Institutes nicht mehr los ließ, als die Finanzierung dieser Forschung schwierig wurde. Vor meiner Berufung auf die Professur für Didaktik der Physik kennzeichneten Zeitverträge und die Mitteleinwerbung für Folgeverträge meine Arbeitsbedingungen. Meiner Familie bin ich sehr dankbar dafür, daß sie bereit war, über mehr als eineinhalb Jahrzehnte eine solche Unsicherheit mitzutragen.

Im Jahre 1992 ging ich an das Institut für Mathematische Physik an der TU Braunschweig, wo mir A. M. K. Müller, G. Gerlich und

U. Schomäcker interessante Diskussions- und Arbeitspartner waren. 1994 erhielt ich eine Professur am Institut für Didaktik der Physik an der J. W. Goethe-Univerisität in Frankfurt/Main. Hier habe ich in F. Siemsen einen guten Kollegen und mit G. Pospiech eine begabte Mitarbeiterin gefunden, mit denen ich ausgiebig über alle physikalischen und philosophischen Probleme diskutiere. Die Auseinandersetzung mit den Fragen der Studenten, vor allem in gemeinsamen Seminaren, die ich zum Teil auch mit P. Eisenhardt aus dem Institut für die Geschichte der Naturwissenschaften organisiert habe, waren und sind mir eine Hilfe bei der Formulierung meiner Standpunkte.

Carl Friedrich v. Weizsäcker hatte mich frühzeitig gewarnt, daß eine Arbeit, die außerhalb des *mean stream* liegt – so wie die in Starnberg verfolgte –, einer akademischen Karriere nicht besonders zuträglich sein würde. In der gleichen Zeit, in der man über eine philosophische Frage mit viel Mühe zu einer ausformulierten Aussage gelangen könne, ließe sich für mehrere physikalische Probleme eine mathematische Lösung berechnen. In einer wissenschaftlichen Landschaft, in der sich wegen der großen Spezialisierung eine Beurteilung durch Kollegen aus anderen Spezialrichtungen fast nur noch am Umfang der Publikationsliste orientiert, schien für Weizsäcker der Versuch eines langwierigen Nachdenkens zumindest ein gewisses Karriererisiko zu sein. Ich war mir des Risikos bewußt und bereit, es zu tragen. Ich hatte der DDR nicht wegen einer größeren Sicherheit oder wegen besserer materieller Möglichkeiten den Rücken gekehrt, sondern weil ich eine Wissenschaft betreiben wollte, die mir wichtig und interessant schien. Das gedankliche Gebäude der Physik, ihre Philosophie, ist für mich genauso interessant und wichtig wie die Erforschung der mathematischen Strukturen, die der Quantentheorie zugrunde liegen. Zudem kann die Quantentheorie ein Stück geistiger Freiheit eröffnen. Sie ermöglicht es, Geist und Materie, Naturgesetze und Freiheit des Willens zusammenzudenken.

Vielleicht ist diese Seite der Quantenphysik gerade für diejenigen, die der Schulphysik wenig Interesse abgewinnen können, besonders interessant. Die These, die ich in diesem Buch entwickeln möchte, mag dazu beitragen, Vorbehalte und Barrieren gegenüber einer als unverständlich und unanschaulich angesehenen Theorie abzubauen.

Quantentheorie als holistische Theorie ist intuitiv nicht unverständlicher und ebenso faszinierend wie die Wissenschaften, die sich mit lebenden Individuen beschäftigen.

Historische Meilensteine 2

2.1 Die großen Umwälzungen in der Natur-beschreibung

In diesem Kapitel möchte ich einige Streiflichter aus der Geschichte der Physik vorstellen. Sie zeigen, wie im Zuge der Entwicklung dieser Wissenschaft bereits früher Thesen aufgestellt wurden, die in ihrer Zeit als Gegensatz zu dem angesehen werden mußten, was damals als vernünftig oder natürlich verstanden wurde. Ich denke, daß es uns mit der Quantentheorie bisher noch ähnlich ergeht und daß wir unsere heutigen Schwierigkeiten mit dem Verständnis dieser Theorie – mit einem solchem Blick auf die Geschichte – ebenfalls als vorübergehend erhoffen dürfen.

2.1.1 Die antike Naturwissenschaft der Erscheinungen

Das Nachdenken über die Welt, in der wir leben und die wir zu unserem Vorteil beeinflussen wollen, gehört zu den grundlegenden Bedürfnissen des Menschen.

Die Frühzeit der Menschheitsgeschichte, so wie sie uns in den großen Mythen überliefert wird, sieht die Natur und die Erscheinungen in ihr als den Ausdruck von übernatürlichen Mächten und ihres Wirkens. Wenn der Gott Thor seinen Hammer wirft, dann erschrecken die Menschen vor seinem Donner, und wenn Eros mich mit seinem Pfeil trifft, dann erglühe ich in Liebe, ohne daß ich mir über die Gründe dafür Rechenschaft geben könnte. Im Vergleich mit den Göttern ist der Mensch ohnmächtig. Um sie zu besänftigen und sie für die eigenen Ziele gewogen zu machen, ist es nützlich, durch Opfergaben und das Einhalten von Regeln und Tabus ihre

Gunst zu gewinnen. Ein solches Bild können wir beispielsweise sowohl aus den Sagen und Mythen unserer germanischen Vorfahren als auch aus dem Gilgamesch-Epos der babylonischen Kultur gewinnen. Ebenso erzählt uns der zweite Schöpfungsbericht der Bibel von einer solchen frühen Kultur und deren Weltsicht.

Die Frage nach dem göttlichen Walten, das die Gewalten der Natur erklären half, ist – bis hin zu magischen Vorstellungen – für die abendländische Geistesgeschichte bedeutsam gewesen. Insofern ist es kein Zufall, wenn Goethe seinen Faust im Kontext mit der Magie fragen läßt, was die Welt im Innersten zusammenhält.

Bei kleinen Kindern ist oft eine ähnliche Einstellung zu ihrer Umwelt zu beobachten, wie sie von den frühen Kulturen überliefert wird. Sie scheinen ebenfalls noch eine ganzheitliche Wahrnehmung ihrer Umwelt zu haben, Grenzen zwischen Belebtem und Unbelebtem werden bei ihnen noch nicht so starr gesehen wie im späteren Alter. Der „böse Tisch", der „mich gestoßen hat", wird beschimpft oder vielleicht auch geschlagen. So, wie die Mutter durch Wehklagen herbeigerufen wird, um zu trösten, wird die Stoffpuppe beruhigt, wenn diese „gerufen hat". Für kleine Kinder ist es noch natürlich zu glauben, daß wir mit unserem Denken etwas direkt bewirken können. Da für sie die Trennung zwischen ihnen selbst und der Umwelt noch nicht so deutlich ist wie für uns, liegt für sie die Meinung nahe, daß ihr Wollen und Wünschen nicht nur das Bewegen der eigenen Körperteile bewirken kann, sondern daß es auch direkte Auswirkungen an dem hat, was sie sonst wahrnehmen.

Auch wenn wir selbst nicht mehr bewußt an magische Praktiken – an eine Beeinflussung der Umwelt unmittelbar durch unser Denken und Wünschen – glauben, so gibt es doch manche Bräuche aus diesem Denkkreis, die wir auch heute noch, wohl zumeist unbewußt, praktizieren oder zumindest mit distanzierter Selbstironie betrachten.

Eine schöne Anekdote zur einer modernen magischen Weltsicht berichtet von dem Physiker Niels Bohr, dem „Vater der Quantentheorie". Er soll über der Tür seines Feriendomizils ein Hufeisen als Glücksbringer angenagelt haben. Auf die Vorhaltung, daß dies doch Aberglaube sei und er doch wohl an solchen Unsinn nicht glauben würde, soll er geantwortet haben, er wisse selbstverständlich, daß dies Aberglaube sei, und er glaube auch keineswegs daran. Es sei ihm aber glaubhaft versichert worden, es entfalte seine glückbringende Wirkung auch dann, wenn man nicht daran glaube.

Die Entwicklung dessen, was wir heute üblicherweise als das abendländische Denken bezeichnen, und die Herausbildung von eigentlicher Wissenschaft beginnen sicherlich mit der griechischen Antike.

In der Überlieferung der griechischen Philosophen finden wir zum ersten Mal in der Menschheitsgeschichte den Versuch, die doch recht menschenähnlichen Götter und deren Handeln in der Natur zu ersetzen durch das Wirken von etwas, was man in unserer modernen Sprache vielleicht als „allgemeine Prinzipien" bezeichnen würde. **griechische Philosophie und Wissenschaft**

Man kann wohl sagen, daß etwa um 400 v. Chr. in Griechenland das mythische Weltverständnis, das auch dort wie bei allen frühen Kulturen vorhanden gewesen war, durch die Philosophie abgelöst wurde. Von *Sokrates* (etwa 470–399 v. Chr.) und *Platon* (etwa 427–347 v. Chr.), aber auch von den (von diesen beiden nicht sonderlich geschätzten) Sophisten, ist hinreichend vieles in unsere Zeit überliefert worden, was diese These stützen kann. Wer mag, kann sich anhand der platonischen Dialoge – etwa Theaitetos oder Timaios – leicht davon überzeugen, daß hier eine neue Form des Denkens entstanden ist. Platons großer Schüler Aristoteles (etwa 384–322 v. Chr.) setzt auf seine Weise diese Tradition fort.[1] **Aristoteles, ein Empiriker der Antike**

Wenn die *Physik des Aristoteles* betrachtet wird, so möchte ich diese charakterisieren als eine *Physik der Erscheinung*. **Physik der Erscheinung**

Aristoteles schaute sich an, wie die Dinge waren, beschrieb sie so, wie sie uns vorkommen, und suchte dann nach einer grundlegenden Erklärung für diese Erscheinungen. Nach Aristoteles bedarf beispielsweise eine jede Bewegung einer Ursache, die sie her-

---

[1]20 Jahre lang Schüler Platons und von 342 bis 336 Lehrer Alexandros III. von Makedonien (Alexander dem Großen). Anschließend gründete er seine Schule Peripatos (Wandelgang) in Athen. Nach dem Tode Alexandros' wurde Aristoteles wegen Gottlosigkeit angeklagt. Er flüchtete nach Chalkis, wo er bald darauf starb.

vorbringt und weiterhin unterhält. Ein Wagen fährt nicht von selbst, sondern er muß gezogen werden. Und wenn man auf einer ebenen Strecke aufhört zu ziehen, dann bleibt er stehen. Dies entspricht genau unserer täglichen Erfahrung. Aristoteles unterschied deshalb grundlegend zwischen Ruhe und Bewegung – und damit aus Ruhe Bewegung werden kann, muß es eine bewegende Ursache geben. Seit Galilei und Newton werden Ruhe und Bewegung hingegen nicht als qualitative, sondern nur als quantitative Unterschiede gesehen. Beides sind Bewegungszustände, die sich gemäß der Theorie ohne äußere Einwirkungen nicht ändern.

Dazu noch ein Beispiel aus der Biologie: Für Aristoteles war es aufgrund von Beobachtungen evident, daß aus feuchtem Mehl nach einiger Zeit Maden oder aus Schlamm nach einiger Zeit Frösche entstehen. Dies entspricht dem, was man beobachten kann, und es ist eine der logischen Möglichkeiten, das Beobachtete zu interpretieren – auch wenn die Biologen der Neuzeit zu anderen Schlüssen kamen. Aber dazu war es nötig, daß man die Reichweite der menschlichen Sinne durch künstliche Hilfsmittel hatte enorm erweitern können – im Falle der Biologie vor allem durch die Mikroskope. Erst seitdem ist die Natur offenbar nicht das, was wir bei unvoreingenommener Betrachtung wahrnehmen: Praktisch aus dem Nichts scheinen ja die Würmer in das Fleisch zu geraten oder der Schimmel auf den Käse und andere derartige Dinge zu geschehen.

Mit seinem Versuch, die naiven Beobachtungen in einem Erklärungszusammenhang zu verstehen, lieferte Aristoteles eine wichtige Methode wissenschaftlicher Naturbeschreibung. Aristoteles wird oft nur als der Begründer der Logik als der Methode wahren Schließens gesehen. Damit wird aber nicht berücksichtigt, daß er sich intensiv mit den beobachtbaren Naturphänomenen befaßte – und insofern ein Empiriker war.

Herausformung des mathematischen Denkens   Bei den Griechen können wir zum ersten Mal in der Geschichte der Menschheit eine gleichzeitige und parallele Entwicklung der Philosophie mit einem ersten Verständnis von Mathematik in einem heutigen Sinne beobachten. Mathematik meint hierbei nicht die simple Verwendung von Rechenregeln, sondern die harmonische Ordnung der Zahlen und den Aufbau eines Systems, in dem man Sätze aufstellt, aus welchen dann durch logisches Schließen neue Sätze abgeleitet werden können. Die Eigenschaften der Seiten von rechtwinkligen Dreiecken waren beispielsweise in Babylon und in Ägypten schon viele Jahrhunderte vor Pythagoras bekannt. Aber damals wurde dieses Wissen mehr in der Art verwendet, wie man heutzutage ein Kochrezept gebraucht – es war empirisch bewährt und funktionierte.

Die neue Idee, die bei den Griechen hinzu kam und die insbesondere von Aristoteles vorgetragen wurde, war die Erkenntnis, daß man unter der Voraussetzung bestimmter Axiome[2] wirklich beweisen kann, daß für ein ideales rechtwinkliges Dreieck der Satz des Pythagoras notwendig gelten muß!

Für die Griechen lag es auf der Hand, daß die Anwendung der Mathematik auf Vorgänge für den Kosmos reserviert war. Die Gestirne am Himmel waren das Paradestück von Ordnung, „Kosmos" heißt ja Ordnung. Der Kosmos war die Erscheinung von Ordnung aus einem Chaos. Die Regelmäßigkeit der Bewegung der Gestirne waren damals der Inbegriff des Vollkommenen und diese Regelmäßigkeit erlaubte die Vorherberechnung von astronomischen Erscheinungen. Im Gegensatz zu den Babyloniern, die bereits über viele Jahrhunderte Himmelsbeobachtungen aufgezeichnet hatten und über gute – allerdings lediglich numerische – Berechnungen für astronomische Daten verfügten, hatten die Griechen auch geometrische Modelle für das Himmelsgeschehen erstellt. Derartige geometrische Untersuchungen waren den Babyloniern vollkommen fremd geblieben.[3]

Mathematik für den Kosmos

Die Griechen hatten somit nicht nur lange Zahlenreihen zur Verfügung, sondern mit ihren geometrischen Modellen einen Anreiz, die Vorgänge am Himmel als gesetzmäßig verstehen zu können.

irdisches Geschehen unberechenbar

---

[2]Für die Griechen hatten die Axiome offensichtliche Wahrheiten auszudrücken. Heute fordert man nur noch, daß sie widerspruchsfrei sind, während keine anschauliche Bedeutung mehr verlangt wird.
[3]L. Brack-Bernsen, mündl. Mitt.

Das irdische Geschehen hingegen schien chaotisch und unberechenbar.

Wenn wir den Ablauf der Vorgänge um uns herum in unserem
Alltag betrachten, so scheint auch für die meisten von uns heutigen
Menschen die Vorstellung nicht sonderlich nahe zu liegen, daß dies
alles mathematisch beschreibbar sein könnte. Die Ansicht, daß „das
Buch der Natur in den Lettern der Mathematik" geschrieben sei,
wurde im Sinne unseres heutigen Verständnisses erst von Galilei
formuliert.

In der Antike konnte man wohl noch viel schwerer als heute auf
die Idee verfallen, die irdischen Veränderungen mathematisch erfassen zu können. Die Geometrie als Kunst der „Erdvermessung"
wurde auf unveränderliche Objekte angewandt, und auch die Mechanik, die immerhin schon die Hebelgesetze kannte, beschränkte
sich auf Statik.

*Die irdische Anwendung von Mathematik war damit bei den
Griechen auf das Statische beschränkt.*

Atome Bereits in Platons Philosophie findet man Hinweise darauf,
daß er versuchte, die Strukturen der Welt mathematisch zu
begründen. Er definierte die Grundbausteine des Seienden, das „Unteilbare" (griechisch ατομοσ für „Atom") als regelmäßige mathematische Körper, als reine Ideen. Damit führte er das, was wir heute mit dem Begriff „Materie" bezeichnen, zurück auf etwas, was
als reine Gestalt verstanden werden kann. Aber darüber hinaus auch
noch die *Bewegungen* der Atome nach mathematischen Gesetzen
ablaufen lassen zu wollen, dies konnte damals noch nicht als möglich angesehen werden.

Man war jedoch in der Lage, für den Lauf der Gestirne, den Wech-
sel von Tag und Nacht und den Lauf des Mondes sowie für diese
seltsamen Wandelsterne, die Planeten, eine mathematische Beschreibung zu finden. Auch wenn es schien, daß die Planeten manchmal
„aus der Reihe tanzen", so wußte man aus Beobachtungen über die
Jahrtausende hinweg, daß sie dennoch höchst geordnet am Himmel liefen.

Die Kugelgestalt der Erde war damals gut bekannt. Ari- **Erde um den** stoteles hatte bereits eine Theorie entwickelt, die erklären **Weltmittel-** konnte, wieso die Antipoden nicht von der Erde „herunter **punkt** fielen": Den vier Elementen Erde, Wasser, Luft und Feuer wurden jeweils „natürliche Orte" zugeschrieben, denen sie zustreben würden. Für feste Körper und Flüssigkeiten lag dieser natürliche Ort im Mittelpunkt der Welt. Deswegen bildeten alle festen und flüssigen Stoffe eine Kugel um diesen Mittelpunkt der Welt. Diese Kugel ist die Erde. Wenn nun beispielsweise ein Stein von der Erde aufgehoben wurde, so war es dessen Bestreben, sich wieder seinem natürlichen Ort zu nähern, also auf die Erdoberfläche zu fallen, gleichgültig, aus welcher Richtung dies geschah. Die vier Elemente, die man kannte, kamen nur unterhalb des Mondes vor. Das fünfte Element, die *quinta essentia* (der Äther), bildete die Himmelskörper und war verschieden von allem, was man auf der Erde fand.

Die mathematische Beschreibung der Planetenbewegung, die schließlich in der Antike entwickelt wurde, war so gut, daß sie über eineinhalb Jahrtausende lang verwendet werden konnte, ehe sie den Anforderungen nicht mehr genügte. Sie blieb bis zum Ausgang des Mittelalters gültig, wie noch viele mittelalterliche Bilder zeigen.

In diesem Weltsystem saß die Erde in der Mitte der Welt, und die anderen Gestirne liefen um diese herum.

Die Wandelsterne, zu denen man neben Sonne und Mond **antikes** die damals bekannten Planeten Merkur, Venus, Mars, Jupiter **Weltsystem** und Saturn rechnete, bewegen sich unter der Fixsternsphäre durch die Sternzeichen des sogenannten Tierkreises hindurch. Diese Bewegung erfolgt aber nicht immer gleichmäßig in einer Richtung, sondern geschieht manchmal auch gegenläufig. Die antike Astronomie hatte dieses Problem dadurch gelöst, daß die Planeten nicht unmittelbar auf Kreisbahnen liefen, sondern auf kleinen Kreisen, deren Mittelpunkt sich jeweils auf der großen Kreisbahn bewegte.

Diese Feinheit der Beschreibung ist dem Maler der mittelalterlichen Miniatur nicht mehr bewußt gewesen.

Vorschläge, dieses Weltbild zu ändern, erzielten über Jahrhunderte hinweg keine Wirkungen, welche die Öffentlichkeit erreicht

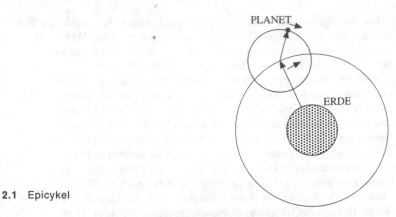

2.1 Epicykel

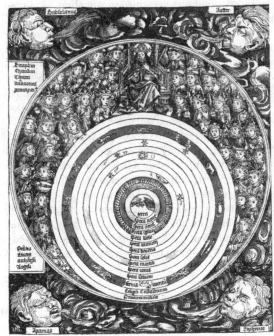

2.2 Mittelalterliches
       Weltbild

hätten. Die täglichen Erfahrungen wurden ausreichend gut beschrieben und erschienen somit als verstanden, und die geistige Herrschaft, die durch die Kirche repräsentiert wurde, war der Meinung, daß damit auch ihre eigene Weltsicht problemlos vereinbar sei.

Für das Mittelalter lebte der Mensch in der Mitte der Welt. In geistiger Hinsicht war er zwar das höchste der mit einem Körper behafteten Wesen – das „einzige Tier, das Denken konnte". Aber unter den Scharen der vernunftbegabten Wesen, die als Engel seine Welt bevölkerten, war er mit seinem materiellen Körper an die unterste Stelle zu setzen. Und auch wenn Gott das Zentrum alles Geschehens in der Welt darstellte, so befand sich doch geometrisch die Erde in deren Mitte.

Dieses Weltbild wurde abgelöst durch eine große geistige Revolution, welche die Sicht der Menschen auf die Natur und auch auf sich selbst radikal veränderte und die wir heute als den Übergang zur Neuzeit bezeichnen. Ich denke, daß unsere Gegenwart manche Ähnlichkeit damit hat und daher auch jene Epoche aus dem Blickwinkel des hier behandelten Themas kurz betrachtet werden sollte.

2.1.2 Die Entstehung der modernen Naturwissenschaft

Die *Physik der Erscheinungen*, als welche ich die griechische und mittelalterliche Naturwissenschaft charakterisiert habe, wurde abgelöst durch eine Physik, für die der Objektbegriff zentral geworden ist. Sie kann daher als *Physik der Objekte* charakterisiert werden.

Eingeleitet wurde diese geistige Revolution, die den Beginn der Neuzeit darstellt, durch die Werke von Kopernikus und Kepler. Sie ist ferner in besonderer Weise mit den Namen Galilei, Descartes und Newton verbunden.

Das Hauptwerk von *Nikolaus Kopernikus* (1473–1543) **Nikolaus** *De revolutionibus orbium coelestium libri VI* („Über die Um- **Kopernikus** schwünge der himmlischen Kugelschalen, sechs Bücher") erschien erst kurz vor dem Tode seines Verfassers. In ihm greift Kopernikus die bereits schon früher von Aristarch (etwa 310–230 v. Chr.) vorgeschlagene Idee auf, die Bewegung der Planeten da-

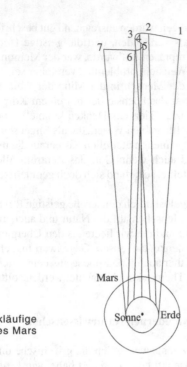

2.3 Die rückläufige
Bewegung des Mars

durch zu beschreiben, daß sie und auch die Erde auf Kreisen die Sonne umlaufen. Die Rückläufigkeit der Planeten ergibt sich in diesem Modell von selbst, wenn man die verschiedenen Umlaufzeiten der Planeten beachtet. Außerdem wußte man, daß die Sonne größer als die Erde war, und der Umlauf von etwas Großem um einen viel kleineren Körper erscheint nicht unbedingt in zwingender Weise einsehbar zu sein.

Der tägliche Umlauf der Himmelskugel um die Erde mußte allerdings dann ersetzt werden durch die Drehung der Erde um ihre Achse. Damit handelt man sich dann den Erklärungsnotstand ein, wieso im Alltag von der täglichen Rotation der Erde um ihre Achse nichts zu bemerken ist, zum Beispiel durch einen andauernden starken Wind.

Da Kopernikus die unästhetischen Epicykel vermeiden wollte und weiterhin an einer Kreisbahn für die Planeten festhielt – allerdings jetzt um die Sonne –, wurde seine Beschreibung der Planetenorte nicht exakter als die von früher überlieferten.

Diese Situation änderte sich erst, als *Johannes Kepler* **Johannes** (1571–1630) die sehr genauen Beobachtungen seines **Kepler** Astronomenkollegen Tycho Brahe (1546–1601) auswerten konnte; Kepler war erst Assistent beim böhmischen „Hof-Astrologen" in Prag und wurde dann nach dessen Tod sein Nachfolger.

Kepler stellte bei der Analyse der Marsbahn fest, daß sich **das neue** *aus diesen Daten eine Beschreibung mittels einer Ellipse* **Weltbild** *ergab, in deren einem Brennpunkt die Sonne stand.*

In seiner *Neuen Astronomie* aus dem Jahre 1609 führt er die später nach ihm benannten Gesetze der Planetenbewegung ein, deren erstes diese Ellipsenform der Bahn beinhaltet.

Mit der Einführung der Ellipse wurde die seit dem Altertum gegebene Beschreibung der Bewegung der idealen Körper des Himmels durch die gleichfalls ideale Kurve des Kreises beseitigt. Dies war ein so revolutionärer Gedanke, daß ihm damals viele Wissenschaftler nicht folgen konnten.

Unter allen Kurven, die in der Antike bekannt waren, ist der Kreis aus vielerlei rationalen Gründen ausgezeichnet: Von allen Kurven gleichen Umfanges besitzt er den größten Flächeninhalt, und seine vollkommene Symmetrie versetzt ihn auf eine herausgehobene Stelle unter der Menge aller geschlossenen Kurven.

Mit dem Übergang zur Ellipse mußten alle diese rational einsichtigen Gründe aufgegeben werden, ohne daß dafür andere gleichwertige Gründe an ihre Stelle treten konnten.

Ellipse contra Es wurde gleichsam eine „Büchse der Pandora"[4] geöffnet,
Kreis denn bis zu der Einführung des Kraftgesetzes durch Newton gab es keinen rational einsehbaren Grund, irgendeine
der unendlich vielen geschlossenen Kurven einer anderen vorzu-
ziehen. Kepler hatte eine empirisch zutreffende Beschreibung der
Bahnen gefunden, die unübertroffen war – aber es war eine nur
empirisch begründete Form. Auch Kepler selbst schätzte die von
ihm logisch-spekulativ gefundene Beschreibung des Systems der
Planetenbahnen durch ineinander geschachtelte platonische Körper als wesentlich bedeutsamer ein als die Ellipsenform der Bahnen.

Ich sehe hier durchaus eine wichtige Parallele zur Frühphase der
Quantentheorie. Auch bei ihr mußten die bewährten und logischen
Regeln der damaligen Wissenschaft aufgegeben werden, um die
empirischen Befunde zutreffend beschreiben zu können. Und obwohl heute die Quantentheorie die experimentellen Tatsachen einfach, klar und richtig beschreibt, gibt es noch vielfach den Wunsch,
zum Weltbild der klassischen Physik zurückzukehren, das oft noch
als logisch klarer angesehen wird.

Wir können von unserem heutigen Standpunkt aus nur noch
schwer nachvollziehen, wie schwerwiegend den Forschern zu Keplers Zeit ihre Gründe erscheinen mußten, die sie bewogen haben,
an einer idealen Bewegung auf Kreisen festzuhalten. Auch bei Galilei, der ein entschiedener Anhänger Kopernikus' war, ist dieses
Dogma der Kreisbewegung von großer Bedeutung und war möglicherweise der Grund, warum er unfähig war, Keplers geniale Entdeckung zu erfassen.[5] Bei ihm sind auch die Trägheitsbahnen der
Körper an der Erdoberfläche ebenfalls Kreise, die um den Erdmit-
telpunkt gezogen sind.

---

[4]Nachdem Prometheus für den Menschen das Feuer geraubt hatte, schickte Zeus
Pandora zu den Menschen. Diese führte ein kostbares Gefäß mit sich, aus dem beim
Öffnen alle Arten von Unheil entwichen.
[5]Einstein sucht eine andere, mehr psychologische Erklärung. Er schreibt in seiner
Vorrede zu Galileis *Dialog* (Stuttgart, 1982, S. XI): „Daß in Galileos Lebenswerk
dieser entscheidende Fortschritt keine Spuren hinterlassen hat, ist ein groteskes
Beispiel dafür, daß schöpferische Menschen oft nicht rezeptiv orientiert sind."

Erst ein dreiviertel Jahrhundert später wurde mit Newtons Kraft-
gesetz eine dynamische Erfassung der Bewegungen möglich, bei
der sich die verschiedenen Bahnkurven als Folge von Kraft-
wirkungen verstehen lassen. Dabei werden die Einfachheit und
die Symmetrie *nicht mehr in der Bahnform, sondern* im Kraftgesetz *gefunden.*

Ein solches Empfinden von Symmetrie und Einfachheit wird **Symmetrie**
bis heute noch nicht allgemein mit dem Verständnis der
Quantenphysik verbunden.

Nach diesem Vorgriff auf die spätere Entwicklung wollen wir
noch einmal zu Kepler zurückkehren. Mit seinem ersten Gesetz hatte
er postuliert, daß die Planeten auf einer Ellipsenbahn um die Sonne
laufen. Für die Vorherberechnung der jeweiligen Orte der Planeten
ist zu berücksichtigen, daß ein Planet auf seiner Bahn verschieden
schnell läuft. Das zweite Gesetz, das als „Flächensatz" bezeichnet
wird, besagt, daß der Strahl von der Sonne zu dem sich auf der
Bahn bewegenden Planeten in gleichen Zeiten die gleiche Fläche
überstreicht, daß somit die Planeten schneller sein müssen, wenn
sie näher an der Sonne fliegen. Die Physik bezeichnet dies heute
als die Erhaltung des Drehimpulses (Drehimpuls ist im wesentlichen Abstand mal Geschwindigkeit). Keplers drittes Gesetz verknüpft die Umlaufzeiten und die Bahnachsen der Planeten miteinander. Mit diesen Gesetzen gelang Kepler der Durchbruch zu einer
wesentlich genaueren Beschreibung der Himmelsvorgänge als je-
mals zuvor.

Galileo Galilei (1564–1642) unterstützte in seinen 1632 **Galileo Galilei**
erschienenen *Dialogen* das kopernikanische System, in dem
die Sonne als Mittelpunkt der Welt gesehen wurde. Dieses Buch
wendet sich an die wissenschaftlichen Laien – die Fachleute waren
von Galilei offenbar für nicht überzeugbar gehalten worden – und
wurde daher auch nicht in Lateinisch, sondern in Italienisch publi-
ziert. Kirchliche Freunde, die nicht zur Inquisition gehörten, waren
der Meinung, daß Galilei mit seinen Aussagen gegen bestimmte
theologische Thesen verstoße und außerdem keine hinreichend fundierten Argumente besäße. So hatten sie ihn bewegen wollen, seine
astronomischen Behauptungen deutlicher als Hypothesen zu be-

zeichnen. Zwar war er formal mit seinem Buch sogar weitgehend auf den hypothetischen Charakter seiner Theorien eingegangen, allerdings hatte er selbst diese wohl als zutreffende und wahre Behauptungen angesehen. So kann Weizsäcker schreiben, daß in diesem Konflikt Galileis mit der Kirche Behauptung gegen Behauptung standen, denn auch bei Galilei ging es noch um eine bloße kinematische Beschreibung der Bahnen und noch nicht um eine dynamische, in der alle Bahnen aus einem einzigen Kraftgesetz abgeleitet werden können. Dies gelang erst ein halbes Jahrhundert später Newton. Vor allem aber stand in diesem Prozeß die Macht gegen einen einzelnen.

Konflikt mit der Kirche   Vielleicht wäre Galilei eine erfolgreichere Argumentation möglich gewesen, wenn er fähig gewesen wäre, auf Keplers Gesetze einzugehen, die eine so viel bessere Genauigkeit der Bahnbeschreibung als bei Kopernikus erlaubten. Allerdings zeigt der Fortlauf der Geschichte, daß auch fundiertere physikalische Argumente, als sie Galilei selbst zur Verfügung hatte, ihm wohl nichts genützt hätten – vielleicht sogar mehr geschadet. Galilei hatte mit seinen öffentlich verbreiteten Folgerungen, die er aus seinen physikalischen und astronomischen Theorien zog, den Unmut von wichtigen Teilen des Klerus erregt. Nachdem er bereits im Jahre 1616 von der Inquisition einvernommen worden war, wurde er 1633 in einem zweiten und spektakulären Prozeß durch die Inquisition zur Rücknahme seiner Aussagen genötigt. Die Protokolle dieser Erpressung sind ein trauriges Beispiel dafür, wohin sich totalitäre Systeme versteigen können. Allerdings ist zu bedenken, daß sich ein Teil seiner Richter weigerte, das Urteil gegen Galilei zu unterschreiben.

Diese Auseinandersetzung war von großer Bedeutung für die weitere Entwicklung des Verhältnisses zwischen Kirche und Wissenschaft.

Galilei, der sich selbst stets als guten Katholiken verstanden hat, hatte offenbar recht deutlich die Probleme erahnt, die auf die Kirche zukommen würden, wenn sie sich mit ihrer Macht gegen die Ergebnisse der Wissenschaften versteifen würde.

Vor allem die nicht sonderlich zarten Methoden der Inquisition, besonders nach dem zweiten Prozeß, ließen in den Augen der Nachwelt Galilei als den eindeutigen Sieger in der Auseinandersetzung erscheinen.

Der Prozeß gegen Galilei hatte eine lang andauernde und bis heute noch weitgehend vorhandene Sprachlosigkeit zwischen der Kirche und der Wissenschaft zur Folge. Es ist schwer zu verstehen, daß die katholische Kirche vier Jahrhunderte benötigt hat, um den damals begangenen schweren Fehler zu beheben.

Aus meiner Sicht ist das damals eingeleitete Zerwürfnis zwischen der zuerst auf rationale Wahrheit verpflichteten Naturwissenschaft und der Kirche – insofern diese sich als eine moralisch-ethische Instanz und nicht als eine auch weltliche Macht versteht – zu bedauern.

Die Naturwissenschaft bedarf auch solcher Gesprächspartner, die ihr aus einer ganz anderen Sicht als der eigenen die möglichen Folgen und Probleme ihres Tuns spiegeln, denn die Ergebnisse der Naturwissenschaft allein sind nicht ausreichend, um ethische Normen zu begründen.

Die ethischen Probleme sind heute, nach der Entdeckung **ethische Fragen** der Quantentheorie, keineswegs geringer geworden. Mir fällt **heute** in diesem Zusammenhang dazu ein, was Edward Teller, der „Vater der Wasserstoffbombe", als den schwersten Fehler seines Lebens bezeichnet hat: Nachdem die Atombombe gebaut worden war, gab es eine Initiative von Physikern unter der Führung von Leo Szillard, die mit einer Petition an den amerikanischen Präsidenten erreichen wollten, daß diese Waffe nicht auf eine Stadt abgeworfen werden, sondern nur ihre Wirkung demonstriert werden sollte, zum Beispiel über dem Meer. Teller, der mit unterschreiben wollte, war aber der Meinung, darüber vorher mit seinem Chef, dem Physiker Robert Oppenheimer, sprechen zu müssen. Oppenheimer meinte jedoch, er solle sich einer Beteiligung an dieser Petition verweigern, sie als Physiker hätten sich um die Physik zu kümmern und sollten derartige Entscheidungen den Politikern überlassen. Teller hat zeitlebens bedauert, dieser Aufforderung Oppenheimers gefolgt zu sein.

Die geschilderte Haltung Oppenheimers erinnert mich an Luthers Zwei-Reiche-Lehre, die als der Vorschlag einer Trennung von innerer ethischer Einstellung und äußerem Handeln in der Welt verstanden werden kann. Ich denke, daß so etwas der Wissenschaft genausowenig gut tut wie der Religion.

Auch heute kann man in der Wissenschaft immer wieder vor ähnlich gelagerten Entscheidungen stehen, beispielsweise, wie man sich zu manchen Anforderungen seiner Geldgeber stellen will. In solchen Fällen kann eine Aufklärung der Öffentlichkeit über mögliche Folgen der wissenschaftlichen Forschung helfen, eine Diskussion darüber anstoßen. Ähnlich hat sich bereits Galilei verhalten, der seine Schlußfolgerungen aus seinen Forschungen einem breiten Publikum auf Italienisch zugänglich machte.

Experiment   Die große Bedeutung, die Galilei in der Geschichte des wissenschaftlichen Denkens zu Recht zukommt, beruht auf der durch ihn begründeten Etablierung des Experimentes als Methode der Erkenntnisfindung.

Das Experiment bedeutet eine künstliche Herauslösung eines Vorganges aus den natürlichen Zusammenhängen. Damit werden Einflüsse weitgehend ausgeschaltet, die unerwünscht sind, weil sie unkontrollierbar erscheinen. Die Wirkungen der zu beschreibenden Größe werden dadurch isolier- und erfaßbar.

Galileis mit großer Akribie durchgeführten Experimente zum Fallgesetz an einer schiefen Rinne, die er in seinen *Discorsi*[6] beschreibt und die zum Beispiel im Deutschen Museum in München nachgebaut sind, setzten einen wichtigen Meilenstein für die Entwicklung der gesamten Naturwissenschaften. Aus überlieferten Laboraufzeichnungen von ihm ist erkennbar, daß er tatsächlich im heutigen Sinne experimentiert hat: Er hat die zu erwartenden Meßresultate zuvor berechnet und diese Rechnungen an den Ergebnissen geprüft.[7]

---

[6]Galilei, G., 1638, dt. 1964.
[7]Fraunberger, F., Teichmann, J., 1984, S. 24 ff.

Bis heute gilt es zu Recht als ein Charakteristikum für ein wissenschaftliches Vorgehen, daß man zuerst theoretische Hypothesen aufstellt und diese dann experimentell überprüft. Diese Methoden, die besonders durch Galilei in der Wissenschaft verbreitet wurden, haben meiner Meinung nach mit einer zwingenden inneren Konsequenz zu den Fortschritten in der Wissenschaft geführt, denen wir heute gegenüberstehen.

Die Einbettung der Wissenschaft in ihr natürliches und gesellschaftliches Umfeld und die Reflexion über die Folgen ihrer Anwendungen unterliegen aber nicht einer derartigen zwangsläufigen Entwicklung wie die Wissenschaft selbst, sondern sie bleiben eine ständige Aufgabe der beteiligten Wissenschaftler. **Verantwortung der Wissenschaft**

Die nächste historische Persönlichkeit, der wir uns zuwenden wollen, ist der französische Philosoph, Mathematiker und Naturwissenschaftler *René Descartes* (1596–1650). Es ist sicher keine Übertreibung, ihn als den Begründer derjenigen Denkweise anzusehen, die für die klassische Physik bestimmend geworden ist. Da die Quantentheorie diese Weltsicht relativiert, ist es unerläßlich, uns hier mit ihr auseinanderzusetzen. **René Descartes**

Descartes lebte in der unruhigen Zeit des Dreißigjährigen Krieges. In Frankreich hatten die Konflikte zwischen Katholiken und Protestanten in der Bartholomäus-Nacht ihren blutigen Höhepunkt gefunden, als über 40 000 Hugenottische Mitbürger ermordet wurden; die Inquisition war noch am Werk; Krieg, Krankheiten und Hungersnöte kosteten damals der Hälfte der Bevölkerung das Leben.

Descartes, der schon früh seine Mutter verlor und an einer Jesuitenschule erzogen wurde, gilt als erster systematischer Metaphysiker der Neuzeit. Descartes' Philosophie schuf eine neue Grundlage, auf die sich wahre Erkenntnis oder Gewißheit stützen lassen sollte.

Nach Descartes läßt sich Gewißheit erreichen, wenn ich beginne, an all dem zu zweifeln, was landläufig als „auf der Hand liegend" angesehen wird. Das, was ich sehe, könnte **Ich denke, also bin ich** ja ein Trugbild sein und das, was ich erlebe, ein Traum. So beginnt Descartes an allem zu zweifeln, um dann einsehen zu können, daß er an einem nicht zweifeln kann – daran, daß er existiert, wenn er zweifelt. Dies wird oftmals zitiert als: „Ich denke, also bin ich."

zwei Substanzen Von dieser Gewißheit ausgehend und mit Hilfe eines zwei ontologischen Gottesbeweises, den wir heute wohl nicht mehr als zwingend ansehen können, gelangt er zu einer Metaphysik, in der „klare und deutliche" Erkenntnis – das heißt für ihn Gewißheit – erreicht wird. Descartes nimmt zwei getrennte Substanzen an: eine denkende und eine ausgedehnte.

Das Denken, das ich als mein eigenes Denken kenne, ordnet Descartes einer Substanz zu, über die Gewißheit möglich ist – lateinisch res cogitans.

Die andere Substanz, über die Gewißheit möglich ist, ist die einer mathematischen Behandlung zugängliche. Denn mathematische Erkenntnisse sind nach Descartes' Meinung ebenfalls gewiß. Die eigentliche Mathematik ist zu Descartes' Zeiten die Geometrie, die *Lehre von den ausgedehnten Figuren*; die schlichten Grundrechenarten zählten bereits nicht mehr zur eigentlichen Wissenschaft.

Also ist die ausgedehnte Substanz, die res extensa, *der zweite Bereich, über den philosophisches Denken sichere Kenntnis erhalten kann.*

Beide Bereiche waren nach Descartes streng voneinander zu unterscheiden. Im Gefolge seines Denkens wurden beispielsweise die Tiere, denen man das Denken absprach, wie Maschinen angesehen. Eine von Descartes ausgehende Denktradition sah eine strenge Trennung zwischen denkender und ausgedehnter Substanz – zwischen „Geist und Materie" – und hatte notwendig auch eine Trennung von Subjekt und Objekt und dann auch die gedankliche Trennung der Objekte voneinander zur Folge.

Freud und Gödel Mit unserer heutigen Kenntnis und nach den Arbeiten von Freud und Gödel in der Psychologie und Mathematik würden wir die *Annahmen über die Gewißheit unserer Erkennt-*

nis, die von Descartes wohl als selbstverständlich angesehen wurden, nicht mehr so uneingeschränkt bejahen können, wie er dies wohl gedacht haben mag. Sigmund Freud, der die Psychoanalyse entwickelt hat, hat mit seiner Wissenschaft deutlich gemacht, wie stark wir Menschen im Handeln und auch im Denken gesteuert werden durch Antriebe, die unserem bewußten Denken meist nicht zugänglich sind. Kurt Gödel konnte zeigen, daß es in jedem mathematischen System, das reichhaltig genug ist, wenigstens die Arithmetik zu beschreiben, Wahrheiten geben kann, die nicht beweisbar sind. Damit ist ein Beweis der Widerspruchsfreiheit für die Mathematik als Ganzes unmöglich.

Diese beiden Forscher haben somit gezeigt, daß die Sicherheit, *nach der Descartes strebte,* weder in unserem Denken noch in der Mathematik *in einer solchen Weise zu finden ist, wie dieser wohl erhofft hatte.*

Bis heute scheinen mir aber die Konsequenzen der Erkenntnisse von Freud und Gödel für das Verständnis von Wissenschaft oft nicht wahrgenommen zu werden. Die klassische Physik, die mit ihren Strukturen sehr gut zu dem Cartesischen Weltbild paßt, wird noch weitgehend als das Ideal einer „exakten Wissenschaft" verstanden. Daß auch durch die Quantenphysik dieses Cartesische Weltbild zumindest relativiert wird, wird oft verdrängt.

Dennoch ist es wichtig festzuhalten, daß Descartes' Denkmodell unserer menschlichen Erfahrung so gut angepaßt ist und so erfolgreich war, daß es für unser abendländisches Denken für lange Zeit eine Vorbildwirkung besaß.

Die Wissenschaften unterteilen sich bis heute im wesentlichen in die *Geistes-* und die *Naturwissenschaften*. Die Naturwissenschaft wurde für die „ausgedehnten Objekte" zuständig, und ihr Ideal ist die Erkenntnis der Vorgänge in der Welt in Form von – möglichst mathematischen – Gesetzen. **Geistes- und Naturwissenschaften**

Da wir Menschen das Denken an uns selbst durchaus wahrnehmen und auch um unsere Ausdehnung wissen, entstand sofort die Frage, wie trotz der postulierten Trennung dennoch ausgedehnte und denkende Substanz aufeinander einwirken können. Descartes

postulierte die Zirbeldrüse als die Stelle im Gehirn, an der eine
Beziehung zwischen diesen beiden so unterschiedlichen Substanzen stattfinden sollte. Allerdings blieb es völlig unklar, wie eine
solche Wechselwirkung vorzustellen sei.

Leib-Seele- *Seit dieser Trennung ist daher das abendländische Denken*
Problem *mit dem sogenannten Leib-Seele-Problem befaßt, für das*
es meines Erachtens bis heute noch keine befriedigende
Lösung gibt.

Ich denke, daß die Quantentheorie es ermöglichen wird, Wege aufzuzeigen, die erlauben, dieses Problem erfolgreich zu behandeln.
Dazu werden in Kapitel 6 einige Überlegungen angeführt.

analytische Neben seinem so bedeutenden und folgenreichen philo-
Geometrie sophischen Entwurf hat Descartes auch sehr wesentlich zur
Entwicklung der Mathematik beigetragen. Mit der Entdek-
kung der analytischen Geometrie gelang ihm ein entscheidender
Durchbruch in der mathematischen Erfassung der Wirklichkeit.
Durch die Einführung eines Koordinatensystems erlaubt sie es, die
geometrischen Figuren durch Zahlen zu beschreiben.

Bis dahin waren mathematische Verhältnisse – Proportionen –
etwas, was beispielsweise durch den Strahlensatz ausgedrückt wurde, bei dem ja bekanntlich verschiedene Strecken aufeinander bezogen werden. Eine geometrisch orientierte Denkweise kann Strek-
ken zu Strecken oder Winkel zu Winkel in Beziehung setzen, nicht
aber Strecken zu Winkeln oder zu Flächen oder gar eine Strecke zu
einer Dauer. So war es dem noch geometrisch denkenden Galilei
nicht möglich, einen Begriff von Geschwindigkeit mathematisch
exakt zu definieren. Selbstverständlich kannte er den Unterschied
zwischen schnell und langsam, aber bei der Beschreibung von
Bewegungsvorgängen verglich er Strecken, die in derselben Zeit-
spanne durchlaufen wurden, oder Zeiten, die für dieselbe Strecke
benötigt wurden. Aber ein Verhältnis von einer Strecke zu einer
Dauer konnte in seiner geometrisch fundierten Vorstellung nicht
sinnvoll formuliert werden.

In der analytischen Geometrie werden nun alle geometrischen
Größen durch Zahlen beschreibbar, und daß man dann die *Maß-*

zahlen verschiedener Größen in Beziehung setzt, kann stets durchaus sinnvoll erscheinen.

Den eigentlichen Durchbruch zu einer mathematischen **Isaac Newton** Beschreibung der Naturvorgänge erzielte *Isaac Newton* (1642–1727). Mit seinen mechanischen Grundgesetzen etablierte er den Kraftbegriff in einer mathematischen Form in der Physik. Voraussetzung hierfür war die Erfindung der Differential- und Integralrechnung, die ihm und – gleichzeitig und unabhängig davon – Gottfried Wilhelm Leibniz (1646–1716) gelang.

Wenn man Geschwindigkeit definiert als „Weg pro Zeit", **Erfindung der** so ist dies für endliche Wege und Zeiten immer eine Durch- **Differential-** schnittsgeschwindigkeit. Die Differentialrechnung erlaubt **rechnung und** es nun, diesen Geschwindigkeitsbegriff sinnvoll auf eine **der Geschwin-** Momentangeschwindigkeit zu verallgemeinern. Damit hat **digkeit** die Geschwindigkeit eines Objektes in jedem Zeitpunkt einen wohlbestimmten Wert, der sich darüber hinaus auch in jedem Zeitpunkt ändern kann.

Natürlich weiß dies jeder von uns aus eigener Erfahrung, hier ging es aber um die erstmalige mathematisch exakte Erfassung solcher Vorgänge. Die momentane Änderung einer Geschwindigkeit nennt man Beschleunigung, und Newtons große Entdeckung war es, die Beschleunigung mit der Wirkung von Kräften zu verbinden.

Durch das Autofahren ist uns heutigen Menschen dies **Beschleunigung** *alles sinnlich erfahrbar geworden. So machen sich momentane Änderungen der Geschwindigkeit beim Bremsen – manchmal auch beim Anfahren – oder aber das Ändern ihrer Richtung in einer Kurve als Kraftwirkungen auf unseren Körper bemerkbar.*

In der damaligen Zeit gab es aber derartige deutliche sinnliche Erfahrungen für die Menschen normalerweise noch nicht, da die technisch möglichen Beschleunigungen zu gering waren, um ihre Wirkung zu verspüren – und man in Fällen größerer Beschleunigung sicherlich mit der Abwehr der daraus folgenden Gefahr befaßt war –, und man nicht die Muße eines Beifahrers in einem zügig fahrenden Auto hatte.

Mit seinem Gravitationsgesetz konnte Newton zeigen, daß das Fallen eines Apfels vom Baume und die Bewegung des Mondes um die Erde die Folge der gleichen Gesetzmäßigkeit sind.

Mathematik auf die Erde Mit dieser großartigen Entdeckung gelangte die *Mathematik vom Himmel auf die Erde*, und auch hier wurden jetzt Bewegungsvorgänge in gleicher Weise wie dort mathematisch beschreibbar.

Die Einführung des Kraftbegriffes erlaubte es, die getrennten Objekte, in welche die Naturwissenschaften die Welt zerlegt hatten, aufeinander einwirken zu lassen. Ohne diesen Kunstgriff wäre das Modell zu weit weg von jeder Erfahrung gewesen, als daß man hätte darüber ernsthaft nachdenken können. Ich werde später noch erläutern, welche ungeheuren Erfolge durch Newtons Ansatz ermöglicht wurden. Dennoch behielten für lange Zeit viele Denker ein Unbehagen über die aus dieser Theorie folgende Weltsicht. Dies wird zum Beispiel noch über ein Jahrhundert später bei Goethe deutlich.

Einen bedeutsamen Aspekt von Newtons wissenschaftlicher Arbeit möchte ich hier noch erwähnen, der uns heutigen Menschen wahrscheinlich als relativ unbedeutend erscheinen wird, aber damals sehr revolutionär war. Newton faßte den Begriff des Raumes in einer völlig neuen Weise, die es erlaubte, auch dann von Orten zu sprechen, wenn sich an diesem Ort kein Körper befindet.

Für Aristoteles war „Ort" stets der Ort eines Körpers, und Stellen, an denen „nichts" war, gab es nach seiner Philosophie nicht. Der leere Raum, das Vakuum, war etwas, das kein „Sein" hatte und daher auch nicht als seiend gedacht werden konnte. Für diese Vorstellung sprechen viele gute logische Gründe, und in einem gewissen Sinne lassen sich heute – nach der Entdeckung der Quantentheorie – die Thesen von Aristoteles so interpretieren, daß wir sie im modernen naturwissenschaftlichen Verständnis als richtig bezeichnen können, daß es nämlich keinen „feld- und wirkungsfreien Raum" in der Welt gibt. Da aber das Abstraktionsvermögen der Naturwissenschaftler früherer Zeit natürlich nicht an das heute in der Physik erlangte Wissen heranreichen konnte, wurde die aristotelische Auffassung immer mit dem Vorhandensein von Körpern verknüpft, und die müssen nach heutiger Überzeugung keineswegs

immer vorhanden sein. Aber nach damaliger Vorstellung liefen die
Planeten auf kristallartigen Sphären am Himmel, und noch bei
Descartes war der ganze Raum von Materie erfüllt, ähnlich wie
eine Flüssigkeit einen Behälter ausfüllt.

Newton konnte nun, aufbauend auf der Mathematik von **Erfindung des**
Descartes, eine neue physikalische Vorstellung entwickeln, **leeren Raumes**
die in der „Erfindung" des leeren Raumes bestand. Der Raum
erhielt damit eine eigene physikalische Bewandtnis: Im leeren Raum
konnten sich Kräfte ausbreiten. Bis dahin hatte die einzige Vorstellung der Physiker darin bestanden, daß sich Kraftwirkungen durch
Druck oder Stoß fortpflanzten. Diese gedankliche Abkehr von Druck
und Stoß war ein wichtiger Schritt hin zur modernen Physik und
erlaubte es dann später – mit dem Feldbegriff –, auf einer neuen
Stufe vom vollkommen „leeren Raum" wieder abzukommen.

2.1.3 Die moderne Naturwissenschaft und ihre Folgen

Wenn man – wie üblich – Geschichte im wesentlichen aus der Schule
kennt, so lernt man meist, daß die Moderne mit der Französischen
Revolution beginnt. Unter politischen und sozialen Gesichtspunkten ist diese Festlegung sicherlich eine gute Lösung. Wenn wir uns
hier mit der Geschichte des abendländischen Denkens und vor allem der Geschichte der Naturwissenschaften befassen wollen, möchte ich in diesem Zusammenhang an das Werk des deutschen Philosophen *Immanuel Kant* (1724–1804) erinnern. Seine Philosophie
ist für den Gegenstand dieses Buches unter einem speziellen Gesichtspunkt von besonderer Bedeutung.

Zu Kants Zeit hatten die mathematischen Naturwissen- **Immanuel Kant**
schaften bereits einen solchen Grad von Vorhersagekraft und
Qualität erreicht, daß die Frage nahelag, womit dieser Erfolg begründet werden könnte. Für eine Erklärung, daß die Physik durch
einige geniale Wissenschaftler einfach richtig „geraten" sei, war
diese Wissenschaft bereits schon damals zu gut und zu erfolgreich.
Andererseits hatte man bereits in dieser Zeit die historische Erfahrung, daß als gesichert angesehene wissenschaftliche Erklärungen
hatten revidiert werden müssen.

Begründung von Naturgesetzen   Wie aber kann man die Macht, den wachsenden Erfolg der Naturgesetze erklären?

Diese Frage ist heute noch drängender als vor zwei Jahrhunderten. Man mag meinen, sie sei nur „theoretisch" – aber dies würde übersehen, daß wir nur mit Hilfe von Theorien unsere Erfahrungen ordnen und verstehen können.

Ein Vorschlag zur Lösung dieser Frage stammt von Immanuel Kant. Er selbst beschreibt, daß ihm das Werk des englischen Philosophen David Hume (1711–1776) die Problematik verdeutlicht hatte:

Allgemeine Gesetze, wie wir sie in der Naturwissenschaft suchen und auch finden, lassen sich nicht *aus der Erfahrung herleiten.*

Eine solche Überlegung ist nicht ganz einfach zu verstehen. So wird es doch vielfach als selbstverständlich angesehen, daß wir unsere Naturgesetze aus unseren experimentellen Erfahrungen ableiten und diese dann, wenn sie erfolgreich sind, auch zweifellos gelten.

Ein allgemeines Gesetz soll aber „immer und überall" gelten, doch ob es dies auch in der Zukunft tun wird, können wir heute mit unseren bisherigen Erfahrungen noch nicht wissen.

Wir haben uns heutzutage derart an die Gültigkeit von mathematisch formulierten Naturgesetzen gewöhnt, daß wir uns kaum nach der Berechtigung dafür fragen. Außerhalb der Physik scheint man einerseits den physikalischen Gesetzen nahezu uneingeschränkt zu vertrauen, andererseits hat man nach meiner Erfahrung dort nur eine geringe Vorstellung von der begrifflichen Härte, mit der diese Gesetze in die Physik eingebettet sind.

Selbstverständlich ist die Erfahrung die Quelle, aus der die Wissenschaft ihre kreativen Ideen bezieht. Aber wenn man „allgemeine Gesetze" sucht, dann geht es um *prinzipielle* Fragen, dann will man wissen, *ob die gefundenen Gesetze mit Sicherheit und notwendig gelten müssen.* Wir kennen heute genügend Gesetze, über deren universelle Gültigkeit man sich getäuscht hatte. Sie sind sehr erfolgreich angewandt worden, und man hatte früher auch angenommen, daß sie solche allgemeingültigen Gesetze seien – doch heute wissen wir von ihnen, daß sie in bestimmten Fällen falsch werden. Ein Beispiel ist Newtons Gravitationsgesetz: Unter bestimmten extremen Bedingungen, zum Beispiel bei sehr starken Gravitationsfeldern, ist es falsch, dieses Gesetz zu verwenden.

Aus der Vergangenheit kann man nur dann etwas für die Zukunft herleiten, wenn man Naturgesetze zur Verfügung hat, denen man trauen kann. Deshalb ist die Tatsache, daß ein Gesetz auf Vergangenes erfolgreich angewandt werden kann, nicht für die Beantwortung der Frage zu verwenden, ob das Gesetz selbst auch in Zukunft so noch gültig sein wird.

Eine große Menge an Erfahrungstatsachen reicht noch nicht aus, um ein allgemeines Gesetz zu begründen. Ein Beispiel: Aus der Tatsache, daß ich bisher an jedem Morgen erwacht bin, folgt noch lange nicht, daß dies immer so sein wird, daß ich unsterblich bin. Nun könnte man einwenden, daß das Altern und Sterben biologischer Wesen schließlich ein Naturgesetz sei. Will man dies aber als allgemeines Gesetz begründen, reichen die Erfahrungen mit unseren Ahnen nicht aus – und außerdem kann man sich von den Biologen erklären lassen, daß Einzeller potentiell unsterblich sind. **Erfahrung und Gesetz**

Dieses einfache Beispiel zeigt, daß eine endliche Menge von erfolgreichen Erfahrungen nicht ausreichend dafür ist, daraus ein allgemeines Gesetz zu erschließen. Und mehr als nur endlich viele Erfahrungen kann kein Mensch und keine Gruppe von Menschen je machen. Dennoch möchte man wissen, welchen Gesetzen man vertrauen darf, und auch, warum. Hier setzt Kants Vorschlag einer transzendentalen Begründung der Naturgesetze an.

Wie ist nun Kants Kernidee zu verstehen?

„Transzendent" bedeutet die Erfahrung und das Bewußtsein überschreitend, etwas jenseits von Welt und Wirklichkeit. Die Vorstellung, die einem daher möglicherweise einfällt, wenn man von Kants „Transzendentalphilosophie" hört, könnte daher leicht in die Irre führen. **Transzendenz**

transzendental   Im Gegensatz zu transzendent ist nämlich mit *transzen-dental* all das gemeint, was der Erfahrung an *notwendigen Bedingungen vorausgeht.*

Etwas, das notwendig ist, damit Erfahrung überhaupt möglich sein kann, muß dann selbstverständlich auch in jeder Erfahrung gegeben und gültig sein.

Und all das, was aus solchen Vorbedingungen der Erfahrung geschlußfolgert werden kann, muß dann ebenfalls *notwendigerweise* in der Erfahrung gelten.

Erfahrung   Wenn man mit M. Drieschner definiert:

„Erfahrung bedeutet Lernen aus der Vergangenheit, um Prognosen für die Zukunft zu ermöglichen",

so wird daraus eine der Vorbedingungen der Möglichkeit von Erfahrung sichtbar.

Denn wenn der Unterschied von Vergangenheit und Zukunft und damit eine gewisse Struktur von „Zeit" nicht gegeben wäre, könnte man überhaupt nicht verdeutlichen, was der Begriff der Erfahrung meinen soll.

Eine weitere Vorbedingung der Möglichkeit von Erfahrung besteht darin, daß wir die Fülle der Wirklichkeit zumindest näherungsweise in getrennte Teile zerlegen können, denn „alles auf einmal" zu erfassen, dies würde unsere menschlichen Möglichkeiten total übersteigen.

Vorbedingungen der „Möglichkeit von Erfahrung"   Zu den Vorbedingungen der „Möglichkeit von Erfahrung" gehören wohl auch die psychischen Bedingungen, denen wir als Menschen unterliegen. Was daraus möglicherweise für die Struktur von Naturwissenschaft folgt, ist bisher noch nicht gründlich untersucht worden.

Das Programm, das man aus Kants Ansatz ableiten kann, würde nun darin bestehen, über die beiden Bedingungen von Zeitstruktur und Trennbarkeit hinaus weitere Vorbedingungen für die Möglichkeit von Erfahrung zu suchen, so daß aus diesen die uns bekannten Naturgesetze – und möglicherweise noch neue – geschlußfolgert werden könnten. Wenn ein solches Vorhaben von Erfolg gekrönt wäre, würde daraus folgen, daß diese so gefundenen Gesetze als Erfahrungsgesetze notwendig gelten müßten.

Daß Kant selbst mit seinem Programm einer transzendentalen Begründung der klassischen Physik nicht erfolgreich war – und wie wir es nach der Entdeckung der Quantentheorie wissen können, auch nicht sein konnte, da die klassische Physik gerade nicht allgemein gültig ist –, schmälert in keiner Weise sein Verdienst, diese Vision aufgezeigt zu haben.

Obwohl bis heute der Weg einer transzendentalen Begründung der Naturwissenschaften noch nicht bis zum Ende beschritten werden konnte, halte ich diesen Ansatz für die Lösung der Frage, wie der große Erfolg der Naturwissenschaften wirklich verstanden und plausibel gemacht werden kann, am aussichtsreichsten. **transzendentale Begründung der Naturwissenschaften**

Denn daß wir diese Gewißheit durch eine Verifikation, das heißt den Nachweis ihrer Wahrheit, nie erreichen können, ist heute allgemein bekanntes Wissen. Verifikation würde bedeuten, die Theorie in allen möglichen Fällen als richtig zu erweisen – und die meisten der möglichen Fälle liegen in der Zukunft, sind also jetzt noch nicht überprüfbar. Und daß die Forderung, Theorien wenigstens falsifizieren zu können, also sie als falsch aufzuweisen, nur dann in Strenge erfüllbar wäre, wenn andere Theorien als wahr verstanden werden dürfen, kann man sich ebenfalls leicht überlegen: Wenn ein Experiment anders ausgeht, als die zu prüfende Theorie vorhersagt, dann impliziert dies nur dann etwas von Bedeutung, wenn ich gewiß sein kann, daß die Apparatur „in Ordnung ist", daß sie gemäß einer wahren Theorie arbeitet. Da es solche wahren, das heißt verifizierten Theorien aber nicht geben kann, verhilft uns auch die These einer Falsifikation zu keiner Gewißheit.

Wenn man die Frage nach der Begründung von allgemeinen Gesetzen in der Natur nicht einfach als etwas ansehen will, das unser menschliches Vermögen übersteigt oder das von einer göttlichen Macht – aus für uns unerkennbaren Gründen – erlassen worden ist, dann ist das Kantsche Programm einer transzendentalen Begründung der Naturwissenschaften das Beste, was man sich bisher hat dafür ausdenken können. Selbst wenn es so wäre, wie Erhard Scheibe[8] vermutet, daß wir Menschen die Vorbedingungen für die Möglichkeit von Erfahrung in ihrer Ganzheit erst in der Vollendung des Erkenntnisprozesses gewinnen können, würde dies meiner Meinung nach nicht die Bedeutung dieses Ansatzes schmälern. Ich werde in Kapitel 4 noch einmal darauf zurückkommen.

2.1.4 Vorhersagende Wissenschaft

Im Gegensatz zu den Naturphilosophen wenden die praktischen Naturwissenschaftler die gefundenen Gesetze so lange an, bis sie durch Experimente und Beobachtungen genötigt werden, sie als unzureichend aufzugeben. Daher hat es der Newtonschen Mechanik keinen Abbruch getan, daß Kant mit seinem Versuch einer transzendentalen Begründung dieser Wissenschaft keinen Erfolg hatte. Vielmehr begann nach Newtons Entdeckung in Europa ein gewaltiger Siegeszug der naturwissenschaftlichen Denkweise. Eine Vielzahl von Erscheinungen war mit ihr einer rationalen Erklärung zugänglich geworden, und man begann, auch für die philosophische Sicht auf die Welt die Mechanik als Vorbild zu nehmen. Die Vorhersagekraft der mathematischen Physik ließ die Idee eines deterministisch vorbestimmten und wie ein Uhrwerk ablaufenden Weltgeschehens als eine zutreffende Beschreibung der Welt erscheinen.

Laplacescher Dämon   Der markanteste Ausdruck dafür ist ein Denkmodell, das nach seinem Erfinder, dem bedeutenden Mathematiker und Physiker *Pierre Laplace* (1749–1827), Laplacescher Dämon genannt wird. Dieser Dämon sollte in der Lage sein, den Zustand eines jeden Teilchens in der Welt zu einem gegebenen Zeitpunkt zu kennen. Mit den Gesetzen der Mechanik wäre er dann, so Laplace,

---

[8]Scheibe, E., 1988.

in der Lage, die Weltgeschichte für alle vergangenen und zukünfti-
gen Zeiten zu berechnen. Als Napoleon ihn fragte, wo denn in diesem seinem Weltbild der Platz für Gott sei, soll Laplace voll Stolz
geantwortet haben: „Sire, diese Hypothese benötige ich nicht." Der
Argumentation der religiösen Institutionen für die Notwendigkeit
einer Existenz Gottes für die Erklärung des Laufs der Welt war damit der Boden entzogen. Die Aufklärung, die sich als Befreiung
des Menschen aus seiner selbstverschuldeten Unmündigkeit verstand, betrachtete die Überwindung religiöser Vorurteile als eine
wesentliche Zielrichtung. Die damit verbundene geistige Freiheit
mag natürlich eine gewisse Unsicherheit erzeugen.

Diese Unsicherheit sowie die Problematik, die für den **Determinismus**
Menschen aus der Verantwortung für seine freien Entschei-
dungen folgen kann, wurden entschärft durch den strengen
Determinismus, der aus der Laplaceschen Weltsicht folgt
und der eine enorme psychische Sicherheit vermitteln kann.
Denn wenn der gesamte Weltlauf festliegt, trage ich für meine
Entscheidungen – die in Wahrheit dann keine freien Entscheidun-
gen wären – auch keine Verantwortung.

Mit der Entwicklung der Fernrohre gelangte die beobachtende
Astronomie zu einer immer besseren Kenntnis der Erscheinungen
im All. Neben den seit Jahrtausenden bekannten Planeten unseres
Sonnensystems, nämlich Merkur, Venus, Erde, Mars, Jupiter und
Saturn, wurde ein neuer entdeckt, der in Anlehnung an die griechische Tradition den Namen Uranus erhielt. Als man die Bahn dieses
neuentdeckten Planeten immer besser vermessen konnte, zeigte sich,
daß diese Bahn nicht den Gesetzen der Newtonschen Mechanik zu
gehorchen schien.

Nach einigen der als modern geltenden Überlegungen der **neue Planeten**
Wissenschaftstheorie müßte man in einem solchen Fall, wenn **aus der Theorie**
also die Beobachtung nicht mit der Theorie übereinstimmt,
die Theorie verwerfen. Auch damals gab es solche Überlegungen,
die zum Beispiel eine andere Abnahme der Gravitation in dieser
großen Entfernung von der Sonne annahmen, als es von Newton
postuliert worden war. Da aber, ironisch gesagt, damals glücklicherweise die Bedeutung der modernen Wissenschaftstheorie noch
nicht so bekannt war wie heute, suchte man statt dessen nach einer

anderen Lösung – innerhalb der bestehenden Theorie. Man begann nachzurechnen, welcher Körper möglicherweise die Abweichungen des Uranus von der bis dahin errechneten Bahn verursachen könnte. Der Engländer Adams wurde – wohl wegen seiner Jugend – nicht zur Kenntnis genommen, aber der Franzose Le Verrier schickte dem Berliner Astronomen Galle eine Berechnung, wo ein weiterer Planet unseres Sonnensystems zu suchen sein sollte. Auf diese Weise wurde dann tatsächlich im Jahre 1846 der Planet Neptun entdeckt. Als auch bei der Neptunbahn Abweichungen von den Rechnungen gefunden wurden, begannen die Astronomen mit einer weiteren gründlichen Suche, und 1930 wurde der Planet Pluto gefunden.

Derartige Erfolge führten dazu, daß man der Denk- und Sichtweise der klassischen Naturwissenschaften mehr und mehr vertraute.

Allerdings gab es eine erste Erschütterung, als sich zeigte, daß die Vorgänge der Elektrodynamik mathematisch nicht mit der Newtonschen Mechanik zu vereinbaren waren.

erste Erschütterung im Gefüge der Wissenschaft Mit der Theorie der Elektrodynamik war es gelungen, solche phänomenal völlig verschiedenen Bereiche wie die des Lichtes, des Magnetismus und der Elektrizität in einer einzigen geschlossenen Theorie zu vereinen. Die aus ihr erwachsenden Erkenntnisse erlaubten es, all das zu entwickeln, was wir heute als Elektrotechnik kennen: Elektromotoren und Generatoren, elektrische Beleuchtung, Telefon sowie Radio und Fernsehen.

technische Entwicklung Im 19. Jahrhundert kam es im Gefolge des naturwissenschaftlichen Fortschritts zu einer *rasanten Beschleunigung der technischen Entwicklung*. Mit der statistischen Mechanik gelang es, die Ergebnisse der Wärmelehre, die grundlegend für den Bau und die Entwicklung von Wärmekraftmaschinen ist, auf der Basis der Mechanik zu verstehen und zu interpretieren. Die Dampfmaschine ermöglichte es zum ersten Male in der Geschichte der Menschheit, unabhängig von Wetter, fließenden Gewässern oder vom Einsatz von Tieren oder Menschen, Kraft dann und dort zur Verfügung zu haben, wenn sie benötigt wurde. Wer einmal darüber nachgedacht hat, daß Galeerensträflinge nach drei Monaten „verbraucht" waren, oder wer ein historisches Bild einer „Tretmühle" gesehen hat, in der Häftlinge zum Antrieb von Maschinen verwendet wurden, kann ermessen, welche Umwälzung die Erfindung von gut funktionierenden Kraftmaschinen bedeutete.

Der Ausbau der elektrotechnischen Infrastruktur hatte eine weitere Beschleunigung dieser Entwicklung zur Folge.

Der überwältigende Erfolg der naturwissenschaftlichen Denkweise und die aus ihr folgende Macht über natürliche und in deren Gefolge auch über soziale Vorgänge ließen die Naturwissenschaft im öffentlichen Bewußtsein zu der eigentlichen Wissenschaft werden. Ihrem Vorbild eiferten auch andere Wissenschaften mehr und mehr nach. So wurde sie beispielsweise sogar für Soziologie, Psychologie und Ökonomie zu einer – zumindest impliziten – Richtschnur, nach der sich diese Wissenschaften teilweise selbst richteten oder nach der man von außen diese Wissenschaften beurteilte.

Ich denke, daß zum Beispiel auch das ökonomische Modell einer gesamtstaatlichen Planwirtschaft, wie es der Marxismus propagiert hat, sehr stark von dem Denkmodell der Newtonschen Mechanik beeinflußt worden ist. So erinnert die Idee der Planbarkeit der Wirtschaft sehr an die Berechenbarkeit eines astronomischen Zwei-Körper-Problems. Natürlich klingt die Idee verlockend, durch eine gute Planung Verluste zu vermeiden. Das Problem in der Mechanik ist nur, daß es ein reines Zwei-Körper-System in unserer astronomischen Umgebung nicht gibt – es gibt solche nur in guter Näherung – und daß bereits drei Körper in ihrem Verhalten nicht mehr beliebig gut berechenbar sind. Und in der Ökonomie treten immer wieder unvorhersehbare Ereignisse auf, die eine starre Planung über den Haufen werfen können.

2.2 Höhepunkte der klassischen Physik und ihre Krise

Auch in unserem Jahrhundert entwickelte sich die klassische Physik weiter und erregte mit manchen Teilbereichen sogar eine große öffentliche Aufmerksamkeit. Diese Erfolge wurden möglich durch die Weiterentwicklung der mathematischen Wissenschaften und

 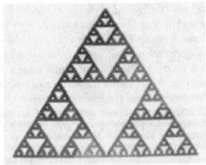

2.4 Sierpiński-Farn und -Dreieck Mit freundlicher Genehmigung von Professor Dr. Heinz-Otto Pleitgen

auch durch die immer schneller erfolgende Entwicklung von Computern, mit denen man Ergebnisse, die den Mathematikern im Prinzip bereits längere Zeit bekannt waren, unter anderem auch in graphische Darstellungen umwandeln konnte. Dadurch wurden die Strukturen im buchstäblichen Sinne anschaulich und offenbarten die ihnen zugrundeliegenden Zusammenhänge sowie deren Verwandtschaft mit Erscheinungen, die uns aus anderen Bereichen, beispielsweise der Botanik oder der Meteorologie, bereits bekannt waren.

allgemeine Relativitätstheorie und deterministisches Chaos   Die beiden spektakulärsten Gebiete aus der klassischen Physik sind heute die allgemeine Relativitätstheorie und das deterministische Chaos. Wenn über die moderne Physik geschrieben wird, so können diese beiden Bereiche nicht ausgespart werden.

2.2.1 Deterministisches Chaos

Die Bezeichnung „deterministisches Chaos" erscheint auf den ersten Blick so etwas zu sein wie ein weißer Rabe, wie etwas, was es nach dem Sinne der Worte eigentlich nicht geben kann. Aber genauso, wie wir heute einen Raben aufgrund seiner genetischen Struktur als solchen identifizieren würden, zu der die Federfarbe ein fast immer vorhandenes aber nicht notwendigerweise ausschließlich zutreffendes Zubehör darstellt, kann auch die Beziehung von Determinismus und Chaos neu betrachtet werden.

Die Grundgleichungen der klassischen Physik stellen
deterministische Systeme dar. Was ist damit gemeint?

Wir haben eine mathematische Struktur – Differentialgleichungen –, für die durch einen „Punkt" nur eine einzige Lösungskurve gehen kann.[9]

Punkt meint hierbei nicht eine Stelle im Ortsraum, sondern einen allgemeineren Ausdruck: die Menge aller Parameterwerte, die den Zustand festlegen (siehe auch Abschnitt 4.1). Für ein einzelnes punktförmiges Teilchen beispielsweise wären dies sein Ort sowie die Größe und die Richtung **Punkte in abstrakten Räumen**

---

[9]Die Existenz- und Eindeutigkeitssätze für gewöhnliche Differentialgleichungen geben an, wann diese Behauptung zutrifft; grob gesprochen immer dann, wenn die betreffenden Funktionen „hinreichend glatt" sind. Wo dies nicht mehr der Fall ist, können allerdings auch Verzweigungen, sogenannte Stau- oder Bifurkationspunkte, auftreten.
Heute wird unter einem Bifurkationspunkt freilich oft eine Eigenschaft von solchen Differentialgleichungen verstanden, die von einem Kontrollparameter abhängen. Dabei kann es vorkommen, daß ab einem speziellen Wert dieses Parameters, dem Bifurkationspunkt, die Differentialgleichung zwei verschiedene Lösungsformen annimmt.

seiner Geschwindigkeit zu einem gegebenen Zeitpunkt, also ein Punkt in einem abstrakten sechsdimensionalen Raum. Wenn ich diese Größen mathematisch genau vorgebe, so gibt es[10] ebenfalls nur genau eine Kurve, auf der sich das System im Raum seiner Zustandsparameter bewegen kann. Damit ist der Begriff des Determinismus für diese Situation vollauf gerechtfertigt.

Kleine Änderungen bewirken wenig   In den Situationen, die man gewöhnlicherweise gut und vor allem leicht rechnen kann, zeigt sich nun, daß bei einer nicht exakten Festlegung dieses Anfangspunktes die künftige Bewegung nicht deswegen sehr viel schwieriger zu berechnen ist. Wenn ich also anstelle eines Punktes einen kleinen Bereich vorgebe, dann wird durch jeden Punkt dieses Bereiches wiederum genau eine Kurve gehen. Wichtig dabei ist aber, daß diese Kurven, die ja im Ausgangsbereich benachbart sind, auch weiterhin benachbart bleiben!

Für diese Fälle gilt, daß kleine Änderungen in den Ursachen auch nur kleine Änderungen in den Auswirkungen besitzen.

Wenn ich einen Ball werfe, wird er eine Strecke weit fliegen, werfe ich mit etwas mehr Kraft, wird er etwas weiter fliegen.

Für viele Fälle unserer Alltagserfahrung trifft ein solches Verhalten zu – für viele andere aber auch nicht!

Wenn ich beispielsweise gegen einen Stuhl drücke, so wird er anfangen zu kippen, beim Nachlassen geht er wieder zurück. Drücke ich mit mehr Kraft, kippt er etwas mehr – dies geht so lange, bis er plötzlich ganz umkippt!

kleine Ursachen – große Wirkungen   In unserer Alltagserfahrung erleben wir oft die in der Regel unangenehme Situation, daß aus einer kleinen Ursache plötzlich eine große Wirkung entsteht. Man kommt wenige Minuten zu spät aus dem Haus, verpaßt den Flug und kommt einen ganzen Tag zu spät im Urlaub an.

---

[10]Falls die in Fußnote 9 genannten mathematischen Bedingungen erfüllt sind.

Diese „Plötzlichkeit" hat ihre Entsprechung in der Physik. Auch hier gibt es viele Fälle, wo sich kleine Änderungen in den Ausgangsbedingungen in der späteren Entwicklung als unverhältnismäßig schwerwiegend erweisen. Solche Fälle lassen sich darüber hinaus in der Regel viel schwerer berechnen als die vorher besprochenen. Wenn ein System derartig sensibel auf kleine Änderungen in den Anfangsbedingungen reagiert, werden die Zustände später weit voneinander unterschieden sein, auch wenn sie anfangs benachbart waren.

Man denke dazu beispielsweise an einen Flipperautomaten und den schier unmöglichen Versuch, zwei gleiche Bahnen zu erzielen.

Solche Systeme erscheinen uns mit vollem Recht als chaotisch, obwohl die mathematischen Gleichungen, denen sie genügen, vollkommen deterministisch sind. **chaotische Systeme**

Da dieses Verhalten sehr viel näher an der Lebenswirklichkeit liegt als ein streng vorherberechenbares, wird es auch in der Öffentlichkeit als sehr viel realistischeres Modell wahrgenommen.

Früher konnten sich die Physiker und Mathematiker nur die Prinzipien klar machen, denen solche Systeme genügen mußten, aber Einzelfälle wirklich auszurechnen, überstieg meist die Möglichkeiten eines ganzen Forscherlebens.

Bereits das sogenannte Drei-Körper-Problem, das heißt **Drei-Körper-** das einfachste realistische astronomische Modell mit Son- **Problem** ne, Mond und Erde, ist von diesem Typ und wohl eines der einfachsten chaotischen Systeme. Daher verblieben früher nur die Möglichkeiten von näherungsweisen Berechnungen seines Verhaltens. Diese Berechnungen erwiesen sich aber trotz aller Bemühungen immer wieder als unvollständig. Daß Mathematiker[11] bereits im vorigen Jahrhundert beweisen konnten, daß solche Systeme nach einer sehr langen Zeit wieder in ihren Ausgangszustand zurückkeh-

---

[11]In diesem Zusammenhang möchte ich besonders Henri Poincaré (1854–1912) erwähnen.

ren, zeigt ebenfalls ihren deterministischen Charakter. Da diese Zeiten bereits für nur halbwegs realistische Modelle das Weltalter um viele Millionen Male übertreffen, ist für jede beliebige Anwendung diese Rückkehr wiederum vollkommen unwesentlich; für jede realistische Zeitdauer verhalten die Systeme sich so, daß sie uns chaotisch erscheinen.

Wetter Damit schien dies alles ein Problem der reinen Mathematik zu sein, welches keine praktische Relevanz besaß. Die meisten Physiker nahmen sogar die Ergebnisse ihrer mathematischen Kollegen überhaupt nicht zur Kenntnis. So erinnere ich mich noch daran, daß man in meiner Jugend die Meinung vertrat, in nicht allzu ferner Zeit würden zutreffende Wetterprognosen für mehrere Wochen möglich sein.

Heute ist es wissenschaftliches Allgemeinwissen, daß das Wetter ein chaotisches System darstellt und daher eine Wettervorhersage für mehr als ein paar Tage nutzlos ist.

Die Wahrnehmung der deterministischen chaotischen Systeme in der Wissenschaft änderte sich erst mit der Entwicklung der Rechenautomaten, der Computer. Damit wurde es möglich, um sehr viele Größenordnungen schneller als ein guter Physiker zu rechnen und außerdem die Ergebnisse in einer graphischen Form auszugeben.

Die Bilder, die man auf diese Weise errechnete, erinnern den Betrachter an Formen, die er oftmals bereits von seinen Wahrnehmungen in der Natur kennt. Damit gelangt die Physik jetzt in die Nähe von Alltagserfahrungen und wird somit viel interessanter und auch lebendiger – letzteres im buchstäblichen Sinne, zeigt sich doch, daß viele Vorgänge in lebenden Systemen mit den jetzt zugänglich gewordenen Methoden nachvollzogen werden können. Auch für kurzfristige Wetterprognosen wurde durch die gesteigerte Rechenkapazität ein gewichtiger Qualitätssprung erzielt.

Attraktoren *So wie benachbarte Bahnen später weit auseinander laufen können – siehe Flipper – gibt es natürlich auch den umgekehrten Effekt: Systeme, die von weit entfernten Ausgangs-*

punkten starten, laufen später alle in ein enges Gebiet hinein. Die
Fachsprache spricht von Attraktoren.

Neben dem Flipper, wo alle Kugeln wieder unten zusammenlaufen, ist das simpelste Beispiel eine halbkugelförmige Schüssel. Jedermann ist klar, wenn ich eine Kugel am oberen Rande loslasse, so wird diese unten in der Mitte zur Ruhe kommen – und das vollkommen unabhängig davon, an welcher Stelle und wie ich sie konkret losgelassen habe.

Solche Attraktoren können dazu führen, daß unabhängig von der
Ausgangslage immer wieder bestimmte Formen erzeugt werden.
Wenn dies in Prozessen auftritt, kann dies eine spontane Struktur-
bildung zur Folge haben.

Heute weiß man, daß sehr viele Fälle einer Strukturbildung **Fließgleich-**
auf eine solche „spontane Selbstorganisation" zurückzufüh- **gewicht**
ren sind. Dies trifft für die meisten Fließgleichgewichte zu.
Die Bezeichnung „Fließgleichgewicht" erinnert zu Recht an einen
Fluß. Dieser bleibt nur dann dieser Fluß, wenn in ihm immer wieder neues Wasser fließt, und dieses fließende Wasser formt das Bett des Flusses, der erst dadurch zu einem solchen wird.
    Durch die Kenntnis von solchem Verhalten und die Möglichkeit seiner mathematischen Modellierung kann man heute viele Vorgänge in der Natur sehr viel besser verstehen und nachbilden als früher.
    Ein mathematisch und ästhetisch reizvolles Problem ist **Selbst-**
die in diesem Feld auftretende Selbstähnlichkeit. Dieses Wort **ähnlichkeit**
meint beispielsweise den Effekt, daß ein Ausschnitt eines mathematischen Objektes unter einer bestimmten Vergrößerung wieder in das ganze Objekt selbst übergeht. Näherungsweise Beispiele dafür aus der Natur sind Bilder von Farnen und Ästen, aber auch Landkarten von Küstenstreifen oder Schlieren beim Verrühren von Flüssigkeiten. Das Lebendige oder Natürliche daran ist jedoch, daß diese Ähnlichkeit meist nicht streng gilt. Auch solches Verhalten kann man heute mathematisch modellieren. Über die Mandelbrot-Fläche, das sogenannte Apfelmännchen, gibt es viele

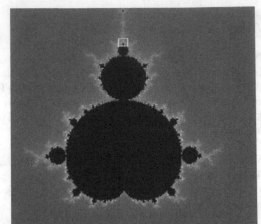

2.5 Die Mandelbrot-
Fläche, das "Apfel-
männchen"

2.6 Aussschnittsver-
größerung aus
Abbildung 2.5

wunderschöne Abbildungen, die bei einer Ausschnittvergrößerung wiederum *fast genau* in das ursprüngliche Bild übergehen können.

Wenn wir noch einmal über die Auswirkungen des deterministischen Chaos auf das durch die Physik vermittelte Weltbild nachdenken wollen, sehen wir, daß diese Auswirkungen nicht so sehr auf dem prinzipiellen Sektor, sondern viel mehr auf dem der Anwendung liegen. „Im Prinzip" liegen die Bahnkurven für die Teile des Systems für alle Zeiten fest. Im chaotischen Fall aber wird dieses Prinzip nutzlos, da daraus keine Nutzanwendung folgen kann. Der Aufwand, der betrieben werden muß, um den tatsächlichen Verlauf vorherzuberechnen, wächst mit der Entfernung vom Startpunkt über alle Maßen schnell an – man spricht von einem exponentiellen Wachstum für den Rechenaufwand. Damit wird jedes reale chaotische System mit seinem tatsächlichen Verlauf nach kürzerer oder längerer Zeit jede beliebige Rechnung überholen und den Sinn verunmöglichen, der in der Regel mit einer Rechnung verfolgt wird – nämlich eine Prognose geben zu können!

Berechenbarkeit?

Die Berechenbarkeit des Verhaltens von physikalischen Systemen, die gemeinhin als deren markanteste Eigenschaft gilt, kann für chaotische Systeme nicht mehr sinnvoll für längere Zeiträume angenommen werden.

Eine in diesem Zusammenhang interessante Wirkung der Quantentheorie ist, daß durch das in ihr enthaltene „Mehrwissen" die Berechenbarkeit verbessert wird, die „Chaotizität" in ihr beziehungsweise durch sie abnimmt.

Umgekehrt muß man aber auch wahrnehmen, daß durch die Möglichkeit des Auftretens von Attraktoren keine genaue Kenntnis des Anfangszustandes mehr notwendig ist, um eine Voraussage machen zu können. Dieser Teil der Theorie des deterministischen Chaos hat wesentlich zu der Begeisterung über sie beigetragen.

Eine weitere Auswirkung der Quantentheorie auf die Theorie des deterministischen Chaos besteht darin, daß gemäß der Quanten-

theorie die Fiktion eines beliebig genau angebbaren klassischen Anfangszustandes nicht mehr aufrechterhalten werden kann.

Ich werde später ausführlich über die Heisenbergsche Unbestimmtheitsrelation sprechen, aus der auch dieser Sachverhalt deutlich werden wird.

2.2.2 Relativitätstheorie

Das andere Feld der klassischen Physik mit einer großen Publikumswirksamkeit sind Einsteins Relativitätstheorien.

spezielle Relativitätstheorie   Von diesen befaßt sich die spezielle Relativitätstheorie mit dem Verhalten von Objekten, wenn diese in den Bereich von Relativgeschwindigkeiten gelangen, die mit der Geschwindigkeit des Lichtes vergleichbar werden.

allgemeine Relativitätstheorie   Die allgemeine Relativitätstheorie ist eine Weiterführung der Gravitationstheorie Newtons, in welcher ebenfalls berücksichtigt wird, daß die lokale Ausbreitung von beliebigen Wirkungen, auch von gravitativen, nicht schneller als mit der Lichtgeschwindigkeit erfolgen kann.

Die von Einstein postulierte Konstanz der Lichtgeschwindigkeit im Vakuum, die unabhängig vom Bewegungszustand von Lichtquelle und Empfänger gelten soll, führt dazu, daß die uns aus der Alltagserfahrung geläufigen Zusammenhänge von Raum, Zeit und Geschwindigkeit nicht mehr gelten können. Wie Einstein zeigte, ist vor allem der naive Begriff von Gleichzeitigkeit in seiner Theorie nicht mehr gültig.

Äquivalenz von Masse und Energie   Die *spezielle Relativitätstheorie* gehört zu den heute experimentell am besten bestätigten Theorien der Physik. Sie ist immer dann unvermeidbar, wenn elektromagnetische Vorgänge zu behandeln sind. Die aus ihr folgende Äquivalenz von Masse und Energie – bekannt durch Einsteins berühmte Formel $E = mc^2$ – hat durch ihre großtechnischen Anwendungen, die leider auch zu den Kernwaffen geführt hat, eine traurige Berühmtheit erhalten.

Da die spezielle Relativitätstheorie bei großen Geschwindigkeiten und hohen Energien unvermeidlich berücksichtigt werden muß, ist sie für die Elementarteilchenphysik unverzichtbar.

In den großen Beschleunigern werden Protonen und Elektronen fast bis auf Lichtgeschwindigkeit beschleunigt. Ihre Energie, die sich wie eine träge Masse äußert, kann dabei ihre Ruhmasse um weit mehr als das Tausendfache übertreffen. In Stoßprozessen steht diese Energie dann zur Verfügung, um viele neue Teilchen erzeugen zu können.

Allerdings ist die Verbindung der speziellen Relativitätstheorie mit der Quantenphysik trotz aller rechnerischen Erfolge ein noch nicht zufriedenstellend gelöstes mathematisches Problem.

Die genauen Ergebnisse in den Berechnungen werden bisher dadurch erhalten, daß unendlich große Größen, die im Verlaufe der Rechnungen auftreten, gleich Null gesetzt werden. Solche Unstimmigkeiten könnten ein Hinweis darauf sein, daß der speziellen Relativitätstheorie – als einer Theorie der klassischen Physik – noch eine Veränderung ins Haus steht. Diese wird voraussichtlich nicht ihre mathematische Struktur betreffen, aber möglicherweise die von Einstein postulierte Unmöglichkeit, eine „absolute Bewegung" feststellen zu können. Paul Dirac[12], einer der „Väter der Quantentheorie" und Nobelpreisträger für Physik des Jahres 1933, hat darauf verwiesen, daß diese Annahme Einsteins heute als unzutreffend angesehen werden kann.[13]

Die *allgemeine Relativitätstheorie* stellt eine weitere große **allgemeine** Leistung Albert Einsteins dar und hat gleichfalls großes öf- **Relativitäts-** fentliches Interesse erweckt. **theorie**

Sie hebt für das Schwerefeld den Begriff der „Kraft" auf und ersetzt das Gravitationsfeld durch eine „Verbiegung von Raum

---

[12]Er hat unter anderem mit der nach ihm benannten Gleichung eine zutreffende relativistische und quantentheoretische Beschreibung von Elektronen und von deren Antiteilchen, der Positronen, gefunden.
[13]Dirac, P. A. M., 1980.

und Zeit". Sie verwandelt damit die gesamte gravitative Wechselwirkung in eine Form von Geometrie. Durch sie hielten mathematische Methoden Einzug in die Physik, die von Bernhard Riemann
ein halbes Jahrhundert zuvor entwickelt worden waren und für die
Physiker völlig neuartig waren.

*Mit ihr kann die Wirkung von Kräften, eine zentrale Vorstellung
der Newtonschen Mechanik, übersetzt werden in die Sprache
einer „gekrümmten Raum-Zeit".*

Was ist Dies führt dazu, daß eine Bewegung, die gemäß dieser Theo-
gerade? rie so gradlinig wie nur möglich verläuft, von „außen gesehen" einer gekrümmten Kurve gleichen würde.
  Zur Veranschaulichung kann man dafür zweidimensionale Modelle aufstellen. Wenn wir auf eine Gummimembran eine Gerade
zeichnen und dann die Membran verziehen und verbeulen, so wird
diese Strecke uns beim Betrachten keineswegs mehr geradlinig
vorkommen, obwohl wir an der gezeichneten Geraden selbst nichts
verändert haben.
  Lichtstrahlen im Vakuum oder auch in der Luft sind das geradeste,
was wir uns vorstellen und technisch erzeugen können. Damit läßt
sich ihr Verlauf als „gerade" definieren. Moderne Landvermessungs-
geräte arbeiten daher auch mit Laserstrahlen. Wenn Astronomen
nun feststellen, daß Lichtstrahlen von einer einzigen fernen Quelle
in der Nähe sehr schwerer Körper rechts und links um diesen herum in ein und dasselbe Teleskop auf der Erde gelangen können, so
würde man in der Begriffswelt der Newtonschen Mechanik davon
sprechen, daß die Lichtstrahlen wie durch eine Linse verbogen
werden. In der allgemeinen Relativitätstheorie sind nach Definition Lichtstrahlen als „Geraden" zu verstehen, so daß als einzige
Lösung zur Erklärung dieses Vorganges von einer Krümmung des
Raumes gesprochen werden muß. Das Hubble-Weltraumteleskop
hat von solchen Einstein-Kreuzen oder gar Einstein-Ringen sehr
eindrucksvolle Bilder geliefert.
  Die leicht gebogenen Bereiche in dem Bild, die man ringförmig
um den zentralen Galaxienhaufen sieht, sind das Abbild eines sehr

Gravitational Lens
Galaxy Cluster 0024+1654
PRC96-10 · ST ScI OPO · April 24, 1996
W.N. Colley (Princeton University), E. Turner (Princeton University),
J.A. Tyson (AT&T Bell Labs) and NASA

HST · WFPC2

2.7 Einstein-Ringe

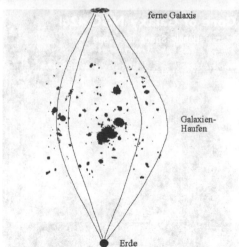

ferne Galaxis

Galaxien-
Haufen

Erde

2.8 Ungefähre Licht-
wege in Abbildung 2.7

entfernten Sternsystems. Die Lichtwege dürfen wir uns – von „oben" gesehen, etwa wie in Abb. 2.8 vorstellen:

Schwarze Löcher Mit den *Schwarzen Löchern*, den *black holes*, sind weitere spektakuläre astronomische Objekte in unser „Blickfeld" gerückt. Es handelt sich um Objekte, die so massereich und dicht sind, daß die Schwerkraft alles in ihrem Bann behält, was sich dort befindet. Ihr Name kommt daher, daß selbst das Licht zu langsam ist, um aus dem Wirkungsbereich dieser Objekte entkommen zu können. Damit verhalten sie sich wie ein unergründliches Loch, in das alles hineinfallen kann und aus dem nichts herauskommt. Daher sollten sie auch vom Prinzip her unsichtbar sein. Ein solches Verhalten kann bereits aus dem Newtonschen Gravitationsgesetz gefolgert werden. Aus den Einsteinschen Gleichungen lassen sich aber weitere Eigenschaften herleiten, weshalb man – *allerdings erst bei einer gewissen Berücksichtigung der Quantentheorie* – erklären kann, daß Schwarze Löcher im Kontakt mit Materie, die aus der Umgebung in diese hineinstürzt, die gewaltigsten Energieausbrüche im Universum erzeugen, die wir heute feststel-

2.9 Schwarzes Loch: Kern der Galaxis NGC 4261

len können. Auch davon hat das Hubble-Teleskop beeindruckende Bilder geliefert.

Mit der allgemeinen Relativitätstheorie sind weiterhin die **kosmologische** kosmologischen Modelle entwickelt worden, an Hand de- **Modelle** rer wir heute über die Welt und ihren Beginn nachdenken.

Einstein hatte seine Gleichungen noch so abgeändert, daß sie schließlich eine Lösung mit einem ewigen Universum erlaubten, denn für ihn war es aus weltanschaulichen Gründen absolut sicher, daß die Welt keinen zeitlichen Anfang und kein Ende haben durfte.

Später zeigte sich aber, daß alle astronomischen und astrophysikalischen Befunde nur dahingehend verstanden werden konnten, daß vor mehreren Milliarden Jahren das Weltall in einem extrem dichten und heißen Zustand gewesen sein mußte, der von allem verschieden ist, was wir bisher in der Welt kennengelernt haben.

Es gibt darüber hinaus keine Möglichkeit, irgendwelche ver- **Urknall –** trauenswürdigen Daten für einen Zustand „davor" erhalten **Schranke der** zu können. Dieses Ereignis, der *big bang* oder *Urknall*, mar- **Empirie** kiert damit eine Schranke, über die nach heutiger Einsicht die Physik als eine empirische Wissenschaft nicht hinweg kann.

Die allgemeine Relativitätstheorie stellt eines der interessantesten Felder der mathematischen Physik dar. Sie besteht aus einem System von gekoppelten nichtlinearen Differentialgleichungen und stellt damit ein mathematisches Problem dar, wofür es bisher noch keine umfassende Lösungstheorie gibt. Die Menge der bisher gefundenen „exakten Lösungen" ist relativ klein.[14]

Eine der jüngsten stellt das von Gerd Neugebauer und Mitarbeitern gefundene Gravitationsfeld einer rotierenden Staubscheibe dar. Um eine mathematisch exakte Lösung und nicht nur eine Näherung zu finden, muß man allerdings die Annahme einer unendlich dünnen Scheibe vornehmen.

Mit den modernen Großrechnern beginnt man heute, die Lösungen von allgemeineren Fällen numerisch zu bestimmen. Auf die-

---

[14]Das sind Lösungen, die nicht nur lediglich durch Näherungsverfahren approximierbar sind, sondern die man in geschlossener Form darstellen kann.

sem Feld sind sicherlich noch viele interessante Ergebnisse zu erwarten.

Ein echtes Mehrkörperproblem scheint aber im Rahmen der allgemeinen Relativitätstheorie in Strenge nicht formulierbar zu sein. Neugebauer meinte einmal in diesem Zusammenhang zu mir:

„Jede Lösung der allgemeinen Relativitätstheorie ist im Grunde genommen immer eine ganzes Universum."

Gut beschreiben kann man im Rahmen dieser Theorie ein einzelnes Objekt, das sich in einem Gravitationsfeld bewegt, sofern es selbst eine so geringe Masse besitzt, daß es kein eigenes Gravitationsfeld erzeugt. Bei einer nichtlinearen Theorie, wie der allgemeinen Relativitätstheorie, sind derartige Annahmen in der Regel allerdings nicht unproblematisch. Zwar kann man dieses eine Feld auch mit lokalen Dichteschwankungen versehen und dessen weitere Entwicklung verfolgen, aber wenn man ein echtes Vielkörperproblem untersuchen will, so verwendet man auch heute noch den Begriffsrahmen der Newtonschen Gravitationstheorie und berücksichtigt die allgemeinrelativistischen Effekte als sogenannte post-Newtonsche Näherungen. Da die Gravitation, bezogen auf die Elementarteilchen oder auch auf „normale Körper", im Vergleich zu den anderen Kräften eine sehr kleine Kraft ist, lassen sich ihre Effekte mit dieser Methode sehr gut näherungsweise berechnen.

Erst bei sehr großen Massen oder Dichten übersteigt die Gravitation alle anderen Kräfte in ihrer Auswirkung, so daß sie für den Urknall und die Schwarzen Löcher die alles bestimmenden Bedingungen liefern kann.

prinzipielle Grenzen unseres Wissens Schwarze Löcher und kosmologische Modelle markieren prinzipielle Grenzen unseres Wissens und bewirken auch von daher ein großes Interesse im breiten Publikum.

In einer ähnlichen Weise wie bei der elektromagnetischen Strahlung des sogenannten Schwarzen Strahlers, die Planck zur Entdeckung des Wirkungsquantums geführt hatte (siehe Abschnitt 4.3.1), sind auch die Eigenschaften der Schwarzen Löcher ohne die Zuhilfenahme der Quantentheorie nicht zu verstehen. Stephen Hawking, der durch sein populäres Buch[15] auch in Deutschland sehr bekannt geworden ist, hat zu dieser Theorie wesentliche Beiträge geliefert. Auch für den Bereich des „frühen Universums" mit seinen extrem hohen Dichten und Temperaturen stellt die Quantentheorie keine vernachlässigbare Struktur dar. Niemand glaubt heute, daß zutreffende Aussagen für diese Bereiche lediglich mit der allgemeinen Relativitätstheorie *allein* geliefert werden könnten.

Dennoch läßt sich die allgemeine Relativitätstheorie bis heute noch nicht mit der Quantentheorie auf eine mathematisch einwandfreie Weise zusammenführen. Möglicherweise können bereits gefundene mathematische Strukturen, die zu einer „Quantengeometrie" führen, dafür einen entscheidenden Durchbruch markieren.[16]

2.2.3 Die großen Probleme der klassischen Physik

Gegen Ende des 19. Jahrhunderts wurde die klassische Physik in ihren Experimenten so genau und in ihren theoretischen Konzepten so gut verstanden, daß man an einigen – wie man meinte – „kleinen Ungereimtheiten" nicht mehr ohne weiteres vorbeisehen konnte. Dennoch wurde dem jungen Studenten Max Planck von dem Professor, bei dem er sich vorstellte, von einem Studium der Physik abgeraten. Es gäbe nur noch wenige kleinere Probleme, und dann sei die Physik vollendet.

die Selbstwidersprüche der klassischen Physik

Wie schon erwähnt, waren aber die Theorien der Physik so erfolgreich und mathematisch so gut verstanden worden, daß man nicht mehr ohne weiteres davon absehen konnte, daß die Wärmelehre (die Thermodynamik) und die Elektrodynamik nicht zusammengefügt werden konnten.

Wenn ein Körper erhitzt wird, so hat dies ohne Zweifel mit der Thermodynamik zu tun. Die Strahlung, die er dabei aussendet, näm-

[15]Hawking, S. W., 1988.
[16]Siehe zum Beispiel Connes, A., 1994.

lich Licht- und Wärmestrahlung, ist eine elektromagnetische. Die Gesetze, die man bis dahin aus dem Versuch einer Zusammenfassung dieser beiden Theorien ableiten konnte, widersprachen aber der Erfahrung in einer grundlegenden Weise, denn nach diesen Theorien hätte ein heißer Körper beliebig viel Energie abstrahlen können.

Theorien *Auch zeigten genaue Untersuchungen der mathematischen*
passen nicht *Struktur von Mechanik und Elektrodynamik, daß Raum*
zusammen *und Zeit in beiden Theorien vollkommen verschieden be-*
handelt werden mußten.

Mechanik, Elektro- und Thermodynamik hatten damals bereits eine Gestalt erreicht, die Heisenberg später als „abgeschlossene Theorie" bezeichnet hat – eine Theorie, die durch kleine Änderungen nicht mehr verbessert werden kann. Damit wurde es aber zu einem ersthaften Problem, daß beispielsweise in der Newtonschen Mechanik Geschwindigkeiten wie ganz normale Vektoren zu addieren waren, in der Elektrodynamik jedoch die Hinzufügung einer beliebigen Geschwindigkeit zur Lichtgeschwindigkeit diese nicht weiter erhöhen konnte.

Neben diesen theoretischen Ungereimtheiten gab es aber auch Schwierigkeiten von der experimentellen Seite her. Man konnte immer besser und genauer die Eigenschaften der Stoffe untersuchen, und es zeigte sich, daß auch dabei Probleme mit den Vorhersagen der klassischen Physik auftraten.

2.2.4 Die Notwendigkeit des Entstehens der Quantentheorie als Konsequenz der Entwicklung und des Fortschrittes der klassischen Physik

Ich möchte noch einmal klar und deutlich formulieren: Die hervorragenden Erfolge auf experimentellem Gebiet und beim Verständnis der mathematischen Strukturen der klassischen Physik ließen es nicht mehr als möglich erscheinen, über die Abweichungen hinwegzusehen, die zwischen den experimentellen Befunden und der

aus der klassischen Physik folgenden Beschreibung der Natur bestanden. Ich denke, daß dies ein wichtiger Punkt für die Diskussion
der weiteren Entwicklung ist.

Man soll sich verdeutlichen, daß die Widersprüche der **Der Erfolg der**
klassischen Physik erst durch ihre großen Erfolge offenbar **klassischen**
werden konnten. Für all die Bereiche der Natur, wo es **Physik offen-**
nicht auf eine extreme Genauigkeit ankommt und wo man **bart ihre**
sich mit der Zerlegung der Wirklichkeit in isolierte Objek- **Probleme**
te keine schwerwiegenden Fehler in ihrer Beschreibung
einhandelt, bleibt diese Wissenschaft weiterhin ein nützliches und
sehr erfolgreiches Werkzeug für das Verständnis der Natur.

Die Kraft der naturwissenschaftlichen Methode wird daran deutlich, mit welcher Konsequenz die Entwicklung auf eine Überwindung der klassischen Physik hinauslief.

Bevor wir uns der Revolution im naturwissenschaftlichen Denken zuwenden, die am Beginn des jetzt zu Ende gehenden Jahrhunderts einsetzte, sollen noch einmal aus einer anderen Sichtweise –
nämlich *von der Sprache her* – Gründe für den Erfolg und die Güte
der klassischen Physik betrachtet werden.

Einschub: Sprachliche Aspekte der Erkenntnis

In diesem Einschub wollen wir uns mit solchen Aspekten der Naturerkenntnis befassen, die insbesondere durch denjenigen Teil unserer eigenen biologischen Verfassung begründet sind, durch den wir uns von den übrigen Säugetieren unterscheiden.

Wir haben uns im Laufe der Evolution an unsere Umwelt auch in der Hinsicht angepaßt, daß wir diese Umwelt in einer für unser Überleben günstigen Weise in unseren Vorstellungen erfassen. Dies dürfte in vielerlei Hinsicht bei uns nicht sehr verschieden von den anderen hochentwickelten Tieren sein. Natürlich können wir keine so hohen Töne hören wie unser Hund oder nachts nicht so gut sehen wir unsere Katze, aber im großen und ganzen sind wir mit unseren Sinnen weder wesentlich schlechter noch besser gestellt als die meisten Tiere, mit denen wir in häuslicher Gemeinschaft leben.

Allerdings gibt es einen sehr wesentlichen Unterschied zwischen Mensch und Tier, der im Gebrauch der Sprache bei der Erfassung der Umwelt besteht.

Unsere Sprache lernen wir in der Regel ohne große Probleme bereits in früher Jugend und verwenden sie nicht nur passiv – selbst dazu sind Tiere in beschränktem Umfang in der Lage –, sondern vor allem auch aktiv.

Wir wollen daher kurz darüber nachdenken, was aus unserer Sprachfähigkeit für den Erkenntnisprozeß folgen kann.

3.1   Sprache als Möglichkeit der Vorwegnahme von Handlung

Eine wichtige Möglichkeit, die uns Sprache eröffnet, besteht darin, allein und vor allem gemeinsam mit anderen Menschen Handlungen gedanklich vorwegzunehmen. Weil der Mensch als ein Lebewesen ohne natürliche Waffen auf die gemeinsame Aktion mit den Angehörigen seiner Gruppe angewiesen ist, wird die Sprache zu seinem mächtigsten Werkzeug im Kampf ums Überleben.

Da in der Regel Menschen über Zwecke und Ziele ihrer Handlungen nicht der gleichen Meinung sein werden, wird es in allen Fällen, wo Ziele oder Handlungen nicht durch Anwendung von brutaler Gewalt durchgesetzt werden können oder sollen, auf die Überzeugungskraft der sprachlichen Argumente ankommen.

Logik   *Aus der Notwendigkeit, den anderen ohne Anwendung von Zwang zur Annahme meiner Argumente bringen zu können, ist bereits im antiken Griechenland die Wissenschaft oder die Kunst der Logik entstanden.*

Ich möchte das Wesen des logischen Argumentierens darin sehen, daß ich meinen Kontrahenten nach einer Einigung über gemeinsam akzeptierte Prämissen zur Annahme meiner Schlußfolgerungen bewegen kann, wobei ich an nichts anderes als an seine Klugheit und seine Einsichtsfähigkeit zu appellieren habe.

Eine logisch strukturierte Sprache arbeitet wesentlich mit Begriffen. Sehr vereinfachend kann man sagen, daß die Begriffe den Objekten in unserer Umwelt „entsprechen". Wenn ich ein Objekt aus der Fülle der Erscheinungen isolieren kann, dann werde ich es auch durch einen eigenen Begriff bezeichnen können.

Begriffe und   *Diese Entsprechung von Begriffen in der Sprache und den*
Objekte   *Objekten in der Umwelt ist uns durch die Art und Weise, wie wir uns in einer vorgefundenen Umwelt biologisch entwickelt haben, gleichsam zu einer zweiten Natur geworden.*

Da es für Lebewesen fundamental ist, von ihrer Umwelt unter-
schieden zu sein – alle biologischen Gebilde besitzen eine Mem-
bran, die den Unterschied von Innen und Außen konstituiert –,
werden sie sich nur in einer Umwelt entwickeln, in der eine sol-
che Unterscheidung hinreichend gut gewährleistet ist. Der Fort-
bestand und die Weiterentwicklung der Lebensformen werden
dann nur möglich sein, wenn von diesen selbst solche Unterschei-
dungen hinreichend gut wahrgenommen und für die eigene Ent-
wicklung genutzt werden können.

Wir werden in den nächsten Kapiteln auf die Frage zurückkommen, wie sich eine Welt entwickelt haben muß, damit genau dieses
ermöglicht wird.

Wahrscheinlich sind wir uns bewußt, daß Begriffe keine absolut
scharfe Bedeutung haben und Objekte niemals wirklich isoliert in
der Welt existieren.

Daß Begriffe prinzipiell unscharf sind, ist ein Faktum, **Begriffe sind**
das von vielen Denkern bestritten wird. Natürlich geben sie **unscharf**
zu, daß sich zehn Menschen unter dem Begriff „Stuhl" durchaus zehn verschiedene Objekte vorstellen können. Aber, so ihre
Behauptung, ein Begriff wie „Kreis" sei doch auf jeden Fall exakt
definiert beziehungsweise zumindest definierbar.

Wenn dem so wäre, dann müßte unter „Kreis" immer dasselbe
verstanden werden, jeder müßte sogar die gleiche anschauliche
Vorstellung davon besitzen können. Wer sich aber mit der Mathematik etwas eingehender befaßt hat, weiß, daß bereits in eine Definition von „Kreis" mehr Voraussetzungen eingehen, als einem normalen Menschen spontan einfallen.

Definieren wir also: „Der Kreis ist die Menge aller Punkte, welche von einem gegebenen Punkt den gleichen Abstand haben." Die
meisten der Leser werden da noch nichts Arges entdecken können.

Wie aber ist „Abstand" definiert?

Ein Kreis ist ein Objekt in einer Ebene. In dieser können wir eine
x- und eine y-Koordinate aufspannen. Beide Koordinatenachsen
tragen eine Maßeinteilung, so daß auf ihnen auch klar ist, wie eine
Entfernung definiert ist. Nicht so trivial ist es, für Punkte außerhalb

der Achsen die Entfernung zu definieren. In der Mathematik definiert man Abstände auf verschiedene Weise, man spricht von verschiedenen Metriken. Solche Metriken können aber, je nachdem, welche Gründe man dafür hat, recht verschieden sein.

Die übliche Art, die wir in der Schule gelernt haben, ist, mit dem Pythagoras den Abstand vom Ursprung zu definieren als:

$$r = \sqrt{(x^2 + y^2)}$$

Ein „Kreis" sieht dann im allgemeinen so aus:

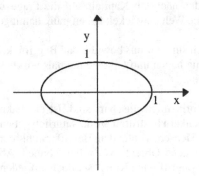

3.1 Ein "Kreis"

Wenn wir zusätzlich den Abstand auf der x- und der y-Achse „gleich" wählen, wird der Kreis so aussehen, wie wir es gewohnt sind:

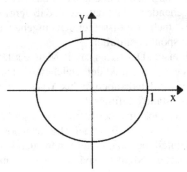

3.2 Ein Kreis in
üblicher Sicht

Man kann aber den Abstand vom Ursprung auch noch anders definieren, zum Beispiel als:

$$r = \max(\,|x|\,,\,|y|\,)$$

Dann sieht ein Kreis mit Radius r = 1 so aus:

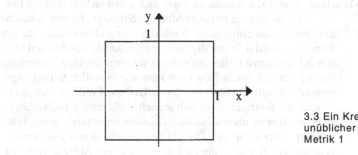

3.3 Ein Kreis in unüblicher Metrik 1

Wählen wir statt dessen

$$r = |x| + |y|$$

dann hat ein Kreis mit Radius r =1 die Form

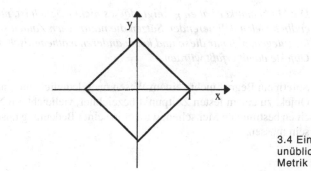

3.4 Ein Kreis in unüblicher Metrik 2

Auch die beiden letzten von mir gewählten Metriken erzeugen einen vollgültigen Kreis. Er wird sich von dem Kreis, den der Leser sich vorgestellt haben mag, wohl mindestens genauso unterscheiden wie der Stuhl, den er sich denkt, von dem, den ein anderer Mensch sich vorstellt.

verschiedene Maßstäbe Wem diese Überlegungen zu abstrakt vorkommen, der mag daran denken, daß wir auch sonst nicht immer die Entfernungen nur mit dem Metermaß messen. So war es durchaus üblich, eine Entfernung durch die Zeit zu bestimmen, die ein Wanderer benötigt. Wenn die Astronomen den Abstand zu den Sternen in Lichtjahren festlegen, messen sie ebenfalls eine Entfernung mit der Uhr. Bei einem Pkw kann man als sinnvollen Entfernungsmaßstab die verbrauchte Menge von Treibstoff wählen. Daß ein so gemessener Benzinabstand sich je nach Verkehrslage und Geländeeigenschaften in unterschiedliche Kilometerabstände umrechnet, leuchtet sicher sofort ein. Die mit den verschiedenen „Abständen" gemessenen „Kreise" – die Punkte mit gleichem Abstand vom Mittelpunkt – werden sich ähnlich unterscheiden wie die mathematischen Beispiele oben, für deren Einführung es ebenfalls gute praktische Gründe gibt.

Man mag denken, daß zumindest die natürlichen Zahlen wohlbestimmt und scharf definiert sind. Im Gegensatz zu dieser plausibel erscheinenden Erwartung kann man von der modernen Mathematik lernen, daß selbst diese Aussage so nicht wahr ist.

Die Mathematiker haben gezeigt, daß es nicht möglich ist, mit endlich vielen definierenden Sätzen die natürlichen Zahlen so festzulegen, daß nur diese und keine anderen mathematischen Objekte damit erfaßt würden.

Sofern ein Begriff nicht seinem Wesen nach lediglich ein einziges Objekt zu einem festen Zeitpunkt bezeichnet, vielleicht ein Name einen bestimmten Menschen, wird er in seiner Bedeutung unscharf sein müssen.

Genau diese Unschärfe erlaubt aber das, wozu wir in der Regel die Begriffe verwenden, nämlich die Formulierung allgemeiner Aussagen.

Mit den damit möglichen „Verallgemeinerungen" kann ich Erfahrungen aus einer Situation auf künftige andere übertragen und damit mein Handeln sicherer werden lassen.

Natürlich kann ein Begriff zu unscharf sein oder zu ungenau benutzt werden, so daß das bezeichnete Objekt nicht sicher gegeben ist oder nicht klar von seiner Umgebung getrennt wird. Aber der Erfolg unseres Handelns in Sprache und Umwelt besteht auch darin, daß wir von diesem meist kleinen Manko absehen können.

In dem Maße, wie wir die Fülle der Wirklichkeit in einzelne, jeweils vom Rest der Welt getrennte Objekte zerlegen können, sind wir in der Lage, sie durch begriffliche Sprache zu beschreiben und somit in einer mitteilbaren Weise zu verstehen.

Diese Struktur, welche die Welt als Ansammlung einzelner Objekte erfaßt, ist gerade die Struktur der klassischen Physik. **Struktur der klassischen Physik**

Dies könnte mit erklären, warum diese Theorie bis heute als so natürlich empfunden wird und warum auch so viele Physiker sie als das eigentliche Vorbild für eine jede Naturerklärung ansehen.

Wir hatten davon gesprochen, daß Sprache es erlaubt, Handlungen vorwegzunehmen.

Handlungen sind aber ihrem Wesen nach eindeutig, man kann sie tun oder unterlassen, man kann springen oder nicht springen. Ihre Vorwegnahme erfordert daher auch, Entscheidungen zu treffen, und solche Entscheidungen unterliegen natürlicherweise der klassischen Logik.

Satz vom *In der klassischen Logik ist der Satz vom Widerspruch der*
Widerspruch *– wie Aristoteles sagt – gewisseste aller Sätze: „Dasselbe*
kommt demselben nicht zugleich zu und nicht zu. "

Auch wenn dieser Satz kompliziert klingen mag, so wird sein Inhalt doch jedem trivial vorkommen, wenn er mit einem Beispiel
verbunden wird: Es ist unmöglich, daß die Glühbirne zur gleichen
Zeit leuchtet und auch nicht leuchtet.

Aristoteles sagt nicht, der Satz vom Widerspruch sei schlechthin
gewiß! Aber er weist darauf hin, daß derjenige, der ihn ablehnt,
zumindest nicht gegen ihn argumentieren könne: Angenommen, in
einer Diskussion behauptet der Kontrahent: „Der Satz vom Widerspruch ist wahr." Wenn ich nun diese Behauptung zurückweisen
wollte, so müßte ich sagen: „Der Satz vom Widerspruch ist nicht
wahr." Dies wäre aber nur dann ein Unterschied zu der geäußerten
Meinung des Kontrahenten, wenn der Satz vom Widerspruch nicht
zugleich wahr und nicht wahr wäre. Aber gerade dieses würde die
Richtigkeit des Satzes vom Widerspruch postulieren.

Wir sehen, eine logische Argumentation gegen Sätze der Logik
ist schwerlich möglich.

tertium non Ein weiterer wichtiger Satz der klassischen Logik ist der
datur Satz vom ausgeschlossenen Dritten – *tertium non datur* –,
den man so formulieren kann: Eine Aussage ist wahr, oder
sie ist nicht wahr, etwas Drittes gibt es nicht. Entweder es sitzen
zwei Meisen im Strauch, oder es sitzen nicht zwei Meisen im
Strauch, eine dritte Möglichkeit gibt es nicht.

Am sichersten sind wir mit diesem Satz im Bereich der Mathematik: Entweder ist zwei mal drei gleich sieben, oder es ist nicht
gleich sieben, eine dritte Möglichkeit ist ausgeschlossen.

Mit den Meisen ist es vielleicht nicht so sicher. So könnte es
sein, daß das, was ich für einen Strauch halte, in Wahrheit zwei
Sträucher sind oder daß der dritte Vogel eine Meise ist, die wegen
einer Mutation etwas anders gefärbt ist. Dennoch – so denke ich –
wird man meinen, daß bei einer hinreichenden Klarheit der Begriffe sich die Angelegenheit immer so darstellen läßt, daß der Satz
vom ausgeschlossenen Dritten – das *tertium non datur* – für eine
derartige Feststellung von Sachverhalten erfüllt erscheint.

Logik ist ein machtförmiges Mittel, um überzeugen zu   **Logik und**
können.   **Macht**

Logik ist aber kein Teil der uns umgebenden Wirklichkeit, sondern
durch die Absichten unseres Sprachgebrauchs bedingt!

Wenn mir andere Machtmittel zur Verfügung stehen, dann   **Macht ersetzt**
kann ich die Logik völlig beiseite lassen. Viele historische   **Logik**
und literarische Dokumente, aber auch manche Stasi-Akten
handeln davon, wie beispielsweise unter Folter oder Gehirnwäsche
die Logik überflüssig wird, wenn es lediglich darum geht, bestimmte
Absichten zu erreichen. Aber auch in den Fällen, wo „Macht" eine
völlig falsche Kategorie darstellt, ist Logik nicht an ihrem Platze.
Eine Liebeserklärung hat mit Logik nichts zu tun, sie kann – und
soll vielleicht auch – argumentativ nicht bewiesen werden.
Glaubensaussagen und auch politische Überzeugungen haben für
viele Menschen einen höheren Wert als logisch durchführbare Beweise.

Daher spielt die klassische Logik im alltäglichen Leben eine
wesentlich nachrangigere Rolle, als man dies allein aus der Lektüre
von wissenschaftlichen Büchern vermuten würde.

Sie ist erstens tatsächlich von untergeordneter Bedeutung.

Gefühle und Willensentscheidungen sind wesentlich stärker von
unbewußten und damit auch a-logischen Einflüssen verursacht,
als uns modernen Menschen angenehm ist.

Und die Logik wird zweitens im wesentlichen zur nachträglichen
Begründung unserer Handlungen herangezogen. Bei zunehmender
Introspektion können wir an uns bemerken, wie zwiespältig unsere
Gefühle oftmals sind. Die Psychologen sprechen davon, daß wir
versuchen, unsere ambivalenten Emotionen unter anderem durch
„Rationalisierung" in den Griff zu bekommen.

Eine andere Art der Wahrnehmung wird in der Zen-Me-   **Zen und Koan**
ditation geübt. Hierbei wird versucht, die Zerlegung der Welt
in getrennte Objekte zu vermeiden. Notwendigerweise hat dies auch
zur Folge, daß die Regeln der Logik davor außer Kraft zu setzen
sind. In vielen Lehrgeschichten, die Koan genannt werden, wird

davon berichtet. Sie sollen den Novizen dazu dienen, eine andere Wahrnehmungsweise zu erlangen. Diese besitzt aber dann nicht mehr die Überzeugungskraft der Logik, ist aber für diejenigen, die sich darauf einlassen, nicht weniger bedeutsam.

3.2   Klassische Naturwissenschaft im Spiegel von Sprache

Wenn man mag, kann man die klassische Naturwissenschaft auch dadurch charakterisieren, daß sie in ihrer inneren Struktur uneingeschränkt der klassischen Logik genügt.

Für Aussagen der klassischen Physik gilt nicht nur selbstverständlich der Satz von der Identität und vom Widerspruch, sondern auch uneingeschränkt der Satz vom ausgeschlossenen Dritten. Für Ambivalenz gibt es hier keinen Platz.

Die anderen Naturwissenschaften und teilweise auch die Philosophie haben versucht, dieser Struktur als einem Ideal nachzustreben.

klassische Physik als Exempel   Dadurch wurde die klassische Physik oft als exemplarischer Fall für „wissenschaftliches Denken" überhaupt angesehen. Ein Abweichen von solch einer „logischen Denkweise" wird höchstens bei Künstlern und Kindern toleriert, sonst gilt sie in unserer Kultur in der Regel als Zeichen mangelnder Klarheit des Denkens. Selbst bis in die Psychologie und Medizin hinein wird sie als Norm empfunden.

Wir hatten bereits gesehen, daß die klassische Naturwissenschaft die Welt in wohldefinierte und voneinander deutlich getrennte Objekte zerlegt, deren Eigenschaften der klassischen Logik genügen. Sie können daher durch Begriffe erfaßt und beschrieben werden. Ihre Feststellung ist nicht an eine zeitliche Reihenfolge gebunden, die Zeit ist in diesem Zusammenhang lediglich ein Ordnungsparameter ohne die Urgewalt, die wir an ihr aus unserem täglichen Leben erfahren.

Unter der objektivierenden Sprachstruktur erscheint alles eindeutig und wohldefiniert.

Alles, was behauptet werden kann, hat einen faktischen Charakter, kann als objektiv vorliegend angesehen werden. Die Objekte sind real, und die Begriffe entsprechen ihnen und drücken diese Realität aus.

Ein Bezug auf das Subjekt, das diese Aussagen trifft, ist überflüssig und außerhalb des hierbei verwendeten Begriffsschemas.

Eine immer weiter voranschreitende Präzisierung der Aussagen erscheint uneingeschränkt als möglich. Und wenn die Wirklichkeit, die wir im Alltag erfahren, sich uns nicht so darstellt, dann könnte man ironisch dazu sagen: Um so schlimmer für die Wirklichkeit. Zumindest mit einer so verstandenen Wissenschaftlichkeit könnte es dann in ihr nicht so weit her sein.

Wenn hier die Naturwissenschaften gleichsam als eine **sprachliche** Ausformung und Weiterentwicklung von Sprache dargestellt **Vorbedingun-** werden, kann man sich andererseits fragen, ob nicht auch **gen der** die Struktur unserer indogermanischen Sprachen, welche die **Wissenschaft** Welt begrifflich in isolierte Objekte zerlegt, damit eine der notwendigen geistigen Voraussetzung für die Entwicklung der klassischen Naturwissenschaften bereitgestellt hat.

Auf jeden Fall können wir eine starke gegenseitige Beeinflussung von Sprache und Naturwissenschaften feststellen. Wie stark selbst die dichterische Sprache dem Einfluß der so erfolgreichen Naturwissenschaften unterliegt, mag ein historisches Beispiel verdeutlichen. Goethe, der sich so leidenschaftlich gegen die Verkürzungen der Weltsicht wendet, die aus Einseitigkeiten der Newtonschen Physik folgen, spricht zugleich davon, was nach seiner Meinung die „zwei großen Triebräder aller Natur"[1] seien. Hier wird auch von einem solchen Meister der Sprachbeherrschung zur Ablehnung einer mechanistischen Sichtweise ein mechanisches Sprachmodell verwendet.

---

[1]Goethe, J. W., 1977, S. 32.

3.3   Wahrheit und Vertrauenswürdigkeit

Auch wenn ich hier nicht ausführlich in die nahezu unermeßliche
Diskussion über die „Wahrheit" einsteigen will, so scheint es mir
doch unvermeidlich zu sein, einiges dazu zu sagen, da sonst das
Spätere unverständlich wird.

In der Logik wird die Wahrheit als eine Eigenschaft von Satz-
strukturen angesehen. Dazu sind Behauptungen (Propositionen)
aufzustellen, deren Wahrheit oder Falschheit aus anderen Quellen
belegt wird.

*Die Logik klärt dann, welche daraus folgenden Aussagen not-
wendigerweise wahr beziehungsweise falsch sind.*

Woher aber die Wahrheit der Propositionen gegeben ist, wird damit noch nicht erklärt.

Definitionen   In einem im Ton scherzhaft gehaltenen, aber ernsthaft zu
von Wahrheit verstehenden Artikel hat Carl Friedrich v. Weizsäcker in *Zeit
und Wissen*[2] verschiedene Wahrheitsdefinitionen miteinan-
der in Beziehung gesetzt. Er bezieht sich auf Platons *Wahrheit als
Übereinstimmung von Gedanken und Sachverhalt*, auf Heideggers
Terminus *Unverborgenheit*, auf Habermas' Satz *Wahrheit ist das
regulative Prinzip eines herrschaftsfreien Diskurses* und auf Nietz-
sches grandios herausfordernde These *Wahrheit ist derjenige Irr-
tum, ohne den eine bestimmte Art von Lebewesen nicht leben kann.*

Ich will die dort dann anschließend geführte und sehr lesenswer-
te Diskussion hier nicht referieren. Was ich aber jedem Leser verdeutlichen wollte, ist die extreme Verschiedenheit dieser Sätze.
Manchmal liest man daher in der Literatur die Meinung, daß es die
„Wahrheit" nicht gibt.

Wenn eine solche Meinung ernsthaft vertreten wird, so wird der
betreffende Autor doch wohl meinen, daß sie als wahr verstanden
werden soll. Damit würde er aber implizit zugeben, daß er der Mei-

---

[2]Weizsäcker, C. F. v., 1992, S. 181 ff., 706 ff, bes. 741 ff.

nung ist, daß er und der Leser sich über die gemeinte Bedeutung des Satzes in einer gewissen Weise einigen können.

In diesem Sinne, so meine These, haben sie beide Anteil **Anteil haben** an der Wahrheit und damit auch eine – wenn auch implizite **an der** und unscharfe – Vorstellung von „Wahrheit". Diese Vorstel- **Wahrheit** lung möchte ich auch den obigen vier Philosophen unterstellen. Dies soll aber wiederum nicht bedeuten, daß ich denke, wir Menschen könnten die Wahrheit zweifelsfrei besitzen oder wie einen sicheren Besitz zur Verfügung haben. Obwohl wir nicht fähig sind, den Begriff „Wahrheit" so scharf und klar zu definieren, daß nicht mit Widerspruch von anderen Menschen zu rechnen wäre, meine ich, daß ein Vorverständnis von Wahrheit jedem Menschen gegeben ist.

Diese Vorrede erschien mir notwendig, bevor ich etwas **Sind Theorien** über die Wahrheit von naturwissenschaftlichen oder genau- **wahr?** er physikalischen Theorien sagen kann.

Von keiner der physikalischen Theorien, auch nicht von den erfolgreichsten, können wir heute beweisen, daß sie wahr sind, noch nicht einmal, daß sie in unserer Erfahrung mit Notwendigkeit gelten müßte.

Verschärfend möchte ich sogar einigen der bisher historisch entstandenen Theorien eine Bezeichnung als „wahr" im strengen Sinne des Wortes absprechen. Die so erfolgreiche Newtonsche Mechanik zum Beispiel gilt nur im Bereich kleiner Relativgeschwindigkeiten, nicht sehr starker Gravitationsfelder und nur für eine hinreichend ungenaue Beschreibung makroskopischer Körper. Daher würde ich mich weigern, sie als „wahr" zu betrachten. Andererseits stellt sie in dem eben umschriebenen Gültigkeitsbereich eine sehr nützliche und in sehr guter Approximation zutreffende mathematische Beschreibung physikalischer Sachverhalte dar.

Ich möchte daher als Sprachregelung vorschlagen, eine solche Theorie zumindest als *vertrauenswürdig* zu bezeichnen.

Eine vertrauenswürdige Theorie wäre damit eine solche, der wir tatsächlich vertrauen dürfen, vor allem dann, wenn wir den Be-

reich kennen, außerhalb dessen sie so unzuverlässig wird, daß wir sie dort nicht mehr anwenden sollten.

Wir kommen damit in die paradox erscheinende Situation, daß wir Theorien vertrauen dürfen, die in einem strengen Sinne nicht wahr sind, die aber in einem definierten Gültigkeitsbereich durch eine umfassendere Theorie als sehr zutreffende Näherung ausgewiesen worden sind.

Auch anderen Theorien, deren Gültigkeitsbereich wir heute noch nicht in dem Sinne umgrenzen können, daß wir eine umfassendere Theorie zur Verfügung hätten, möchte ich wegen ihres bisher gezeigten großen prognostischen Erfolges das Prädikat der Vertrauenswürdigkeit zusprechen, obwohl wir über ihre „Wahrheit" noch weniger sagen können als bei den klassischen Theorien.

In dem Sinne, in dem vertrauenswürdige Theorien ihre Gegenstände in approximativer Weise gut und richtig beschreiben, haben sie wegen dieses approximativen Charakters eine *Teilhabe an der Wahrheit.* Zu diesen Theorien darf man meines Erachtens auf jeden Fall die Quantentheorie sowie die spezielle und allgemeine Relativitätstheorie rechnen.

In Kapitel 5 werden wir nochmals auf die Entwicklung wissenschaftlicher Theorien eingehen. Das bekannteste Modell dafür stammt von Thomas Kuhn, der von wissenschaftlichen Revolutionen spricht, in denen jeweils eine Theorie von einer neuen abgelöst wird. Bei Kuhn gewinnt man aber den Eindruck, daß im Prinzip die verschiedenen Theorien gleichwertig sind, daß sie nur jeweils verschiedene Vor- und Nachteile haben.

Ich möchte bereits jetzt erwähnen, daß Heisenberg die Entwicklung der Theorien in den Naturwissenschaften zutreffender beschreibt als Kuhn, wenn er darauf hinweist, daß sich diese Entwicklung in einer Abfolge „abgeschlossener Theorien" vollzieht. Eine abgeschlossene Theorie kann durch kleine Veränderungen nicht weiter verbessert werden und – und das ist wesentlich – umfaßt Geltungsbereiche ihrer Vorgängertheorien. Damit erklärt sie den Erfolg und die Zweckmäßigkeit der dortigen Verwendung der alten Theorie. Diese ist damit nicht mehr nur als historische Kuriosität anzusehen und darf daher, gleichsam unter der Aufsicht der neuen Theorie, weiterhin verwendet werden.

Ich denke, daß wir die damit beschriebene Entwicklung **Physik als eine** der Physik als eine Annäherung an die Wahrheit deuten dür- **Annäherung** fen, auch wenn es unmöglich ist, diese Behauptung als zu- **an die** treffend zu beweisen. **Wahrheit**

Für das Verständnis der Rolle der Naturwissenschaften halte ich Extrempositionen für problematisch. Eine solche extreme Sicht besteht darin, die uns bekannten Naturgesetze wie gottgegeben „für wahr" zu halten. Damit wird ihnen eine gleichsam magische Kraft zugesprochen, mit der sie unter Umständen ihren Gültigkeitsbereich auch überschreiten. Es besteht dann kaum noch eine Möglichkeit, die Voraussetzungen ihrer Gültigkeit reflektieren zu können. Eine solche Haltung findet man oft in naturphilosophischen Schriften, die von einer mehr naturwissenschaftlich orientierten Haltung ausgehen. Dabei kann es vorkommen, daß die Gültigkeit der Naturgesetze als fundamentaler angesehen wird als die Existenz der Welt selbst. In manchen modernen Darstellungen der Quantenkosmologie ist der Eindruck unabweisbar, daß hier die Gültigkeit der Naturgesetze ganz selbstverständlich und unreflektiert als wahr unterstellt wird, auch bevor unser Kosmos in seine Existenz getreten ist. Aus einer mehr theologischen Sicht würde man vielleicht vermuten, daß hier an die Stelle, die in früheren Zeiten von Gott oder „dem Absoluten" eingenommen wurde, von manchen heutigen Forschern das Naturgesetz gestellt wird.

Die andere Art von Extremismus besteht in einer gegenteiligen Haltung, welche die Naturgesetze als reine Erfindungen des menschlichen Geistes betrachtet, oder – für mich noch schwerer nachvollziehbar – wenn sie als eine von vielen möglichen Absprachen angesehen wird, welche die an der Wissenschaft beteiligten Akteure treffen. Dabei werden dann durchaus ökonomische, politische oder geschlechterspezifische Motive unterstellt, und es wird manchmal sogar behauptet, daß vor allem das wie auch geartete Interesse der Wissenschaftler zu der jeweiligen Form der Gesetze führt. Bei manchen Geisteswissenschaften gibt es für solche Überlegungen möglicherweise einige nicht unplausible Gründe, bei den Naturwissenschaften wird eine solche Vermutung aber wohl eher lächerlich wirken. Eine derartige Sicht auf die Wissenschaften hätte gewiß einige Mühe zu erklären, warum beispielsweise die politisch so verfeindeten Wissenschaftler in der Sowjetunion und den USA in ihren streng geheimen kernphysikalischen Untersuchungen exakt die gleichen Theorien und die gleichen experimentellen Ergebnisse erhalten hatten.

Für durchaus erwägenswert halte ich allerdings den Gedanken, daß die Reihenfolge, in der Naturgesetze gefunden werden, auch mit von der psychischen Struktur der Mehrzahl derjenigen Wissenschaftler abhängen kann, die sich mit ihrer Erforschung befassen.

Aus meinen Erfahrungen im Umkreis der Physik ist mir deutlich geworden, daß solche Menschen, die in ihrem Denken mehr an den Objekten und den daran studierbaren Gesetzmäßigkeiten als den Beziehungen zu anderen Menschen und zur belebten Natur interessiert sind, wohl eher eine exakte Naturwissenschaft zum Feld ihres Interesses wählen als eine Sozial- oder Geisteswissenschaft. Dieses emotionale Interesse vieler Physiker am „Objektiven" könnte mit erklären, daß historisch zuerst die klassische Physik in großer Breite entwickelt wurde, die ja diesem Ideal „objektiver Objekte" extrem gut entspricht. Die deterministische Struktur der klassischen Physik bietet eine psychische und philosophische Sicherheit, die im täglichen Umgang mit anderen Menschen niemals zu finden sein wird. Ob man sich allerdings eine andere wissenschaftsgeschichtliche Entwicklung, die beispielsweise mit der Quantenphysik beginnen würde, überhaupt als möglich vorstellen könnte, erscheint mir äußerst zweifelhaft zu sein.

Ich denke, daß die große Unsicherheit, welche die Quantentheorie mit ihrem Bruch des traditionellen Denkens der Physik herbeigeführt hat, auch einer der Gründe dafür ist, daß die Dabatte über ihre Deutung über 70 Jahre nach ihrer Entdeckung noch immer anhält. Die Entdeckung der Quantentheorie geschah gegen große innere Widerstände der Physiker, die bis heute noch deutlich wahrnehmbar sind.

Es spricht allerdings für die Qualität der Physik und ihrer Methoden, daß diese emotionale Ablehnung – die auch bei manchen

Quantenphysikern deutlich wird (siehe Abschnitt 4.3) – die Quantentheorie dennoch nicht verhindern konnte.

Ein weiteres Mißverständnis über die Naturwissenschaften besteht darin, aus der für uns gegebenen Nichtverfügbarkeit der absoluten Wahrheit eine vollkommene Relativierung der Gültigkeit der Naturgesetze ableiten zu wollen. So wollte man in einer Diskussion über die Temperaturentwicklung in der Atmosphäre mein Argument, daß eine bestimmte vorgetragene Behauptung darüber dem Zweiten Hauptsatz der Wärmelehre widersprechen würde, mit der Erwiderung entkräften, dann müsse man eben die Physik ändern.

Wenn man die Vertrauenswürdigkeit der gefundenen Gesetze blind leugnen will, dann würde man damit wieder Platz für magische Kräfte und vielerlei Absonderlichkeiten schaffen, mit denen auch heute noch sich durchaus modern dünkende Menschen befassen. Ich denke dabei an die Horoskope in den Boulevardzeitungen, an unglaubhafte Wundergeschichten in Illustrierten und ähnliches. Eine verfehlte Bildungspolitik der letzten Jahrzehnte, die unsere jungen Menschen in großem Maße um ihr Recht auf eine solide naturwissenschaftliche Ausbildung gebracht hat und die mit weiteren Kürzungen in diesem Bereich noch immer in die falsche Richtung läuft, hat sicherlich mit Schuld daran. Man sollte sich aber auch die Frage stellen, woher das offensichtliche und große Bedürfnis nach einem Ausstieg aus dem Rahmen des wissenschaftlichen Denkens kommt. Möglicherweise haben es die Wissenschaften bisher versäumt, ihre geistigen Inhalte, aber auch ihre eigenen Grenzen denjenigen Menschen hinreichend verständlich zu machen, von deren Steuern sie sich weitgehend finanzieren.

In diesem Kapitel soll die Quantentheorie ausführlich betrachtet werden. Dazu wird zuerst die klassische Physik als eine *Theorie der Objekte* charakterisiert, um dann die davon abweichende Struktur der Quantenphysik darzustellen, die sich als eine *Physik der Beziehungen* zwischen Teilen und dem Ganzen erweisen wird.

Obwohl in der Physik die Quantentheorie auf eine mathematisch einheitliche Weise behandelt wird, können mit dieser Theorie doch sehr verschiedene philosophische Interpretationen ermöglicht und vereinbart werden. Zu keiner der anderen physikalischen Theorien sind unter den Physikern, die sich damit befassen, die Standpunkte so breit aufgefächert wie zu ihr. Für jede Einstellung zur Quantentheorie – von einer tiefen emotionalen Ablehnung bis hin zu einer begeisterten Zustimmung – gibt es Beispiele, auch unter denjenigen Physikern, die diese Theorie wesentlich vorangebracht haben.

verschiedene philosophische Interpretationen

Dies ist aus meiner Sicht für eine Theorie nicht verwunderlich, die die physikalische Sicht auf die Welt so radikal verändert. Ich finde, daß damit auch ein gewisser „demokratischer" Zug in die Naturwissenschaften gelangt. Während man sich über die Ergebnisse der wissenschaftlichen Forschung auf einfache Weise einigen kann, darf man selbst in einer so strengen Wissenschaft wie der Physik unterschiedliche Meinungen darüber haben, was diese bedeuten. Daraus schließe ich, daß man zwar für seine Ansichten werben darf – aber auch hier nicht mehr das Recht hat, mit totalitären Methoden gegen andere Meinungen vorzugehen.

4.1   Klassische Naturwissenschaft als Theorie der Objekte

4.1.1   Der additive Charakter der klassischen Physik bei der Zusammensetzung von mehreren Objekten

klassische Warum kann die klassische Physik als eine Naturwissen-
Physik – eine schaft der Objekte bezeichnet werden, obwohl eine solche
Naturwissen- Einschätzung durchaus nicht zu den allgemein akzeptierten
schaft der Vorstellungen über diese Theorie gehört?
Objekte   Das Modell des sogenannten *Punktteilchens*, das bereits
an der Schule verwendet wird, liefert das beste und zugleich
einfachste Beispiel für die klassische Physik. Eine Vorstellung von
tatsächlicher „Kleinheit" ist dabei nicht von Bedeutung. Vielmehr
versteht man unter einem punktförmigen Teilchen ein Objekt, dessen gesamte Masse man sich im Schwerpunkt konzentriert vorstellen darf. Wie bei allen physikalischen Begriffen handelt es sich
auch hier um eine Idealisierung, die zum Beispiel in guter Näherung erfüllt ist, wenn die Bewegung eines Planeten um die Sonne
im Rahmen der Newtonschen Theorie beschrieben wird. Daß ein
Planet wie unsere Erde in der Wirklichkeit kein „Punkt" ist, ist für
die Theorie in diesem Zusammenhang belanglos.

Man rechnet *mit einem mathematischen Punkt und* meint *physikalisch, daß die reale Ausdehnung des untersuchten Objektes
ohne größere Konsequenzen vernachlässigt werden kann.*

Die einzige unveränderliche Größe, die alle von der Theorie erfaßten Eigenschaften eines solchen Teilchens erfaßt, ist seine Masse.
Am Beispiel des Punktteilchens wird deutlich, welche Verarmung
dieses idealisierte Modell gegenüber einer jeden erfahrbaren Wirklichkeit bedeutet. Aber genau dieses Absehen von fast allem, was
uns in unserer täglichen Lebenserfahrung gegenübertritt, erlaubt
es, aus der Theorie so genaue Vorhersagen für Beobachtungen wie
die der Planetenbahnen aufstellen zu können.

Ein punktförmiges Teilchen ist nach der klassischen Theorie in seinem vergangenen und seinem künftigen Verhalten bestimmt, wenn sein Zustand zu einem einzigen Zeitpunkt genau bekannt ist.

Dieser letzte Satz kann auch als eine *Definition des Begriffes „Zustand"* interpretiert werden. **Definition: Zustand**

Der Zustand enthält alle die Informationen, die im Rahmen einer Theorie zu einem Zeitpunkt über das betreffende Objekt im Prinzip erhalten werden können.

Durch ihn und durch die geltenden Naturgesetze ist dann dessen weitere Entwicklung festgelegt.[1]

Für ein Punktteilchen wird der Zustand in einem Zeitpunkt durch die Angabe des Ortes und der momentanen Geschwindigkeit gegeben. Um den Ort festzulegen, benötigt man drei Zahlwerte, je einen für jede der drei Raumdimensionen Länge, Breite und Höhe im Koordinatensystem.

Der Ausdruck „ein Punkt im Raum" und drei Zahlen mit einer festgelegten Konnotation haben somit die gleiche Bedeutung.

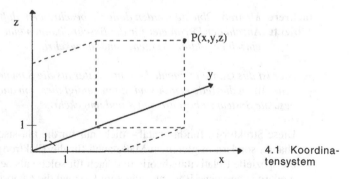

4.1 Koordinatensystem

_____

[1]Wir wollen uns hier auf den Fall beschränken, daß die maximal mögliche Information auch tatsächlich gewußt werden kann. Der Fall von unzureichendem Wissen verkompliziert hier die Situation, ohne auf dieser Stufe der Diskussion bereits wesentlich neue Erkenntnisse zu ermöglichen.

Für die Festlegung der Geschwindigkeit nach Größe und Richtung werden ebenfalls drei Zahlwerte benötigt.

Damit ist der Zustand eines Punktteilchens durch sechs Zahlwerte eindeutig bestimmt.

Die Sprechweise von „isolierten Objekten" kann erst sinnvoll werden, wenn eine Mehrzahl von ihnen ins Spiel kommt, denn ein einziges Objekt ist natürlich immer allein und daher iso-**mehrere** liert.

Punktteilchen   Wie werden nun also mehrere solcher Punktteilchen erfaßt?

Hier zeigt sich der isolierende Charakter der Theorie darin, daß für eine vollständige Erfassung von mehreren solcher Teilchen die Angabe der Zustandsparameter jeweils aller einzelnen Teilchen genügt.

Für zwei Teilchen werden also 6+6=12 Zahlen benötigt, für drei derselben dann 6+6+6=18.

Diese additive Struktur zeichnet grundlegend die klassische Mechanik aus:

mehrere *Mehrere Objekte werden dadurch beschrieben, daß die*
Objekte *Anzahl der Parameter für die Beschreibungen eines jeden einzelnen addiert werden – und umgekehrt.*

Hier ist das Ganze tatsächlich nichts weiter als die Summe seiner Teile. Wenn die Teile erfaßt sind, dann genügt dies, um auch das gesamte System zu beschreiben – und umgekehrt.

Diese Struktur ist fundamental – nicht nur für die klassische Mechanik, sondern in gleichem Maße auch für die Elektrodynamik, die spezielle Relativitätstheorie und auch für solche als besonders modern angesehene Bereiche wie zum Beispiel die Chaostheorie.

Natürlich wird auch im Rahmen der Mechanik die Welt nicht als eine Ansammlung von isolierten Objekten ohne gegenseitige Wechselwirkung verstanden, obwohl die mathematische Struktur zunächst keine andere Deutung zuläßt.

Ein Widerspruch wird vermieden, indem man zu den eigentlichen Objekten der Theorie, den Teilchen, noch eine zweite physikalische Kategorie von Größen einführt, die Kräfte.

Damit wird eine gegenseitige Einwirkung der Teilchen aufeinander ermöglicht und die Theorie kann reale Vorgänge in ihrem tatsächlichen Ablauf sehr gut beschreiben. Erinnert sei in diesem Zusammenhang an den großartigen Erfolg der Mechanik, aus der Abweichung der bekannten Planeten von ihren errechneten Bahnen die Existenz weiterer Planeten zu erschließen.

Seit Descartes' Erfindung der analytischen Geometrie wird in Mathematik und Physik der Begriff „Raum" in einem sehr verallgemeinerten Sinne verwendet, der weit über die übliche Bedeutung hinausreicht. Im dreidimensionalen Raum unserer Lebensumwelt kann jeder Punkt durch die Angabe von drei voneinander unabhängigen Zahlen beschrieben werden, die als Länge, Breite und Höhe interpretiert werden.

Wenn ein Sachverhalt durch n unabhängige Zahlen erfaßt wird, die – wenn sie an derselben Stelle der Aufzählung stehen – die gleiche physikalische Bedeutung besitzen müssen, hat sich dafür die Sprechweise von einem n-dimensionalen Raum eingebürgert. Für die vollständige Beschreibung der Bewegung eines Teilchens hatten wir neben den drei Ortskoordinaten noch drei weitere Koordinaten für seine Geschwindigkeit benötigt. Diese *sechs geordneten Zahlenwerte* faßt man unter Physikern und Mathematikern als *einen Punkt in einem sechsdimensionalen (verallgemeinerten) Raum* auf, der als *Zustandsraum* dieses Teilchens bezeichnet wird.

n-dimensionaler Raum

$$P = (x, y, z, v_x, v_y, v_z)$$

Da wir mit unserer Vorstellung nicht in der Lage sind, uns über die drei Raumdimensionen hinaus noch weitere Dimensionen zu veranschaulichen, ist bereits der sechsdimensionale Zustandsraum der

Orte und Geschwindigkeiten eines Teilchens nicht mehr anschaulich darstellbar.

direkte Summe Der Übergang zu zwölf und 18 Dimensionen für zwei oder **von Räumen** drei Teilchen macht die Angelegenheit keineswegs einfacher. Ein mathematisch ausgebildeter Lesers hat natürlich ein Wissen davon, was mit einer direkten Summe der Zustandsräume gemeint ist: Genau der Übergang von einer Reihe von sechs Zahlen zu einem Satz von zwölf oder 18 Zahlen, die jeden reellen Wert annehmen dürfen und die je nach ihrem Platz in der gesamten Abfolge eine bestimmte physikalische Bedeutung besitzen, nämlich jeweils die Orte und die Geschwindigkeiten der betreffenden Teilchen.

Der Zustand eines Teilchens zu einer gegebenen Zeit wird also durch *einen Punkt* in einem *sechsdimensionalen Raum* erfaßt, der von zwei Teilchen durch zwölf Zahlen, die die Bedeutung der Orte und Geschwindigkeiten von zwei Teilchen sind und die mathematisch geschrieben werden als *ein Punkt* in einem *zwölfdimensionalen* verallgemeinerten mathematischen *Raum,*

$$P = (x_1, y_1, z_1, x_2, y_2, z_2, v_{x1}, v_{y1}, v_{z1}, v_{x2}, v_{y2}, v_{z2})$$

der von dreien dann durch *einen Punkt* in einem *18dimensionalen Raum,* und so weiter.

Die Anzahl der Parameter wird addiert, oder, in anderen Worten, die Dimensionen der Zustandsräume werden addiert.

klassisches *Klassisches Verhalten liegt dann vor, wenn in der Kombi-* **Verhalten** *nation von Objekten zu einem Ganzen dieses Ganze als die Summe seiner Teile aufgefaßt werden kann.*

Eine solche Addition wird nicht in der Lage sein, das Bestehen möglicher Beziehungen zwischen den beteiligten Objekten tatsächlich allseitig zu erfassen.

4.2 Quantentheorie als Theorie der Beziehungen

In den meisten Darstellungen der Quantentheorie wird auf **Quanten** diejenigen Begriffe ein besonderer Wert gelegt, durch die sie sich von der Denkweise der klassischen Physik besonders unterscheidet. Zu diesen gehört das *Quant*, das der Theorie zu ihrem Namen verholfen hat, sowie die neuen Formen von *Quantenwahrscheinlichkeit* und *Quantenlogik*, die durch die Quantentheorie in die Physik gelangt sind. Obwohl diese Begriffe für das Verständnis der Quantentheorie sehr wichtig sind, bin ich doch der Meinung, daß sie nicht besonders gut als *Ausgangspunkt* für eine verstehende Begründung geeignet sind. Ihre Bedeutung ist neuartig und überraschend, so daß mit ihnen nicht ohne weiteres an bereits Bekanntes angeknüpft werden kann. Ich will versuchen, an geläufigere Vorstellungen zu appelieren, und dann deutlich machen, in welcher Weise die soeben erwähnten drei Begriffe als Folgerungen der Theorie verstanden werden können.

4.2.1 Die Quantenphysik durchbricht die klassische Denkweise

Im Abschnitt 2.2.3 hatte ich die Probleme aufgeführt, die sich vor der klassischen Physik aufgetan hatten. Die Kluft zwischen der Wärmelehre und der elektromagnetischen Theorie der Wärmestrahlung konnte von Max Planck im Jahre 1900 durch seine Quantenhypothese überbrückt werden.

Nach dieser Hypothese wird diese Strahlung nicht so ausgesendet, wie es die klassische Theorie vorschreibt, sondern in einzelnen Energieportionen, die Planck „Quanten" nannte. Dieser Begriff hat der Theorie ihren Namen gegeben, und vielfach wird das Quantenhafte – das Portionsweise – als ihre wesentlichste Eigenschaft angesehen. **Quanten = Portionen**

Quanten = *Allerdings hat man im Laufe der Entwicklung der Physik*
Portionen – *festgestellt, daß es sehr viele Erscheinungen in dieser*
nicht immer! *Theorie gibt, bei denen von solchem „portionsweisen Ver-*
halten" nichts zu bemerken ist.

Wenn also das sprunghafte Verhalten in der Quantenphysik nicht
durchgängig auftritt, sollte es nicht für ihre *Begründung* verwendet
werden – auch wenn es ein *wichtiges Resultat* dieser Theorie ist.

Ähnlich verhält es sich mit dem Begriff der Wahrscheinlichkeit,
der ebenfalls nicht an den Anfang einer Erklärung der Quantentheorie gestellt werden sollte. Zur Begründung dieser Meinung muß
ich leider bereits jetzt einige Begriffe einführen, die erst später genauer erklärt werden können.

Nachdem Heisenberg und Schrödinger die mathematische Gestalt der Quantentheorie entwickelt hatten, zeigte es sich, daß gemäß der Theorie viele Meßresultate nur mit einer bestimmten Wahrscheinlichkeit vorhergesagt werden konnten.

Wahrschein- *Die dadurch gegebene Bedeutung der Wahrscheinlichkeit*
lichkeit als *wird vielfach als das zentrale Charakteristikum für die*
Charakteristi- *Quantenphysik angesehen. Eine solche Sichtweise kann*
kum der *allerdings verdecken, daß der Erfolg dieser Theorie und*
Quanten? *die mit ihr entwickelten technischen Entwicklungen auf*
der extremen Genauigkeit der von ihr erfaßten Größen
beruhen.

Erinnert sei in diesem Zusammenhang an das wohlbekannte Beispiel der Atomuhren, die in Millionen von Jahren auf die Sekunde
genau gehen.

Andererseits sind Wahrscheinlichkeitsbetrachtungen nicht auf die
Quantenphysik beschränkt. Auch in der klassischen Physik sind sie
seit langem ein fester Bestandteil der Theorie.

Wahrschein-   Freilich lassen sich dort die Wahrscheinlichkeiten stets
lichkeit als *Ausdruck von mangelndem Wissen* verstehen, das wir
= mangelndes Menschen mit unseren begrenzten Fähigkeiten über einen
Wissen Sachverhalt haben, obwohl man der Meinung sein kann, er
sei an sich wohlbestimmt. In der kinetischen Gastheorie

wurden die Wahrscheinlichkeitsbetrachtungen eingeführt, weil
sonst das Verhalten von Abermilliarden von Gasmolekülen einzeln zu beschreiben wäre. Daß auch mit der größten Phantasie bei
Milliarden von Milliarden solcher Moleküle eine Einzel-
beschreibung unvorstellbar bleibt, bedarf meines Erachtens keiner
tieferen Begründung. Das Problem läßt sich durch eine lediglich
statistische Behandlung dieser extrem vielen Objekte umgehen,
die dann natürlich nur Aussagen mit Wahrscheinlichkeitscharakter
erlaubt. Diese beschreiben dann das, was im Experiment auch gemessen werden kann – zum Beispiel Druck und Temperatur –, sehr
gut. In diesem Modell der klassischen Physik müssen aber die
Moleküle eines Gases wie undurchdringliche und absolut harte
Kügelchen behandelt werden, denn ohne die Zusatzannahme, daß
die Moleküle bei ihrem Zusammenstoßen keinerlei innere Schwingungen ausführen können, lassen sich die experimentell bestätigten Resultate nicht aus der klassischen Theorie ableiten. Im Rahmen der klassischen Physik sollten aber ausgedehnte feste Körper
auch Schwingungen vollführen können – wie etwa ein Gummi-
ball, der gegen eine Wand geworfen wird. Eine solche Bedingung
würde jedoch zu Vorhersagen führen, die im Widerspruch zum
Experiment stehen.

Die Lösung dieses Problems, daß Moleküle sich „absolut starr"
verhalten können, wurde erst durch die Quantentheorie möglich.
Sie kann unter anderem dieses Verhalten der Gasmoleküle erklären, das in der klassischen Theorie lediglich als Zusatzbedingung
gefordert werden könnte, und sogar darüber hinaus angeben, unter
welchen physikalischen Bedingungen dieses Modell weiter verfei-
nert werden muß.

Werfen wir nun einen Blick voraus auf die quanten- **quanten-**
theoretischen Wahrscheinlichkeiten. Diese erlangen bereits **theoretische**
bei der Behandlung eines *einzigen Objektes* Bedeutung. Sie **Wahrschein-**
drücken eine *objektiv* gegebene *Unbestimmtheit* aus und sind **lichkeiten**
nicht als Zeichen unserer menschlichen Unzulänglichkeit
zu interpretieren.

Wenn im Rahmen der klassischen Physik ein System in einem
bestimmten Zustand vorliegt, dann wird nur dieser bei einer Nachprüfung gefunden. Ein klassischer Zustand genügt daher dem *tertium*

non datur: Entweder er liegt vor, oder er liegt nicht vor, eine dritte Möglichkeit kann es nicht geben! Wenn ein Quantensystem in einem wohlbestimmten Zustand (einem reinen Zustand) vorliegt, dann kann dennoch bei einer Nachprüfung ein anderer Zustand gefunden werden. Diese quantenphysikalische Unbestimmtheit hat zur Folge, daß in dieser Theorie die klassische Logik in der uns bekannten Weise nicht mehr uneingeschränkt gültig ist und der Satz vom ausgeschlossenen Dritten für Quantenzustände nicht mehr in der üblichen Form zutrifft.

Für einen Quantenzustand ist somit die Frage seines Vorliegens nicht immer mit Ja oder mit Nein zu beantworten. Statt dessen muß man sagen, daß er bei einer Nachprüfung möglicherweise gefunden werden kann, ohne daß dies lediglich darauf zurückzuführen wäre, daß wir es zuvor nur noch nicht gewußt haben.

Quantenlogik Die Beschreibung dieser Sachverhalte erfordert eine Änderung der Logik, die man als Quantenlogik auch in eine mathematische Gestalt bringen kann.

Die Verwendung der Quantenlogik wurde ebenfalls vielfach als charakterisierendes Kennzeichen für den Unterschied zur klassischen Physik betrachtet.

Auch hierzu meine ich, daß man das Verständnis der Theorie nicht auf dieser – auf den ersten Blick seltsam anmutenden – Form von Logik aufbauen sollte.

Erst eine Nachprüfung, das heißt ein Meßvorgang, schafft einen Übergang von den vielen Möglichkeiten, die durch die Quantentheorie beschrieben werden, zu einem einzigen – dann tatsächlich vorliegenden – Sachverhalt, der als Faktum zu behandeln ist und der tatsächlich der klassischen Logik unterliegt.

In dieser Beschreibung wird etwas von der Unumkehrbarkeit des Zeitverlaufes deutlich, die wir aus unserem persönlichen Leben kennen und die in der mathematischen Struktur der klassischen Physik fast nie zu verspüren ist.

Die hier aufgeführten Punkte bedeuten im Vergleich zur   **Veränderung**
klassischen Physik eine massive Veränderung des Natur-   **des Natur- und**
und Wirklichkeitsverständnisses. So erscheint es nicht   **Wirklichkeits-**
verwunderlich zu sein, daß die Deutungsdebatte über die   **verständnisses**
Interpretation der Quantenphysik mit großer Heftigkeit bis
heute geführt wird.

Der Einstieg in das Verständnis dieser Theorie sollte auf dem Weg versucht werden, der mit Kants transzendentalen Ansatz vorgezeichnet wurde. Dabei soll an einsichtige Bedingungen angeknüpft werden, die auf verständliche Weise erkennen lassen, daß ohne ihr Erfülltsein jedwede Form von Erfahrung – von Empirie – unmöglich wäre. Alle die Gesetzmäßigkeiten, die sich aus diesen Bedingungen ableiten lassen, müssen dann notwendigerweise in der Erfahrung gelten. Da die Quantentheorie die wissenschaftliche Empirie sehr gut beschreibt, kann man hoffen, sie aus Voraussetzungen begründen zu können, die Grundlage für jegliche Erfahrung sind. Ein solcher Weg würde leichter verstehbar sein als der, der mit den technischen Unterschieden zwischen der klassischen Physik und der Quantentheorie beginnt. Diese Unterschiede sind – wie erwähnt – zum Beispiel die veränderte Logik oder das fundamentale Auftreten von Wahrscheinlichkeiten. Warum aber eine andere Logik oder eine andere Wahrscheinlichkeitstheorie eine Voraussetzung dafür sein sollte, daß Menschen überhaupt Erfahrungen machen können, ist zumindest mir nicht einsehbar. Menschen haben schon durch Jahrtausende hindurch über ihre Umwelt wichtige Erfahrungen gewonnen, ohne daß bereits damals beispielsweise an die Quantenlogik auch nur zu denken gewesen wäre.

Anders sieht es mit dem Versuch aus, sich dem Verständnis der Quantentheorie über die Fundamentalität der Zeit zu nähern. Diesen Weg hat insbesondere C. F. v. Weizsäcker verfolgt.[2]

Wenn Erfahrung, wie bereits erwähnt, als „Lernen aus der Vergangenheit, um Prognosen für die Zukunft aufstellen zu können" definiert wird[3], dann zeigt bereits diese Definition, daß ein Grund-

---

[2]Siehe zum Beispiel Weizsäcker, C. F. v., 1985, oder als Einführung Görnitz, Th.(1992).
[3]Drieschner, M., 1970.

verständnis von Vergangenheit und Zukunft notwendig ist. Mit andern Worten:

Ein Vorverständnis der Grundstruktur von Zeit ist eine der Vorbedingungen dafür, den Begriff „Erfahrung" überhaupt mit Sinn versehen zu können.

Diese Rolle von Vergangenheit und Zukunft ist nun für die Quantentheorie von sehr großer Bedeutung. Der Meßprozeß, mit dem wir uns noch genauer befassen werden, bringt ein Moment von Irreversibilität – von Unumkehrbarkeit zeitlicher Abläufe – in die Theorie hinein, das in den deterministischen Strukturen der klassischen Physik keine Entsprechung besitzt.

Bis heute ist das Programm einer transzendentalen Begründung der Quantentheorie noch unvollendet, ist der Kantsche Ansatz lediglich ein verlockendes Programm.

Ich möchte nun hier eine Sichtweise auf die Quantenphysik vorstellen, die ein anderes Charakteristikum dieser Theorie an den Beginn der Betrachtungen stellt, mit denen die Quantentheorie eingeführt und begründet werden soll. Ich hoffe, damit manches als einsehbar darstellen zu können, was bisher eher als absonderlich verstanden wurde.

4.2.2 Der multiplikative Charakter der Quantenphysik bei der Zusammensetzung von mehreren Objekten

Quanten- *Im Gegensatz zur klassischen Naturwissenschaft, die ich*
theorie als *als eine Physik der Objekte gekennzeichnet habe, soll die*
Physik der *Quantentheorie als eine Physik der Beziehungen vorge-*
Beziehungen *stellt werden.*

Wie ist dies zu verstehen?

In der klassischen Physik waren die Zustandsräume zu addieren gewesen. An Stelle von zwei sechsdimensionalen Räumen für die Zustände von zwei Teilchen wollen wir lediglich zweimal sechs Punkte zeichnen.

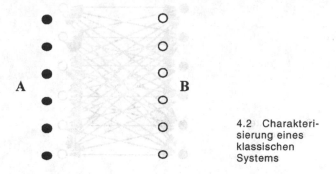

4.2 Charakterisierung eines klassischen Systems

Wie sieht nun in der Quantentheorie die gemeinsame Beschreibung von mehr als einem Objekt aus?

Auch Quantenobjekte befinden sich in Zuständen und entwickeln sich in der Zeit.

Aber für mehrere Quantenobjekte werden die Zustandsparameter nicht mehr additiv, sondern multiplikativ verbunden!

Außer in einigen trivialen Fällen ist ein Produkt größer als die Summe seiner Teile, der Faktoren.

Üblicherweise spricht man, wenn „das Ganze mehr ist als die Summe seiner Teile", von einer holistischen Struktur. Dies trifft für die Quantenphysik zu!

Was kann also eine multiplikative Verbindung bedeuten? Wie könnte diese gedeutet werden? **multiplikative Verbindung**

Wir wollen unsere Skizze mit den zwölf Punkten noch einmal betrachten und uns überlegen, wie wir wohl statt dessen zu 36 Elementen kommen können.

Wir können dies erreichen, wenn wir jeden Punkt der einen Seite mit jedem Punkt der anderen verbinden:

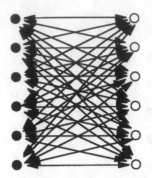

4.3 Charakteri-
sierung eines
Quanten-
systems

Wir haben also jeden Punkt von A mit jedem Punkt von B in
Beziehung gesetzt, und diese *Beziehungen verhalten sich multiplikativ*!

Das Beziehungsgeflecht setzt sich aus 6×6=36 möglichen Verknüpfungen zusammen.

*Man sieht auf den ersten Blick, eine quantentheoretische Be-
schreibung ist viel reichhaltiger als die klassische. Hier ist das
Ganze ersichtlich „mehr als die Summe seiner Teile".*

Noch etwas wird aus der Skizze deutlich: Die Zerlegung eines Ganzen in die Teile, aus denen es gebildet wurde, ist keinesfalls so
simpel und evident wie für die klassische Physik.

holistischer *Der holistische Charakter der Quantentheorie ist ihr we-*
Charakter der *sentliches Merkmal und bildet den Hauptunterschied zum*
Quanten- *klassischen Fall.*
theorie *Holismus definiere ich dabei durch:*
Holismus liegt vor, wenn das Ganze mehr ist als die Sum-
me seiner Teile.

Mit den daraus folgenden Konsequenzen wollen wir uns im weiteren befassen.

Üblicherweise wird die Quantentheorie aus Voraussetzungen begründet, die bei unbefangener Betrachtung zumeist recht seltsam erscheinen – und diese Einschätzung einer gewissen „Unnatürlichkeit" setzt sich dann in das Verständnis einer so begründeten Theorie hinein fort. Hier soll aus der holistischen Struktur heraus versucht werden, Interpretation und Verständnis der Quantentheorie zu begründen.

Eine holistische Denkweise ist uns in Form der Selbstreflexion aus unserer alltäglichen Erfahrung wohlbekannt.

Wenn wir an sie anknüpfen wird uns die Quantentheorie nicht mehr seltsam erscheinen müssen. Allerdings wird diese Erfahrung üblicherweise nicht mit der Physik in Verbindung gebracht, denn die Physik wurde in ihrer historischen Entwicklung als eine Wissenschaft über die äußere Welt verstanden – und diese äußere Realität besteht aus Objekten, die voneinander geschieden sind.

Wir selbst (und wohl auch die höheren Lebewesen) nehmen uns hingegen als Individuen wahr – als etwas, was nicht zerteilt werden soll. Dies betrifft sowohl unsere geistige als auch unsere körperliche Wahrnehmung.

Die holistische Selbstwahrnehmung von Individuen schien **ganzheitliche** bisher mit der Physik nichts zu tun zu haben. Dabei wird **Selbst-** aber nicht realisiert, daß sowohl unsere Außen- als auch **wahrnehmung** unsere Innenwelt – und auch deren jeweilige Wahrnehmung – gleichermaßen Teil der einen Natur sind und daß sich beide im Laufe der Evolution in der Auseinandersetzung der Lebewesen mit ihrer Umwelt entwickelt haben.

Damit Lebewesen überhaupt als Individuen existieren können, müssen sie sich in einer Umwelt vorfinden, in welcher eine Abtrennung vom Rest der Welt in einer guten Näherung möglich ist. Unter physikalischen Bedingungen, die eine solche Abtrennung nicht erlauben, werden sich Lebewesen nicht entwickeln können. Solche Extrembedingungen wären beispielsweise im Inneren von Sternen oder am Beginn der kosmischen Entwicklung des Universums gegeben. Wenn sich Lebewesen von ihrer Umwelt unterscheiden können, zum Beispiel durch Membranen, dann werden sich in dieser

Umwelt auch weitere Objekte finden lassen, die vom Rest abgetrennt sind. Daher werden auch wir Menschen primär unseren Außenbereich so wahrnehmen, daß er mit Objekten bevölkert ist – so, wie wir auch die klassische Physik modelliert haben.

Obwohl unsere primären Erfahrungen über unsere Innenwelt holistisch sind, ist dieser Holismus nicht absolut. Wir können in Analogie zur Außenwelt auch unser Inneres gedanklich in Teile zerlegen: Die Reflexion zerteilt unser Denken, ein Schmerz kann in Körperteilen lokalisiert werden. Dennoch wird von einer solchen nachträglichen Zerlegung unsere Individualität nicht aufgehoben. Dies ist uns allen wohl bekannt.

Die Erkenntnis, daß umgekehrt für den Außenbereich eine Beschränkung auf die zerlegende – die anholistische – Sichtweise bei hinreichend genauer Untersuchung auch unzureichend werden kann, war die große Überraschung für die Physik und hatte schließlich die Entdeckung der Quantentheorie zur Folge.

Quanten- *Der vorliegende Versuch will an Denkweisen anknüpfen,*
strukturen *die uns aus unserer Innensicht bereits bekannt sind, und*
werden *im Vergleich mit ihr versuchen, die Quantenstrukturen*
plausibel *plausibel werden zu lassen.*

Die moderne axiomatische Methode in der Mathematik und auch in der Physik fordert keinen einsehbaren oder gar anschaulichen Sinn für ihre Postulate. Sie prüft lediglich, ob diese in ihrer Gesamtheit widerspruchsfrei sind und was aus diesen logisch und mathematisch folgt. Dies ist eine kraftvolle und zweckmäßige Methode, um die Strukturen von vorhandenen Theorien zu klären. Sie erscheint aber wegen des Verzichtes auf Anschaulichkeit ungeeignet, um als Einführung in das Verständnis einer Theorie dienen zu können, und wird deshalb hier nicht angestrebt.

Die oben gegebene Definition von Holismus ist aus dem Unterschied zwischen der Addition der Zustandsräume in der klassischen Punktmechanik und dem direkten Produkt der Zustandsräume in der Quantentheorie bei der Zusammensetzung eines Systems aus Teilen abgeleitet.

Die anholistische Struktur der klassischen Punktmechanik **weiteres** oder der Elektrodynamik ist aber nicht der einzige Bereich **nichtholistisches** der Physik, der keine Quantenstruktur besitzt, denn aus der **Verhalten** Definition von Holismus ergibt sich noch eine weitere Möglichkeit von nichtholistischem Verhalten.

Diese zweite Möglichkeit ist gegeben, wenn die mathematische Modellierung eine Formulierung von Teilen in Strenge nicht zuläßt. Dies ist beispielsweise bei nichtlinearen Feldtheorien der Fall.

Unter einem Feld versteht man in der Physik eine im ganzen dreidimensionalen Ortsraum ausgebreitete und wirkende Substanz, die in jedem mathematisch möglichen Punkt der Raumes einen bestimmten Wert annimmt. Für einen solchen Fall wird man daher unendlich viele Parameter benötigen, um den Zustand festzulegen. Da sich bei einer nichtlinearen Struktur Lösungen nicht addieren lassen, lassen sich für solche Theorien auch keine Teile definieren. Das bekannteste Beispiel für eine nichtlineare Feldtheorie ist die allgemeine Relativitätstheorie. In ihr gibt es ein einziges über den ganzen Kosmos ausgedehntes Gravitationsfeld, innerhalb dessen auf natürliche Weise keine Abgrenzungen gezogen werden können, um dadurch eine Mehrzahl von Objekten zu definieren. Wenn man nicht durch Näherungsannahmen die mathematische Struktur der Theorie grundlegend verändert, beschreibt jede ihrer Lösungen einen ganzen Kosmos.

Ich hoffe, daß die Quantentheorie über ihr holistisches Verhalten auf eine eher „natürliche" Weise verstehbar wird und daß sich aus dem Vergleich des Holismus der Quantentheorie mit dem Nichtholismus der allgemeinen Relativitätstheorie neue Gesichtspunkte für das Verständnis der gegenseitigen Beziehungen dieser Theorien ergeben.

4.2.3 Erste Folgerungen aus dem Beziehungscharakter der Quantentheorie

Wir hatten den Unterschied zwischen den beziehungslosen Objekten der klassischen Physik und der Quantentheorie am Beispiel von zwei Objekten erläutert.

Wie wird aber ein einzelnes Objekt in der Quantentheorie betrachtet?

Wir wollen uns ein hypothetisches klassisches Objekt C mit seinen möglichen Zuständen vorstellen, die wieder nur durch Punkte symbolisiert werden sollen. Zwei beliebige dieser Punkte seien zwecks Wiedererkennung besonders hervorgehoben.

4.4 Die Zustände eines Systems...

Unter quantentheoretischen Aspekten steht jeder klassische Zustand in Beziehung mit den unendlich vielen Parametern der Zustände seiner Umgebung. Wir wollen dies stellvertretend für unsere zwei ausgezeichneten Punkte wie folgt verdeutlichen:

4.5 ...in Beziehung zu denen seiner Umgebung

Das heißt, jeweils einem klassischen Zustandswert entsprechen unendlich viele für die Quantenzustände. Wir können uns darüber hinaus vorstellen, die Endpunkte der Pfeile wie Perlen auf eine Schnur zu reihen und diese dann „straff" zu ziehen. Dabei würden dann alle diese Pfeilspitzen eine sich nach beiden Seiten ins Unendliche erstreckende Gerade bilden.

Das einfachste und nicht absolut triviale „klassische Objekt", das man sich denken könnte, hätte insgesamt nur zwei Zustandswerte, es wäre eine binäre Alternative mit den beiden möglichen Antworten Ja oder Nein. Seine quantentheoretische Beschreibung wird nach obigem Rezept durch die unendlichen vielen Punkte eines zweidimensionalen Raumes erreicht (mathematisch genauer: durch den $\mathbb{C}^2$, eine komplexe Ebene). Weizsäcker hat diesen Prozeß als naive Quantisierung bezeichnet. Diese Darstellung ist allerdings zu naiv, wenn man den tatsächlichen Übergang von einem Teilchen der klassischen Mechanik zu seiner quantisierten Beschreibung erfassen möchte. Bei der Darstellung der mehrfachen Quantisierung werden wir auf dieses Problem noch genauer eingehen. Sie ist aber keineswegs naiv, wenn man die Grundstruktur der Quantisierung erfassen und verdeutlichen will.

Mit der Quantisierung werden klassische Strukturen in eine sehr reichhaltige und zugleich lineare Struktur überführt. So geschieht die quantenmechanische Beschreibung eines Teilchens bereits in einem unendlich dimensionalen Raum, der aus den Funktionen über seinen Ortskoordinaten gebildet werden kann. Diese abstrakte mathematische Struktur wird durch Abbildung 4.5 stark vereinfacht und zugleich veranschaulicht.

Mit diesem Übergang jeweils von einem Punkt zu einer Geraden oder – mathematisch gesprochen – von einer Menge zu der Menge der Funktionen auf dieser ursprünglichen Menge, zur Potenzmenge, ist das Wesen des sogenannten Quantisierungsprozesses im Prinzip erfaßt. **Wesen des Quantisierungsprozesses**

Eine Funktion stellt eine Beziehung zwischen dem sogenannten Definitions- und dem Wertebereich her.

Die Menge aller Funktionen erzeugt dann alle nur denkbar möglichen Beziehungen zwischen diesen beiden Mengen.

Das Wort „Beziehung" trägt aber noch weiter. Wenn a_1 mit b_1 und b_1 mit a_2 sowie a_2 mit b_2 in Beziehung sind, dann ist auch a_1 mit b_2 in Beziehung. Wenn wir uns als ein anschauliches Modell die Kreise als elektrische Kontaktstellen und die Beziehungspfeile als Drähte vorstellen würden, dann kann eine Stromverbindung sowohl über den gestrichelten als auch über die ausgezogenen Pfeile laufen:

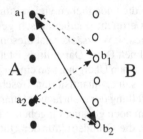

4.6 Beziehungen sind mehrdeutig

Mehrdeutigkeit *Diese Mehrdeutigkeit der quantentheoretischen Beziehungen ist ein weiteres wichtiges Merkmal der aus ihr folgenden Weltsicht.*

Wenn an einem System ein bestimmter Quantenzustand als vorliegend festgestellt worden ist, dann wird eine Überprüfung auf andere Zustände, die von diesem ersten verschieden sind, aufweisen, daß auch solche mit einer gewissen Wahrscheinlichkeit gefunden werden können.[4]

Unter klassischer Sichtweise ist also wegen der Trennung der Objekte zu schließen:

---

[4]Natürlich gibt es aber auch unter den mathematisch möglichen Zuständen ebenfalls manche, die mit Sicherheit *nicht* gefunden werden können, wenn der erstere vorliegt; sie werden als dazu orthogonal bezeichnet.

Wenn ein bestimmter klassischer Zustand, nennen wir ihn   **klassische**
k_l, vorliegt, dann liegt keiner der anderen Zustände vor,   **Sichtweise**
die dem Objekt im Prinzip auch möglich wären, und kann
somit bei einer Nachprüfung auch nicht gefunden werden.

Aus dem ganzheitlichen Charakter der Quantentheorie, der auch in
ihrer mathematischen Struktur zum Ausdruck kommt, folgt hingegen:

Beim sicheren Vorliegen eines Quantenzustandes q_l kön-   **Quantensicht-**
nen trotzdem viele andere Zustände q_m, die von q_l ver-   **weise**
schieden sind, bei einer Nachprüfung mit einer gewissen
Wahrscheinlichkeit ebenfalls gefunden werden.

Damit erhält die *Wahrscheinlichkeit* für die Quantentheorie eine
fundamentale Bedeutung. Sie sollte nicht wie in der klassischen
Physik lediglich als Ausdruck unseres unzureichenden Wissens
verstanden werden.

Dieser Sachverhalt hat zu großen Diskussionen geführt.

Wenn man dennoch an einer Interpretation von Wahrscheinlichkeit als „unzureichendes Wissen" festhalten will, kann man dies
durch die Einführung von unbeobachtbaren und damit keiner Prüfung zugänglichen Parametern erreichen, wie es im Abschnitt über
Bohms Modell (Abschnitt 4.3.7) beschrieben wird. Ob man damit
aber einem von manchen erwünschten Ideal von „realistischer Theorie" näher kommt, bleibt zu bezweifeln, muß man doch dabei die
von Englert et al. gezeigten recht „surrealistischen" Konsequenzen
in Kauf nehmen.

Noch bedeutsamer ist, daß die Möglichkeit besteht, aus *einer
beliebigen Kombination von Zuständen* wiederum einen *Quantenzustand* zu erhalten: Die geometrische Veranschaulichung einer
Beziehung durch Vektoren bietet eine adäquate Darstellung der theoretischen Verhältnisse. So, wie in der Geometrie die Summe aus
zwei Vektoren einen neuen ergibt, wird in der Quantentheorie die
Summe aus zwei (oder mehreren) Zuständen durch einen neuen
Zustand ersetzt:

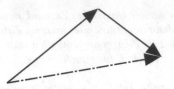

Zu dieser Zusammensetzung besteht aber auch in der umgekehrten Weise die Möglichkeit der Zerlegung!

So, wie man im Sonnenlicht einen Stab auf den Boden projizieren kann, kann man einen Quantenzustand auf die Richtungen von anderen Zuständen projizieren.

Hier wirft das Sonnenlicht einen Schatten, dieser ist die Projektion des Stabes.

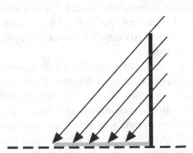

4.8 Eine Projektion

Für Quantenzustände kann dies analog geschehen. Wenn die Zustände, auf die projiziert wird, so ausgewählt werden, daß sie untereinander senkrecht stehen, dann kann ein beliebiger Zustand nach diesen Basisvektoren „entwickelt" werden:

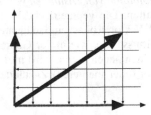

4.9 Projektion eines Zustandsvektors auf die Koordinatenachsen

Er wird damit zusammengesetzt aus der Summe seiner Projektionen auf diese Basis:

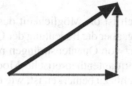

4.10 Rekonstruktion eines Zustandsvektors aus seinen Projektionen

Eine solche Basis definiert ein Koordinatensystem im quantenphysikalischen Zustandsraum und erlaubt die Beschreibung eines beliebigen Zustandes durch die Angabe seiner Projektionen auf alle die Vektoren, welche diese Basis konstituieren. Um einen Vektor mathematisch zu beschreiben, werden wir also eine Basis sowie die Angabe dieser Projektionen benötigen. Diese Werte können als Zeilen oder Spalten geschrieben werden. Jede meßbare physikalische Größe definiert eine spezielle, ihr zugehörige Basis. Hierüber wird noch etwas ausführlicher gesprochen werden.

Nicht so leicht zu veranschaulichen ist eine weitere quantentheoretische Eigenschaft, die der Theorie ihren Namen gegeben hat, nämlich, daß *Meßwerte* für viele physikalische Größen *quantisiert* auftreten, das heißt daß sie vereinzelt und isoliert liegen. An dieser Eigenschaft wird vom Holismus der Theorie am wenigsten sichtbar.

Die Meßwerte, die sich an Größen der klassischen Physik messen lassen, bilden stets eine kontinuierliche Wertemenge, so wie die Zeiger einer Uhr, die auf jeden beliebigen Punkt auf dem Rand des Zifferblattes weisen können.

Hingegen kann man die möglichen Meßwerte vieler quantenphysikalischer Größen mit der Anzeige einer Digitaluhr vergleichen, auf der sich die Ziffern ablösen, auf der aber keine „Zwischenstellungen" möglich sind.

Dieser Aspekt hat die Naturwissenschaftler besonders aufgeregt. „Die Natur macht keine Sprünge" war eine feste Überzeugung seit alters her. **Die Natur macht keine Sprünge**

Daß gerade dieser Grundsatz der Stetigkeit in vielen Modellen der Quantentheorie verletzt wird, wurde daher anfangs als das eigentlich Spektakuläre dieser Theorie angesehen.

Meiner Meinung nach ist die Möglichkeit des Auftretens solcher Sprünge zwar wichtig, aber die Bedeutung der Quantenphysik sollte nicht auf die Existenz von Quantensprüngen reduziert werden. Es gibt vielverwendete quantentheoretische Modelle, in denen von solchen Sprüngen nichts zu bemerken ist, wie etwa bei einem Teilchen, das mit dem Modell eines unendlich ausgedehnten Ortsraumes beschrieben wird. Energie, Impuls und Ort eines derartig modellierten Teilchens zeigen keine Sprünge und bilden somit ein Kontinuum. Allerdings sind viele dieser Modelle, in denen ein Kontinuum von Meßwerten auftreten kann, zwar mathematisch einfach und nützlich, aber in einem strengen *physikalischen* Sinne mit großer Wahrscheinlichkeit nicht wahr. So gibt es gute Gründe dafür, daß der physikalische Ortsraum, das heißt unser Kosmos, durch das mathematische Modell eines unendlich ausgedehnten Raumes nicht zutreffend beschrieben wird. Der Kosmos besitzt sehr wahrscheinlich zu jeder Zeit ein endliches Volumen, und wenn dies zutrifft, würde beispielsweise die Energie für beliebige Quantenobjekte kein Kontinuum von Werten bilden können. Bis heute kann dieses Problem aber noch nicht als hinreichend geklärt angesehen werden.

Wenn in der Quantentheorie Zustände nicht als Eigenschaften anzusehen sind, die sich stetig ändern können, sondern als Beziehungen, die entweder bestehen oder nicht bestehen, dann läßt dies ein solches sprunghaftes Verhalten nicht unplausibel erscheinen.

Eine Beziehung besteht zwischen zwei Partnern. Eine Prüfung darauf wird daher auf beide einzugehen haben, eine mathematische Beschreibung wird deshalb von ihnen beiden abhängen. Eine solche Abhängigkeit zwischen zwei veränderlichen Größen, hier von Vektoren, kann durch eine quadratische Anordnung in Zeilen und Spalten dargestellt werden. Heisenberg nannte bei der Erfindung der Quantentheorie solche Größen quadratische Schemata, weil ihm damals der Begriff der Matrix noch unbekannt war.

Matrizen   Was diese quadratischen Schemata, die Matrizen, mit den sprunghaften Eigenschaften der Quantenobjekte zu tun haben können, wollen wir jetzt betrachten. Diese etwas mathematischere Überlegung kann aber auch überblättert werden.

Wir hatten bereits davon gesprochen, daß jeder Zustand in der Quantentheorie auch als Summe von anderen Zuständen aufgefaßt werden darf. Dies erlaubt es, alle beliebigen Zustände eines Objektes mit Hilfe einer ganz speziell ausgewählten Menge seiner Zustände zusammenzusetzen.

Erinnern wir uns noch einmal an die ebene Geometrie. Dort führt man zwei Koordinatenachsen ein und bezieht dann alle Größen bei ihrer zahlenmäßigen Beschreibung auf diese Achsen. Jeder beliebige Vektor kann dann zusammengesetzt werden aus Vielfachen der beiden Vektoren, die als Einheitsvektoren auf den beiden Achsen liegen, wie es in den Abbildungen 4.9 und 4.10 dargestellt worden ist.

Durch eine geeignete Wahl der Koordinaten lassen sich nun geometrische Objekte und auch Matrizen besonders einfach darstellen. Eine allgemeine Matrix hat die Form

$$
\begin{bmatrix}
a_{11} & a_{12} & \cdots & a_{1N} & \cdots \\
a_{21} & a_{22} & \cdots & a_{2N} & \cdots \\
a_{31} & a_{32} & \cdots & \cdots & \cdots \\
\cdots & \cdots & \cdots & \cdots & \cdots
\end{bmatrix}
$$

4.11 Eine allgemeine Matrix

Die Elemente a_{ik} der Matrix sind in der Regel gewöhnliche Zahlen, deren Wert von der Einheitenwahl auf den Koordinatenachsen abhängt. Wenn ich zu anderen Koordinaten übergehe, dann ändern sich dabei auch die Zahlwerte meiner Matrixelemente.

Für jede Matrix, die im Prinzip geeignet ist, eine physikalische Größe zu repräsentieren – dafür muß sie beispielsweise bestimmte Symmetrieforderungen erfüllen –, gibt es ein spezielles Koordinatensystem, in dem für die gewählte Matrix in diesem System alle

Elemente außerhalb der Hauptdiagonalen auf jeden Fall zu Null
werden.

$$
\begin{bmatrix}
\alpha_1 & 0 & \cdots & 0 & \cdots \\
0 & \alpha_2 & \cdots & 0 & \cdots \\
0 & 0 & \alpha_3 & \cdots & \cdots \\
\cdots & \cdots & \cdots & \cdots & \cdots
\end{bmatrix}
$$

4.12 Eine
Matrix auf
Hauptachse
transformiert („in
Diagonalform")

Die Elemente, die dann in der Hauptdiagonale der Matrix stehen
bleiben, stellen die Gesamtheit der möglichen Werte dar, welche
die betreffende physikalische Größe annehmen kann. Damit wird
eine quantisierte, das heißt vereinzelt liegende Menge möglicher
Meßwerte erhalten.

In der Regel wird dies eine unendliche, aber dennoch abzählbare
Menge von einzelnen Zahlwerten sein. Bei der genauen Untersuchung des Meßprozesses werden wir noch einmal darauf zurückkommen.

Der Meßprozeß führt zu einem weiteren Effekt, der die Quantentheorie als eine Physik der Beziehungen charakterisiert:

Handlungen hängen von der Reihenfolge ab *Im täglichen Leben ist es uns sehr wohl bewußt, daß die Reihenfolge von Handlungen deren Ergebnis sehr nach-haltig beeinflußt, ganz besonders dann, wenn wir es mit Beziehungen zu tun haben, denn bei Beziehungen kann es anders sein als bei der Feststellung der Eigenschaften von Objekten.*

Die Farbe und die Form eines Apfels beispielsweise hängen in keiner Weise davon ab, in welcher Reihenfolge ich sie mitteile – zumindest, wenn ich ihn *nicht* in Beziehung zu seiner Umwelt setze,

zum Beispiel indem ich ihn zwischendurch fallen lasse oder so lange warte, bis er zu faulen beginnt. Bewege ich mich hingegen beispielsweise in einer Ansammlung von Menschen, dann werde ich zu ganz verschiedenen Partnern gelangen, wenn ich mich beispielsweise erst nach rechts drehe und dann drei Schritte vorwärts laufe oder wenn ich erst drei Schritte nach vorne gehe und mich dann nach rechts drehe.

Die Bestimmung von Größen an einem Quantenzustand, der ja als Feststellung von Eigenschaften *von Beziehungen* verstanden werden darf, ist in der Regel ebenso als eine *Handlung* aufzufassen wie andere Handlungen des Alltages auch.

Dieser Vorgang ist fundamental verschieden von der Feststellung von Objekteigenschaften, wie es in der klassischen Physik geschieht. **Messung als Handlung** *Letztere hängen nicht von der Reihenfolge ihrer Überprüfung ab, daher darf man sie zu Recht so behandeln, als ob sie unabhängig von ihrer jeweiligen Feststellung objektiv existieren.*
Im Quantenfall ist dies – wie im richtigen Leben – nicht immer so.

Die Prüfung einer Beziehung auf ihre Eigenschaften beeinflußt diese, sie muß danach nicht mehr die gleiche sein wie zuvor.

Ein Quantenzustand wird daher oft durch den Meßprozeß verändert. **Messung kann verändern**

Allerdings besteht auch in der Quantenphysik der Begriff der Messung *insofern zu Recht, als eine sofortige Überprüfung der gleichen Größe auch wieder das gleiche Resultat liefert.*[5]

---

[5]Man darf hierbei zum Beispiel an die Spinkomponente eines Protons denken. Wenn dessen Spin soeben als „nach oben" festgestellt wurde und sofort – bevor mögliche Störeinflüsse gewirkt haben – noch einmal nach der Ausrichtung des Spins gefragt wird, so wird sich mit der Wahrscheinlichkeit 1 der Wert „nach oben" und mit der Wahrscheinlichkeit 0 der Wert „nach unten" ergeben.
Allerdings muß nicht bei jeder Messung eine solche Wiederholung möglich sein. Wenn zum Beispiel ein Photon absorbiert wurde, kann selbstverständlich nicht mit oder an diesem noch einmal etwas gemessen werden.

Anderenfalls wäre die Verwendung dieses Begriffes irreführend, denn bei einer Messung möchte man ja wissen, was *jetzt tatsächlich* vorliegt. Das Meßergebnis hat daher den gleichen objektiven Charakter wie andere klassische Eigenschaften und ist daher auch als *klassisch*, als *Faktum*, zu interpretieren.

Eine solche Tatsächlichkeit kann man aber *nicht* den *lediglich möglichen* Zuständen zuschreiben, die nicht durch eine Messung oder einen ihr adäquaten Vorgang gefunden worden sind.

Wir werden in den Abschnitten 4.4.4 und 5.4 auf den Meßprozeß zurückkommen.

4.3   Die Probleme der Quantentheorie

Die Quantentheorie stößt unser Weltbild um, das bisher hauptsächlich an der Struktur der klassischen Physik orientiert gewesen war und ist. Die Radikalität dieses Umsturzes kann auch daran verdeutlicht werden, wie ihre Entdecker mit dieser neuen Theorie umgegangen sind, wie deren eigene, auch emotionale, Stellung zu ihr war.

Persönlichkeiten der Quantenphysik   Ich möchte hier einige der großen Persönlichkeiten der Quantenphysik vorstellen und an ihrer Haltung zu dieser Theorie die Probleme erläutern, die sich aus ihr ergeben können. In der wissenschaftlichen Diskussion spricht man vom Deutungsproblem der Quantenphysik. Obwohl über die mathematische Struktur unter den Physikern kaum Meinungsverschiedenheiten zu finden sind, gibt es bei ihnen und über sie hinaus ein sehr breites Spektrum von Ansichten darüber, wie diese Theorie zu verstehen ist und was aus ihr für unsere Sichtweise auf die Welt zu folgern ist. Auch die Physiker, die selbst wichtige Beiträge zur Quantenphysik geleistet haben, hatten ein sehr unterschiedliches Verhältnis zu ihr. Dies reicht von einer offenen Ablehnung über ein Sich-Fügen in einen unvermeidlichen Sachverhalt bis hin zu einer begeisterten Zustimmung. Während C. F. v. Weizsäcker davon spricht, daß er die Quantentheorie wie eine Befreiung des Denkens empfunden hat, hat Albert Einstein zeitlebens die Quantentheorie abgelehnt. Auch bei Richard Feynman wird etwas davon deutlich werden, daß es möglich ist, ein exzellenter Kenner der Quantentheorie zu sein und dennoch diese Theorie auf einem emotionalen Niveau abzulehnen.

Meine hier getroffene Auswahl stellt keine wissenschaftliche Bewertung der Leistungen dar, weder derjenigen, die ich hier in kurzen Auszügen präsentiere, noch derjenigen, die hier nicht aufgeführt werden. Sie soll lediglich dazu dienen, die Probleme zu verdeutlichen, vor welche die Quantentheorie unser Weltverständnis gestellt hat.

4.3.1 Max Planck

Am Ende des vorigen Jahrhunderts veröffentlichte Max Planck eine Reihe von Arbeiten, mit denen er schließlich das physikalische Problem löste, wie man die Strahlung verstehen kann, die ein Körper, zum Beispiel ein Stück Metall, beim Erhitzen aussendet.

Ich hatte bereits erwähnt, daß vor Beginn seines Studiums dem jungen Max Planck von einem Physikprofessor geraten worden war, doch lieber etwas anderes zu studieren. In der Physik gäbe es nur noch einige wenige kleine Unklarheiten, dann sei diese Wissenschaft vollendet. Eine dieser kleinen Unklarheiten war obiges Problem.

Wenn ein Eisenstück glühend gemacht wird, so ist dies ein Vorgang, der in das Gebiet der Wärmelehre – der Thermodynamik – fällt. Man wußte außerdem in dieser Zeit durch die Arbeiten von James Clerk Maxwell und Heinrich Hertz, daß das Licht eine elektromagnetische Strahlung ist. Mit Thermodynamik und Elektrodynamik gab es somit zwei gut bewährte Theorien für dieses Gebiet – allerdings paßten sie nicht zueinander. Max Planck, der zu den besten Kennern der Thermodynamik zählte, arbeitete über viele Jahre hinweg an der Lösung dieses Problems, die ihm schließlich dadurch gelang, daß er seine berühmte Quantenhypothese aufstellte. In seiner Rektoratsrede an der Berliner Universität im Jahre

Thermodynamik und Elektrodynamik

---

[6]M. Planck, 1944 S. 47.

1913[6] beschreibt er anschaulich, welches Verhalten man nach der klassischen Physik zu erwarten hätte: Wenn auf einer Wasserfläche durch einen starken Wind hohe Wellen entstanden sind, dann werden diese sich im Laufe der Zeit durch die Wechselwirkung mit dem Ufer zu immer kleineren Wellen mit immer kürzerer Wellenlänge umwandeln, bis sie schließlich nicht mehr erkennbar sind. Die Energie, die der Wind auf das Wasser übertragen hat, ist dann in Wärme umgewandelt.

Wenn man diesen Vorgang aber auf das Verhalten von Lichtwellen in einem verspiegelten Hohlraum übertragen will, so zeigt sich, daß in der Natur davon nichts zu finden ist. Kürzere Wellenlängen würden beim Licht bedeuten, daß es sich von allein zu einer immer stärker ins Blaue werdenden Färbung verändert – und dies geschieht nicht.

Plancks Quantenhypothese lieferte die Erklärung für diesen Vorgang, der so anders abläuft, als aus der damaligen Theorie zu schließen war.

Daß dieses eine Umstürzung des damaligen Weltbildes bedeuten mußte, war Max Planck durchaus deutlich. Er schreibt dazu (nicht-kursive Hervorhebungen von mir):

Sehr viel unbequemer … war die Deutung der zweiten universellen Konstanten des Strahlungsgesetzes, welche ich, weil sie das Produkt einer Energie und einer Zeit vorstellt, nach der ersten Berechnung 6,55 • 910^{-27} erg • sec als elementares Wirkungsquantum bezeichnete. Während sie für die Gewinnung des richtigen Ausdrucks für die Entropie durchaus unentbehrlich war …, *erwies sie sich gegenüber* allen Versuchen, sie in irgendeiner angemessenen Form dem Rahmen der klassischen Theorie einzupassen, als sperrig und widerspenstig. *Solange man sie als unendlich klein betrachten durfte, also bei großen Energien oder langen Zeitperioden, war alles in schönster Ordnung; im allgemeinen Falle jedoch klaffte an irgendeiner Stelle ein Riß, der um so auffallender wurde, zu je schwächeren und schnelleren Schwingungen man überging. Das Scheitern aller Versuche,*

die entstandene Kluft zu überbrücken, ließ bald keinen Zwei-
fel mehr übrig: Entweder war das Wirkungsquantum nur
eine fiktive Größe, dann war die ganze Deduktion des
Strahlungsgesetzes prinzipiell illusorisch und stellte weiter
nichts vor als eine inhaltsleere Formelspielerei, oder aber
der Ableitung des Strahlungsgesetzes lag ein wirklich phy-
sikalischer Gedanke zugrunde; dann mußte das Wirkungsquantum in der Physik eine fundamentale Rolle spielen, dann
kündigte sich mit ihm etwas ganz Neues, bis dahin Unerhörtes an, das berufen schien, unser physikalisches Denken,
welches seit der Begründung der Infinitesimalrechnung durch
Leibniz und Newton sich auf der Annahme der Stetigkeit
aller ursächlichen Zusammenhänge aufbaut, von Grund aus
umzugestalten.[7]

Hier wird sichtbar, daß Max Planck die aus der Quantenhypothese
folgende Umgestaltung unseres Weltbildes sehr deutlich wahrgenommen hat. Aus einem Vortrag aus dem Jahre 1908 ersieht man,
daß er im Grunde seines Herzens das bis dahin gültige Weltbild der
Physik als ein Ideal ansieht, welches er selbst als das anzustreben-
de betrachtet. In diesem Vortrag heißt es:

Das konstante einheitliche Weltbild ist aber gerade, wie ich
zu zeigen versucht habe, das feste Ziel, dem sich die wirkli-
che Naturwissenschaft in allen ihren Wandlungen fortwäh-
rend annähert, und in der Physik dürfen wir mit Recht be-
haupten, daß schon unser gegenwärtiges Weltbild, obwohl
es je nach der Individualität des Forschers noch in den ver-
schiedensten Farben schillert, dennoch gewisse Züge ent-
hält, die durch keine Revolution, weder in der Natur noch
im menschlichen Geiste, je mehr verwischt werden können.
Dieses Konstante, von jeder menschlichen, überhaupt jeder
intellektuellen Individualität Unabhängige, ist nun eben das,
was wir das Reale nennen.[8]

---

[7]Max Planck, 1944, S. 104.
[8]Ebenda, S. 22.

Genau dieser naheliegende – gleichsam natürliche – Realitätsbegriff
aber wird durch die Quantentheorie hinterfragt.

Planck sieht auch, daß die Quantenhypothese eine besondere
Exaktheit zur Folge hat und setzt dies in Beziehung zur damals
besonders aktuellen Relativitätstheorie. In seinem Nobel-Vortrag
Die Entstehung und bisherige Entwicklung der Quantentheorie
(Stockholm, Juni 1920) sagt er dazu:

> *Es muß wohl als ein seltsames Zusammentreffen erschei-*
> *nen, daß gerade in der nämlichen Zeit, da der Gedanke der*
> *allgemeinen Relativität sich freie Bahn gebrochen hat und*
> *zu unerhörten Erfolgen fortgeschritten ist, die Natur gera-*
> *de an einer Stelle, wo man sich dessen am allerwenigsten*
> *versehen konnte, ein* Absolutes *geoffenbart hat,* ein tatsäch-
> lich unveränderliches Einheitsmaß, *mittels dessen sich die*
> *in einem Raumzeitelement enthaltene Wirkungsgröße durch*
> eine ganz bestimmte von Willkür freie Zahl *darstellen läßt*
> *und damit ihres bisherigen Charakters entkleidet wird.*[9]

Der Umbruch für das Denken der Physiker wird aus der folgenden
Passage deutlich:

> *Die Schwierigkeiten, welche sich der Einführung des Wir-*
> *kungsquantums in die wohlbewährte klassische Theorie*
> *gleich von Anfang an entgegengestellt haben, sind schon*
> *von mir berührt worden. Sie haben sich im Laufe der Jahre*
> *eher gesteigert als verringert, und wenn auch in der Zwi-*
> *schenzeit die ungestüm vorwärtsdrängende Forschung über*
> *einige derselben einstweilen zur Tagesordnung über-*
> *gegangen ist, so berühren die zurückgelassenen, einer nach-*
> *träglichen Ergänzung harrenden Lücken, den gewissenhaf-*
> *ten Systematiker um so peinlicher.* Was namentlich in der
> Bohrschen Theorie dem Aufbau der Wirkungsgesetze als
> Grundlage dient, setzt sich zusammen aus gewissen Hypo-

---

[9]Ebenda, S. 107 f.

thesen, die noch vor einem Menschenalter von jedem Physiker ohne Zweifel glatt abgelehnt worden wären.

Daß im Atom gewisse, ganz bestimmte quantenmäßig ausgezeichnete Bahnen eine besondere Rolle spielen, mochte noch als annehmbar hingenommen werden, weniger leicht schon, daß die in diesen Bahnen mit bestimmter Beschleunigung kreisenden Elektronen gar keine Energie ausstrahlen. Daß aber die ganz scharf ausgeprägte Frequenz eines emittierten Lichtquantums verschieden sein soll von der Frequenz der emittierenden Elektronen, mußte von einem Theoretiker, der in der klassischen Schule aufgewachsen ist, im ersten Augenblick als eine ungeheuerliche und für das Vorstellungsvermögen fast unerträgliche Zumutung empfunden werden.

Obwohl er von seiner eigenen großen Entdeckung spricht, ist er doch davon nicht in dem Maße begeistert, wie ein außenstehender Betrachter es wohl erwarten würde. Er fährt in seiner Rede sehr nüchtern fort:

Aber Zahlen entscheiden, und die Folge davon ist, daß sich jetzt die Rollen gegen früher allmählich vertauscht haben. Während es sich anfangs darum handelte, ein neues fremdartiges Element einem allgemein als fest anerkannten Rahmen mit mehr oder minder gelindem Zwang anzupassen, ist nunmehr der Eindringling, nachdem er sich einen gesicherten Platz erobert hat, seinerseits zur Offensive übergegangen, und es steht heute schon fest, daß er den alten Rahmen in irgendeiner Weise auseinandersprengen wird.
Fraglich ist nur noch, an welcher Stelle und bis zu welchem Grade ihm das gelingen wird.[10]

Eine ähnliche Sichtweise und auch eine völlig korrekte Einteilung der Physik in den klassischen und den neuen Bereich vertritt er in seinem Vortrag *Physikalische Gesetzlichkeit* aus dem Jahre 1926:

---

[10]Ebenda, S. 108.

> *Ja, wenn nicht Bedenken historischer Art im Wege ständen,*
> *würde ich für meinen Teil keinen Augenblick zögern, die*
> *Relativitätstheorie noch mit zur klassischen Physik zu rech-*
> *nen. Denn sie hat dieser Physik erst gewissermaßen die Kro-*
> *ne aufgesetzt, indem sie mit der Verschmelzung von Raum*
> *und Zeit auch die Begriffe der Masse und der Energie sowie*
> *die der Gravitation und der Trägheit unter einem höheren*
> *Gesichtspunkt vereinigt hat. Die Frucht dieser neuen Auf-*
> *fassung ist die tadellos symmetrische Form, welche nun-*
> *mehr die Erhaltungssätze für Energie und Impuls anneh-*
> *men, als gleichwertige Folgerungen aus dem Prinzip der*
> *kleinsten Wirkung, diesem umfassendsten aller physikali-*
> *schen Gesetze, welches die Mechanik in gleichem Maße be-*
> *herrscht wie die Elektrodynamik.*
> Diesem imposanten Aufbau von wunderbarer Harmonie und
> Schönheit steht nun gegenüber die Quantenhypothese als
> ein fremdartiger bedrohlicher Sprengkörper, welcher schon
> heute einen klaffenden Riß, von unten bis oben durch das
> ganze Gebäude gezogen hat.

Und weiter:

> *Das Bedenkliche dabei ist nun aber, daß die Quanten-*
> *hypothese nicht nur den bisherigen Anschauungen wider-*
> *spricht – das wäre nach dem oben Gesagten noch verhält-*
> *nismäßig leicht zu ertragen –, sondern daß sie, wie sich mit*
> *der Zeit immer deutlicher herausgestellt hat, einige der für*
> *den Aufbau der klassischen Theorie durchaus notwendigen*
> *Grundvoraussetzungen geradezu leugnet.* Die Einführung
> der Quantenhypothese bedeutet daher nicht, wie die der Re-
> lativitätstheorie, eine Modifikation, sondern eine Durchbre-
> chung der klassischen Theorie.[11]

---

[11]Ebenda, S. 172 f.

4.3.2   Albert Einstein

Albert Einstein dürfte wohl der bekannteste Naturwissenschaftler sein, seine Popularität besteht bis heute ungebrochen fort. Die meisten Menschen werden ihn als den Schöpfer der Relativitätstheorie kennen. Dies ist der Bereich der Physik, der mit seinem Namen immer verbunden bleiben wird.

Weniger allgemein bekannt dürfte sein, daß er bereits im Jahre 1905, schon kurze Zeit nach Plancks Entdeckung, wesentliche Beiträge zur Quantentheorie geleistet hat. Einstein selbst hielt sie damals – aus heutiger Sicht sehr zu Recht –für noch revolutionärer als seine Relativitätstheorie.

Einstein suchte eine Theorie für den „lichtelektrischen Effekt". Bei diesem handelt es sich darum, daß Licht im Vakuum aus einer Metalloberfläche Elektronen freisetzt. Das Unverständliche für die damaligen Physiker bestand darin, daß eine Bestrahlung mit langwelligem (also rotem) Licht auch nach längerer Zeit keinen Effekt bewirkte, während hingegen mit kurzwelligem, zum Beispiel ultraviolettem Licht, auch bei kleinster Helligkeit der Effekt sofort einsetzt. Die Theorie der elektromagnetischen Wellen – die auch für das Licht als uneingeschränkt gültig galt – ließ aber ein derartiges Verhalten nicht zu.

Einsteins kühne Behauptung bestand nun darin zu postulieren, daß das Licht bei diesem Effekt nicht wie eine Welle, sondern – so wie ein Sandsturm – als Strahl aus kleinen Körnern wirken sollte. Die Energie dieser „Körnchen", die er Photonen nannte, sollte dabei lediglich von der Frequenz – der Farbe des Lichtes – abhängen. Das Plancksche Wirkungsquantum war der Proportionalitätsfaktor dazu. Jedes Photon des blauen Lichtes hatte so viel Energie, daß es bei einem Stoß ein Elektron freisetzen konnte, und kein Photon des roten Lichtes besaß diese Energie.

Einstein schickte seine Arbeiten über die Relativitätstheorie und über die Lichtquantenhypothese an seinen Freund Habicht. Im Brief dazu schrieb er über seine Relativitätstheorie:

… ihr kinematischer Teil wird Dich interessieren…

Seine Erfindung der Lichtquanten stellte er mit der Bemerkung vor:

... dies ist wahrhaft revolutionär.[12]

Dies war es in der Tat.

Bohr gegen Niels Bohr weigerte sich lange Zeit, Einsteins Hypothese
Einsteins anzunehmen. Noch in den zwanziger Jahren meinte er dazu,
Lichtquanten wenn ihm Einstein jetzt ein Funktelegramm schicken würde, daß man die Existenz der Lichtquanten unbezweifelbar
experimentell bestätigt hätte, dann würde das Eintreffen des Tele-
gramms beweisen, daß Einstein unrecht habe. Erst einige Jahre später war Bohr schließlich bereit, Einsteins Hypothese zu akzeptieren.

Nun könnte man meinen, daß es ja immer wieder große Widerstände gegen die Quantentheorie oder gegen Teile von ihr gegeben
habe, da sei auch der Widerstand des Physikers Bohr nicht so wesentlich.

Ein etwas anderes Bild von diesem Streit um die Quantentheorie
erhält man aber, wenn man sich verdeutlicht, daß es Niels Bohr
war, der die Plancksche Hypothese auf die Atome anwandte und
damit erstmals deren inneren Aufbau erklären konnte.

Und nicht nur das!

Einstein Bohr war derjenige unter den Physikern, der in jahrzehn-
gegen Bohrs telanger Forschung in der Zusammenarbeit mit den jünge-
Quanten- ren Kollegen, beispielsweise Heisenberg und Pauli, die we-
theorie sentlichen Anteile für das Verständnis dieser neuen Theorie
geliefert hat.

Einstein wiederum wurde später der bedeutendste Gegner der
Quantentheorie. Er fand immer neue Argumente, die seiner Meinung nach gegen diese Theorie sprachen. Zeitlebens weigerte er
sich, die Quantenmechanik als eine endgültige Theorie anzuerken-
nen, auch nachdem sie sich etwa bis zum Jahre 1932 in der Form
herausgebildet hatte, in der sie noch heute angewandt wird. Durch
seinen Widerstand hat er – wohl unfreiwillig – dafür gesorgt, daß

---

[12]Pais, A.,1982, S. 30.

diese Theorie immer besser verstanden und immer deutlicher auch als experimentell zutreffend aufgezeigt werden konnte.

Auf einer der berühmten Solvay-Konferenzen, bei denen sich zwischen den beiden Weltkriegen die bedeutendsten Physiker trafen, um über die modernen Entwicklungen zu diskutieren, schlug Einstein ein Gedankenexperiment vor, das die Unrichtigkeit der Quantentheorie aufzeigen sollte. Nach einer schlaflosen Nacht war Bohr auf den entscheidenden Gegeneinwand gekommen. Er zeigte, daß Einsteins Argument gegen die Quantentheorie nur dann richtig wäre, wenn die Grundannahmen seiner allgemeinen Relativitätstheorie unzutreffend wären.

Nach dieser Belehrung durch Bohr hat Einstein anerkannt, daß die Quantentheorie nicht falsch ist. Er blieb aber dabei, daß sie zumindest unvollständig sei, das heißt daß sie die physikalische Realität nicht vollständig beschreiben würde.

Im Jahre 1935 schlug er zusammen mit Podolsky und **Einstein,** Rosen ein Gedankenexperiment vor, mit dem sich seiner **Podolsky und** Ansicht nach mit ihm die Unvollständigkeit der Quanten- **Rosen** theorie darstellen ließe. In diesem Gedankenexperiment zeigt er die Konsequenzen, die aus dem holistischen Charakter der Quantentheorie folgen und die zu akzeptieren Einstein niemals bereit war.

Inzwischen ist es gelungen, dieses Experiment durch reale physikalische Versuche zu überprüfen. Dabei zeigte es sich, daß die Experimente so ausgehen, wie es die Quantentheorie – zu Einsteins Unwillen – vorhergesagt hat. In Abschnitt 5.4 werden wir noch näher darauf zurückkommen.

Die Arbeit von Einstein, Podolsky und Rosen wurde damals in Heisenbergs Leipziger Gruppe sehr gelassen aufgenommen, wie C. F. v. Weizsäcker berichtet. Der nicht sehr respektvolle Kommentar der jungen Leute bei Heisenberg sei etwa von der Art gewesen:

Einstein hat die Quantentheorie ja auch verstanden – nur schade, daß er sie nicht mag.

4.3.3   Niels Bohr

Die Persönlichkeit von Niels Bohr ist mir durch die lebendigen Berichte von Carl Friedrich v. Weizsäcker über seinen verehrten und geliebten Lehrer sehr nahe gekommen.

Bohr als „Wiedergeburt von Sokrates" Wenn er Bohr liebevoll und scherzhaft als eine Wiedergeburt von Sokrates bezeichnet, so begreife ich ihn als einen Menschen, der sich der Suche nach der Wahrheit verschrieben hat und der sich zugleich der Grenzen des begrifflichen Denkens – oft sehr schmerzlich – bewußt ist.

Genauso sehr schien ihn zu berühren, wenn Gesprächspartner so naiv waren, daß sie sich nicht einmal dieser Grenzen bewußt wurden. Eines Tages hatte in Kopenhagen eine philosophische Tagung stattgefunden, und Bohr kam nach einem von ihm dort gehaltenen Vortrag ganz verzweifelt ins Institut zurück. Auf die Frage, was denn gewesen sei, antwortete er nur mit dem Ausruf: „Oh, diese Philosophen!" Die Nachfrage, was denn mit diesen Philosophen gewesen sei, brachte schließlich den Grund seiner Bedrückung zutage: „Sie haben mir alle zugestimmt!" Als man dann im Institut erwiderte, daß dies doch nun so schlimm wohl nicht sei, kam Bohrs Erwiderung: „Wenn jemand zum ersten Male vom Wirkungsquantum hört und nicht vollkommen verwirrt ist ist dann hat er kein Wort verstanden!"

Bohrs bedeutenster Charakterzug war sein Streben nach Wahrheit – und sein Wissen, daß diese Wahrheit sich fast nie in die engen Fesseln der Sprache und der Logik fassen läßt.

Ich möchte das Gemeinte mit einer kleinen Anekdote illustrieren, für deren wörtliche Richtigkeit ich mich aller dings nicht verbürgen kann:

Was ist nach Bohr der Unterschied zwischen einer wahren wissenschaftliche Aussage und der tiefen Wahrheit?

Das Gegenteil einer wahren wissenschaftlichen Aussage ist eine falsche Aussage.

Hingegen ist das Gegenteil einer tiefen Wahrheit wiederum eine tiefe Wahrheit.

Diese Aussage ist eine tiefe Wahrheit – meinten dazu Bohrs Schüler.

Ich möchte diese kurze Darstellung der erkenntnistheoretischen Konzeptionen Bohrs noch durch eine weitere Anekdote abrunden.   **Bohrs**
Bei einem Schiurlaub auf einer Berghütte, die stilvoll ohne **Beispiele** den zivilisationsüblichen Komfort ausgestattet war, war Bohr mit dem Abwasch der Gläser beschäftigt. Als er stolz das Ergebnis seiner arbeit betrachtete, meinte er dazu: „Daß man mit schmutzigem Wasser und schmutzigen Tüchern schmutzige Gläser sauber bekommt – wenn man es einem Philosophen erzählen würde, er würde es nicht glauben."
Mir gefällt diese Anekdote, die Carl Friedrich v. Weizächer gern und oft berichtet, ganz besonders gut, denn ich habe den Eindruck, daß unsere Versuche, die Welt zu verstehen, nur in ähnlicher Art und Weise ablaufen können. Wir müssen mit unscharfen und nur teilweise verstandenen Begriffen beginnen, die Welt zu beschreiben. Trotz dieser unzureichenden Ausgangslage gelingt es uns, diese Beschreibung immer besser werden zu lassen. Aber bisher sind wir stets in der Lage verblieben, keine tatsächlich gewisse Erkenntnis erhalten zu können.Physik ist, wie wohl jede Naturwissenschaft, ihrem Wesen nach nur Annäherung, nur Approximation.
Bohr hatte in jungen Jahren bei Ernest Rutherford Streu- **Bohrs** experimente an Atomen und das Atommodell, das Rutherford **Entdeckung** auf der Basis dieser Experimente entwickelt hatte, kennengelernt. Es bestand aus einem elektrisch positiv geladenen Atomkern, um den die negativ geladenen Elektronen wie in einem winzigen Planetensystem herumlaufen sollten.
Bohr erkannte daran Zweierlei: Die Versuchsergebnisse ließen ein anderes Modell nicht zu – und gleichzeitig war klar, daß nach der klassischen Physik, speziell der Elektrodynamik, dieses Modell unmöglich richtig sein konnte.
Die Elektrodynamik war in dieser Zeit bereits eine sehr erfolgreiche und bewährte Theorie. Der elektrische Strom hatte seinen Siegeszug um die Welt begonnen. Telegraphie und Telephonie durch den Draht und durch die Luft wurden entwickelt, die optischen Vorgänge verstanden. In einer solchen Situation gehörte viel Mut zu der Entscheidung, diese bewährte Theorie als unvollkommen abzulehnen.

Genau dies tat der junge Niels Bohr.

Quanten- Er kannte Plancks Hypothese, daß bei der elektromagne-
hypothese fürs tischen Strahlung die Wirkung immer nur in Vielfachen des
Atom Wirkungsquantums auftreten könne. Wirkung hat die physikalische Dimension Energie mal Zeit. Der Drehimpuls,
nämlich Länge mal Impuls, hat nun gleichfalls die Dimension einer Wirkung. Bohr erhob daher als seine Forderung an das
Rutherfordsche Atommodell, daß nur solche stabilen Elektronenbahnen vorkommen dürften, deren Drehimpuls ein ganzzahliges
Vielfaches des Planckschen Wirkungsquantums beträgt. Mit dieser
Forderung errechnete er die möglichen Elektronenbahnen des
Wasserstoffatoms, um sie danach mit den experimentellen Daten
zu vergleichen. Zu seiner großen Freude war die Übereinstimmung
zwischen seinen Rechnungen und den Daten aus der Analyse der
Spektrallinien perfekt.

Allerdings zeigte es sich bald, daß die von Bohr aufgestellte Forderung nicht ausreichte, alle atomaren Vorgänge zu verstehen. Schon
das Spektrum des Heliumatoms konnte damit nicht exakt berechnet werden. Werner Heisenberg gelang mit der Aufstellung der
Matrizenmechanik der entscheidende Durchbruch. Dennoch können Bohrs Beiträge zur Quantentheorie sicherlich kaum hoch genug bewertet werden. Sein unermüdliches und tiefgründiges Nachdenken haben es erst ermöglicht, die Quantentheorie in ihrer heutigen Form entstehen zu lassen.

Einer der von Bohr eingeführten Begriffe ist derjenige der
Komplementarität.

Komplementarität Als komplementär bezeichnet Bohr zwei Größen, deren
begrifflicher Gebrauch für das volle Verständnis einer Sache unverzichtbar ist, die aber dennoch einander ausschließen.

Um mit einem Beispiel zu beginnen, das nicht aus der Physik
stammt, sei an Bohrs Hinweis erinnert, daß wir Menschen ohne
Liebe und ohne Gerechtigkeit nicht überleben können. Im strengen
Sinne ihrer Bedeutung schließt sich aber die gleichzeitige Anwendung dieser beiden Begriffe aus – sie sind komplementär.

In der Quantentheorie wäre ein Beispiel für Komplementarität
die Anwendung des Wellen- und des Teilchenmodells. Eine Welle

ist ausgebreitet über den ganzen Raum, ein Teilchen ist nach klassischer Vorstellung zu jeder Zeit an einem, seinem jeweiligen Ort lokalisiert. Es ist kein Objekt vorstellbar, dem diese Eigenschaften gleichzeitig zukommen könnten. Dennoch sind Quantenobjekte, wenn wir über sie in einer anschaulichen Weise sprechen wollen, mit beiden dieser Aspekte zu beschreiben. Heisenbergs Unbestimmtheitsrelation, auf die wir im nächsten Abschnitt zu sprechen kommen, lieferte die mathematische Struktur, die für den Einbau der Komplementarität in die Quantentheorie notwendig war.

Die Komplementarität kann als ein Ausdruck von Unbestimmtheit, gar Unsicherheit verstanden werden. Ein Meßergebnis verdient seine Bezeichnung aber nur dann, wenn wir sicher darüber sein können, was gemessen worden ist. Eine solche Sicherheit und die Abwesenheit der Komplementarität sind gerade das, was die klassische Physik auszeichnet. Aus dieser Einsicht heraus bestand Niels Bohr unerschütterlich darauf, daß jedes Meßergebnis, das diesen Namen verdiene, klassisch zu beschreiben sei.

Carl Friedrich v. Weizsäcker berichtet oftmals von einem **ein Seminar** Seminar bei Bohr, an dem er gemeinsam mit seinem Freund **bei Bohr** Edward Teller teilnahm. In jenem Seminar war es um dieses Problem des Messens gegangen und um die von Bohr behauptete Notwendigkeit der klassischen Beschreibung des Resultates.

Teller meinte dazu, wenn man einstmals im Verständnis und der Entwicklung der Quantentheorie weiter vorangeschritten sein werde, würde man auch die Meßprozesse quantentheoretisch beschreiben können. Bohr hatte bis dahin mit geschlossenen Augen der Diskussion schweigend zugehört.

Im weiteren Bericht unterscheiden sich die beiden Gewährsmänner. Teller sagt, Bohr habe in der Zwischenzeit geschlafen und sei dann wieder erwacht, während Weizsäcker vorsichtigerweise diese schwer zu beweisende Behauptung nicht aufstellt.

Dann sind die Berichte wieder übereinstimmend. Bohr schlug die Augen auf und meinte – sicherlich mit Bezug auf Tellers These (die über den Meßprozeß natürlich): „Ja, man könnte ja auch behaupten, daß wir nicht hier sitzen und Tee trinken, sondern daß wir dies alles nur träumen.“

Danach war das Seminar zu Ende, und die beiden jungen Physiker fuhren gemeinsam nach Hause – sie hatten jeder ein Zimmer bei derselben Wirtin – und diskutierten in der Straßenbahn darüber, was Bohr wohl mit seiner These gemeint haben mochte.

Ich hoffe, daß dem Leser später die Bedeutung von Bohrs Behauptung deutlich werden wird. In den Abschnitten 4.4.4 und 5.4 werden wir uns damit noch ausführlich befassen.

4.3.4 Werner Heisenberg

Werner Heisenberg hatte als ganz junger Physiker den mathematischen Formalismus entdeckt, der die Quantentheorie von der klassischen Physik unterschied.

Heisenberg auf Helgoland Heisenberg war wegen seines Heuschnupfens im Frühjahr 1925 auf der Insel Helgoland. Dort, fernab von fliegenden Pollen, hatte er die grundlegenden Ideen zu seiner neuartigen Beschreibung der atomaren Vorgänge gefunden. Bei diesem Aufenthalt verbrachte Heisenberg ein Drittel der Zeit damit, in den Klippen der Insel zu klettern. Ein weiteres Drittel widmete er der Lektüre von Goethes Ost-Westlichem Diwan, und das letzte Drittel der Zeit nutzte er zur Ausarbeitung seiner Ideen über die Matrizenmechanik – so jedenfalls wurde seine Theorie alsbald bezeichnet.

Heisenbergs Matrizenmechanik Heisenberg selbst hatte von „quadratischen Schemata" gesprochen, da ihm der mathematische Begriff der Matrix damals noch unbekannt gewesen war. Er hatte festgestellt, daß sich die möglichen Werte der beobachtbaren Größen jeweils aus der Beziehung zwischen zwei Zuständen ermitteln ließen. Wenn man diese Beziehungen zwischen allen solchen Paaren aufnotieren will, ergibt sich notwendigerweise eine Anordnung aus Zeilen und Spalten, welche die Mathematiker Matrizen nennen.

Dem Nacheinanderausführen zweier Messungen entspricht im Formalismus die Multiplikation der entsprechenden Größen. Im Gegensatz zu den gewöhnlichen Zahlen gilt nun aber für Matrizen, daß der Wert des Produktes im allgemeinen Fall von der Reihenfolge der Faktoren abhängt. Dies hat zur Folge, daß gemäß der Theorie das Meßergebnis einer Größe unbrauchbar geworden sein kann, wenn danach eine andere Größe gemessen worden ist.

Mit seiner berühmt gewordenen Unschärferelation oder besser Unbestimmtheitsrelation – wie er sie in allen späteren Arbeiten bezeichnete – hat Heisenberg diesen Sachverhalt klar formuliert. **Heisenbergs Unbestimmtheitsrelation** So gibt es unter den physikalischen Gegenständen, die durch die Quantentheorie beschrieben werden, nicht einen, der zumindest einen Zustand hätte, in dem sowohl der Ort als auch die Geschwindigkeit (der Physiker spricht zutreffender vom Impuls) beliebig genau definiert wären. Wir werden in Abschnitt 4.4 auf diesen Sachverhalt noch zu sprechen kommen.

Unter den Quantentheoretikern war Heisenberg wegen seiner Jugend wohl der erste, der nicht mit der klassischen Physik als einer verinnerlichten Norm aufgewachsen war. So konnte er auch als erster sehen, daß diese neue Theorie einen fundamentaleren Rang als ihre Vorgängertheorien besitzt. Bohr hatte bei der Beschreibung des Meßprozesses darauf bestanden, daß das Ergebnis der klassischen Physik zu gehorchen habe, damit es unabhängig von der Person des Messenden einen definierten Wert besitzt und zwischen den Menschen willkürfrei und eindeutig mitteilbar ist. Dazu war nach Bohr ein Meßgerät notwendig, das der klassischen Physik zu gehorchen hat.

Heisenberg sah nun, daß ja auch der Meßapparat aus Atomen besteht und somit – zumindest im Prinzip – durch die Quantenmechanik zu beschreiben ist. Er formulierte deshalb, daß der Schnitt zwischen dem Geltungsbereich der Quantentheorie und der klassischen Theorie – zumindest theoretisch – beliebig verschoben werden darf. **„Verschieblichkeit des Schnittes"**

Er schreibt dazu[13]:

Es muß auch betont werden, daß der statistische Charakter des Zusammenhangs darauf beruht, daß der Einfluß der Meßapparate auf das zu messende System anders behandelt wird, als der gegenseitige Einfluß der Teile des Systems. Denn auch der letztere Einfluß bewirkt Richtungsänderungen des

[13]Heisenberg, W., 1958, S. 44.

Systemvektors im Hilbert-Raum, diese sind aber völlig bestimmt. Würde man die Meßinstrumente zum System rechnen – wobei man auch den Hilbert-Raum entsprechend erweitert –, so würden die oben als unbestimmt angesehenen Änderungen des Systemvektors jetzt bestimmt. Den Nutzen hieraus könnte man jedoch nur ziehen, wenn unsere Beobachtung der Meßinstrumente von Unbestimmtheit frei wäre. Für diese Beobachtungen gelten aber die gleichen Überlegungen wie oben, und wir müßten etwa auch unsere Augen mit ins System einschließen, um an dieser Stelle der Unbestimmtheit zu entgehen und so weiter. Schließlich könnte man die Kette von Ursache und Wirkung nur dann quantitativ verfolgen, wenn man das ganze Universum in das System einbezöge – dann ist aber die Physik verschwunden und nur ein mathematisches Schema geblieben. Die Teilung der Welt in das beobachtende und das zu beobachtende System verhindert also die scharfe Formulierung des Kausalgesetzes.

Diese „Verschieblichkeit des Schnittes" zwischen diesen beiden Bereichen der Physik war eine wichtige Erkenntnis auf dem Wege zum Verständnis der Universalität der Quantentheorie. Wenn aber der Schnitt zwischen Quantenphysik und klassischer Physik möglicherweise bis in das Bewußtsein des Beobachters verschoben würde, dann – so Heisenberg – bliebe keine Physik mehr übrig.

4.3.5   Erwin Schrödinger

die „Gruppen- Heisenbergs Matrizenmechanik war für die Physiker seiner
pest" Zeit nicht nur begrifflich, sondern auch mathematisch eine
große Herausforderung. Die klassische Physik beruhte auf der Theorie der Differentialgleichungen, auf der Analysis. Matrizen gehören – wie auch die Gruppen – zum Bereich der Algebra. Algebra war bis dahin bei den Physikern kaum in Gebrauch gewesen, und erst recht keine Matrizen mit unendlich vielen Zeilen und Spalten, wie es Heisenbergs Theorie verlangte. Die Quantentheorie nun erforderte es, dies und auch die Gruppentheorie in der Phy-

sik zu verwenden – viele der älteren Physiker sprachen daher von der „Gruppenpest", nicht gerade eine zustimmende Bezeichnung.

Schrödingers Wellenmechanik

Erwin Schrödinger, ein hervorragender Kenner der mathematischen Physik, trat ein Jahr nach Heisenberg mit einer neuen Version der Quantentheorie an die Öffentlichkeit, welche sofort den einhelligen Beifall der Physikergemeinde erhielt – mit der Wellenmechanik.

Er hatte eine Differentialgleichung gefunden, die das Verhalten eines Atoms zutreffend beschrieb und die an die mathematischen Methoden anknüpfte, die den Physikern seit langem geläufig waren. Da Schrödinger etwas vorgestellt hatte, woran die Physiker gewöhnt waren und womit sie sehr gut umgehen konnten, erhielt die noch junge Quantentheorie einen gewaltigen Aufschwung. Plötzlich konnten viele Probleme gerechnet werden, einfach dadurch, daß man den mathematischen Apparat arbeiten ließ. Innerhalb kurzer Zeit waren die wichtigsten Fragen über die Struktur der Atome verstanden.

Schrödingers Hoffnung war es auch, die ungeliebten Quantensprünge, die in Heisenbergs Theorie unvermeidlich waren, mit seiner Theorie beseitigen zu können.

Es war allerdings Schrödinger selbst, dem es bald zu zeigen gelang, daß seine und Heisenbergs Quantentheorie nur zwei verschiedene Schreibweisen von ein und derselben mathematischen Struktur waren.

Bohr hatte Schrödinger zu sich nach Kopenhagen eingeladen, um mit ihm gemeinsam mit Heisenberg, der damals für längere Zeit bei Bohr arbeitete, zu diskutieren.

ein wichtiger Besuch

Die Dramatik – aber auch die Komik – der damaligen Situation ist von den Physikern überliefert worden. Die Diskussionen mit Bohr und Heisenberg beanspruchten Schrödinger offenbar so stark, daß er erkrankte. Frau Bohr pflegte ihn hingebungsvoll. Von Bohr selbst wurde berichtet, daß er seinen kranken Kollegen oft an dessen Krankenbett besuchte – und dann sehr eindringlich und heftig gestikulierend auf diesen einsprach: „… aber Schrödinger, Sie müssen doch zugeben, …"

Jedenfalls wurde Schrödinger wieder gesund und reiste recht unglücklich wieder aus Kopenhagen ab. Bei der Verabschiedung auf dem Bahnhof meinte er zu Bohr: „Wenn diese verdammte Quantenspringerei wieder anfängt, so tut es mir leid, die ganze Sache erfunden zu haben." Worauf Bohr antwortete: „Aber wir sind Ihnen doch soo dankbar …"

Ähnlich wie für Planck und Einstein war auch für Schrödinger klar, daß die Quantentheorie die uneingeschränkte Gültigkeit der Denkstrukturen der klassischen Physik ein für allemal aufhob. Da er wie diese beiden anderen Physiker der Meinung war, daß dies mit den Idealen, die er in der Wissenschaft vertrat, nicht zu vereinbaren war, lehnte er von seiner gefühlsmäßigen Seite her seine größte wissenschaftliche Schöpfung ab.

Natürlich war er ein exzellenter Kenner der Quantentheorie. Daher war er in der Lage, ein Beispiel zu erfinden, das die – nach seiner Meinung absurden – Konsequenzen der Quantentheorie überdeutlich aufzeigte.

die „Schrödingersche Katze" Mit der berühmten Schrödingerschen Katze präsentierte er ein Denkmodell, das die Diskussion über die Quantentheorie nicht nur damals, sondern bis heute wesentlich mitbestimmt hat.

Schrödingers Katze demonstriert an einem – von Schrödinger bewußt absurd gewählten – Beispiel die Konsequenzen, die sich aus dem holistischen Charakter der Quantenphysik ergeben. Im Prinzip geht es darum, daß ein Meßprozeß erst dann tatsächlich stattgefunden hat und ein klassisch zu beschreibendes Resultat ergibt, wenn ein irreversibler Vorgang eingetreten ist. Bohr wies darauf hin, daß ein solcher Vorgang wohl dann als gewiß angesehen werden kann, wenn ein Beobachter vom Meßresultat Kenntnis genommen hat. Bis dahin kann man keine Sicherheit darüber besitzen, daß tatsächlich eine Messung erfolgt ist.

Schrödinger hatte in einem Gedankenexperiment den Ausgang eines Quantenmeßprozesses angewandt, um den Zustand einer Katze zu determinieren, die sich – in einer zugegeben mörderischen – Versuchsapparatur befindet. Die fiktive Apparatur besteht aus einem radioaktiven Präparat und einem Geigerzähler, der durch ein zerfallendes Atom in Betrieb gesetzt wird. Der Impuls des Geigerzählers löst dann ein Relais aus und zerschlägt über einen Hebel eine Giftampulle.[14] Die ausströmende Blausäure tötet schließlich die Katze, die mitsamt dem Apparat in einem verschlossenen Kasten eingesperrt war.

So weit, so gut – beziehungsweise schlecht.

Gemäß der Meßtheorie – so schreibt Schrödinger weiter **Quanten-** – müßte ein Beobachter, solange er diesen Kasten verschlos- **theoretische** sen läßt, davon ausgehen, daß er nach einiger Zeit die Katze **„Überlage-** in einem Zustand zu beschreiben habe, der eine der toten **rung" für** und der lebenden Katze sei. Erst im Moment des Öffnens **Katzen?** könnte eine Messung stattfinden, und erst dann würde dieser Überlagerungszustand entweder in den Zustand „die Katze lebt" oder in den „die Katze ist tot" übergehen.

Schrödinger fand es schockierend, daß der Formalismus der von ihm mitbegründeten Theorie solche Konsequenzen zuließ und hat sich dann in seinem späteren Forscherleben verstärkt der allgemeinen Relativitätstheorie zugewandt.

Über Schrödingers Katze ist viel geschrieben worden – wir werden auf die Problematik des Meßprozesses, die Schrödinger mit seinem Beispiel verdeutlichen wollte, noch ausführlich in den Abschnitten 4.4.4 und 5.4 eingehen. Jetzt möge die Bemerkung genügen, daß Schrödingers Beschreibung für alle Quantensysteme zutreffend ist, die als abgeschlossen betrachtet werden dürfen. Man ist heute in der Lage, auch größere Systeme und nicht nur ein einzelnes Atom oder Molekül derartig zu präparieren. Wichtig dafür ist allerdings eine hinreichend niedrige Temperatur, ein bloßer Kasten ist dafür unzureichend. Für ein lebendes Wesen wäre eine solche Isolierung bereits schon wegen der Kälte tödlich. In dieser Hinsicht ist also Schrödingers Beispiel unzutreffend und die Katze sehr bald tatsächlich tot.

---

[14]Schrödinger war vielleicht kein ausgesprochener Katzenfreund.

4.3.6   Richard Feynman

„Pfad- Einer derjenigen, die einen sehr großen Anteil an der Wei-
integrale" terentwicklung der Quantentheorie hatten, ist Richard
Feynman. Für die praktischen Rechnungen in der modernen Quantenphysik, der Quantenfeldtheorie, ist sein Formalismus
der sogenannten „Pfadintegrale" unverzichtbar.

Damit erst ist es möglich geworden, die komplizierten Wechselwirkungen zwischen den masselosen Photonen und den anderen
massiven Elementarteilchen in immer weiter voranschreitenden
Näherungsschritten zu berechnen. Ohne Feynman-Diagramme und
Feynman-Integrale wäre die moderne Elementarteilchentheorie
undenkbar! Feynman war Schüler von Archibald Wheeler und hat
in seiner Doktorarbeit dieses machtvolle mathematische Instrument
für die Quantentheorie entwickelt.

Dennoch ließ Feynman erkennen, daß ihm die Quantentheorie
im Grunde zeit seines Lebens Unbehagen bereitete. Im Prolog habe
ich dies bereits kurz angedeutet, möchte aber im Zusammenhang
dieses Kapitels noch einmal darauf zurückkommen.

Feynmans Einstellung wurde mir bei dem – leider einzigen –
Besuch, der inzwischen viele Jahre zurückliegt, deutlich. Ich war
gemeinsam mit Carl Friedrich v. Weizsäcker bei ihm in Pasadena,
wo wir in Feynmans Arbeitszimmer zusammensaßen und über die
Quantentheorie sprachen. Ich war hingerissen von Feynmans physikalischen und mathematischen Argumenten, spürte aber auch seine
Ablehnung oder zumindest Unzufriedenheit gegenüber dieser Theorie. Während ich bei Weizsäcker stets die Beglückung darüber wahr-
nahm, daß unsere Welt nicht bis ins letzte den Gesetzen der klassischen Physik genügen muß, empfand ich bei Feynman das Gegenteil. Feynman hat in seinen Büchern mit der notwendigen Deut-
lichkeit klargelegt, wie er das Verhältnis von klassischer Physik
und Quantentheorie sieht, insbesondere in seinen Vorlesungen zur
Quantenmechanik.[15]

---

[15]Feynman, R. P., Leighton, R. B., Sands, M., 1971, S.1–14.

Ja! Die Physik hat *aufgegeben.* Wir wissen nicht, wie man vorhersagen könnte, was unter vorgegebenen Umständen passieren würde, *und wir glauben heute, daß es unmöglich ist – daß das einzige, was vorhergesagt werden kann, die Wahrscheinlichkeit verschiedener Ereignisse ist.* Man muß erkennen, daß dies eine Einschränkung unseres früheren Ideals, die Natur zu verstehen, ist. Es mag ein Schritt zurück sein, doch hat niemand eine Möglichkeit gesehen, ihn zu vermeiden.

Im Original heißt es:

It must be recognized that this is a retrenchment in our earlier ideal of understanding nature. It may be a backward step, but no one has seen a way to avoid it.

Ein Schritt zurück?

Quantentheorie als ein Schritt zurück – der nicht zu vermeiden ist. Natürlich kein Rückschritt im physikalischen Sinne! Feynmans neue theoretische Methoden erlaubten so genaue und beeindruckende Berechnungen, daß kein Physiker diese Erfolge hätte wieder aufgeben wollen. Aber Feynman spricht von seinem Ideal, wie die Natur zu *verstehen* ist, und dem bereitet die Quantentheorie tatsächlich große Probleme.

In der Feynmanschen Deutung der Quantentheorie und insbesondere der Heisenbergschen Unbestimmtheitsrelation wird dieses Unbehagen über den „Schritt zurück" deutlich. Heisenberg spricht davon, daß wegen der Unbestimmtheit die Bahn nicht existieren kann, da kein Zustand existiert, in dem gleichzeitig Ort und Geschwindigkeit scharfe Werte haben könnten. Feynman löst das Problem anders. Seine Interpretation kann man so beschreiben, daß ein Teilchen nicht nur die gemäß der Mechanik mögliche Bahn durchläuft – dies wäre mit der Quantentheorie unvereinbar –, sondern darüber hinaus alle, die geometrisch überhaupt existieren können. Das Teilchen probiert sozusagen alle möglichen Bahnen aus, allerdings gleichsam außerhalb der Zeit, und gewichtet diese Möglichkeiten. Damit kann der Wahrscheinlichkeitsdeutung der Quantentheorie ein pseudorealistisches Bild unterlegt werden. Dieser sogenannte „Pfadintegral"-Formalismus, der ganz zentral an den klassischen Vorstellungen ansetzt und diese dann „zu allen Möglichkeiten hin" erweitert, stellt ein wichtiges Berechnungswerkzeug dar, wenn eine klassische Theorie zur Verfügung steht – was bisher stets der Ausgangspunkt ist – und diese in eine Quantentheorie überführt werden soll. Gleichzeitig stellt er ein Bild über Quantenvorgänge dar, das so klassisch wie noch möglich ist, ohne physikalisch falsch zu werden.

Ein anderes, noch klassischeres Bild stammt von David Bohm.

4.3.7 David Bohm

David Bohm mag dem einen oder anderen Leser durch seine naturphilosophischen Schriften bekannt sein, in denen er den Holismus – zu Recht – als Wesenszug der Quantentheorie herausstellt. Um so mehr mag es verwundern, daß seine wissenschaftlichen Aktivitäten darauf hinauslaufen, die Denkweise der klassischen Physik in die Quantentheorie zurückzuholen.

Bohm für Einsteins Ontologie Bohm war ein Schüler Einsteins und versuchte, Einsteins Vorstellungen über die Unvollständigkeit der Quantentheorie in eine neue Version dieser Theorie einzubauen, in der Einsteins Diktum gegen deren Wahrscheinlichkeitsdeutung „der Alte würfelt nicht" als zutreffend angesehen werden konnte.

Bohm hatte sich mit einem Lehrbuch über die Quantentheorie einen Namen gemacht. In diesem hatte er die von Bohr und Heisenberg begründete – die sogenannte Kopenhagener – Interpretation der Theorie übernommen. Danach entwickelte er seine neue und eigene Interpretation[16], in der die klassischen Bahnen wieder eingeführt wurden und in welcher der Indeterminismus, der für soviel Aufregung unter den Physikern und Philosophen gesorgt hatte und noch hat, nicht mehr vorhanden war.

Murray Gell-Mann[17] beschreibt Gespräche mit Bohm in dessen jungen Jahren, in denen Bohm deutlich machte, welche Schwierig-

---

[16]Bohm, D., 1952.
[17]Gell-Mann, M., 1994, S. 250.

keiten die Quantentheorie seiner marxistischen Weltanschauung bereitete und wie er bemüht war, diese Theorie seiner deterministischen Ideologie anzupassen. In seinen späteren Jahren hat sich Bohm dann viel mit anderen geistigen Traditionen, vor allem denen Asiens beschäftigt – hierbei denke ich an seine intensiven Gespräche mit Krishnamurti –, aber für die Entwicklung seiner Interpretation schien die eben beschriebene Schwierigkeit die wesentliche Motivation geliefert zu haben.

Bohm schlug eine Interpretation der Quantentheorie vor, in welcher Einsteins deterministische Ontologie gerettet werden konnte. Einstein war der Meinung, daß die Quantentheorie zwar nicht falsch (was er anfangs behauptet hat), aber doch wahrscheinlich unvollständig sei. Nach seiner Meinung beruhen quantenmechanische Wahrscheinlichkeiten darauf, daß wir im Rahmen der Quantenphysik nicht alles das wissen, was man eigentlich wissen könnte. Deshalb seien wir genötigt, mit Wahrscheinlichkeiten – also mit Nichtwissen – zu rechnen.

Bohm: Wahrscheinlichkeit ist Nichtwissen

Bohms Quantenmechanik ist im Grunde die übliche Quantenmechanik auf der Basis der Schrödinger-Gleichung, verwendet diese Gleichung aber in einem neuen Gewand. Bohm zerlegt die Gleichung, arbeitet sie ein wenig um und führt neue Potentiale – man könnte sagen „neue Kräfte" – ein, die ironischerweise Einsteins Physik außer Kraft setzen würden, wenn man sie als reale physikalische Größen ernst nähme. Bohms Kräfte wären nämlich mit der Relativitätstheorie nicht mehr vereinbar, da sie Kräfte bedeuten würden, die momentan im ganzen Raum wirken könnten.

Mit dieser Annahme von instantanen Kräften kann Bohm postulieren: „Ein Teilchen hat immer einen bestimmten Ort und eine bestimmte Geschwindigkeit, aber diesen genauen Ort können wir Menschen nicht wissen." In Bohms Modell der Quantenmechanik können die Teilchen wie auf Eisenbahnschienen laufen, und alle Versuche der Quantenmechanik lassen sich damit formal streng deterministisch beschreiben.

Nun mag man vielleicht glauben, daß dies ja wohl nicht gehen könne.

Es geht aber doch!

streng
determiniertes
Verhalten
Der Bohmsche Ansatz ist als ein universaler Ansatz gemeint. Das streng determinierte Verhalten ist nicht nur für die Teilchen im Experiment, sondern auch für alle Moleküle des Beobachters selbst vorgeschrieben. Seit „Anbeginn der Welt" liegt also in diesem Modell fest, ob der Beobachter – nachdem das Teilchen im Experiment gestartet ist – diese oder jene Manipulation machen werden will.

Will man an diesem Bild nicht festhalten, so muß man annehmen, daß durch das experimentelle Wirken des Beobachters sofort und in der ganzen Welt Wirkungen erzielt werden.

Man kann daher in diesem Bohmschen Bild einen streng determinierten Ablauf allen Geschehens unter der Voraussetzung annehmen, daß man etwas einführt, das prinzipiell nicht erkennbar ist. Vor allem wegen des Auftretens von Effekten, die sich mit Überlichtgeschwindigkeit ausbreiten müßten, bemerken bösartige Zungen dazu, wenn Zauberei als realer Bestandteil der Physik angenommen wird, dann kann man Quantentheorie streng deterministisch interpretieren.

Ein solches Postulat über prinzipiell unbeobachtbare Größen wie im Bohmschen Ansatz kann man natürlich nicht als falsch erweisen, es ist absolut unwiderlegbar.

Die Bohmsche Mechanik bietet eine Möglichkeit, wie man das indeterministische Weltbild der Quantentheorie aufheben kann. Sie ist – wie gesagt – strenge Quantenmechanik. Man kann hierbei Einsteins Ontologie retten, benötigt aber einen Ansatz, der mit der Relativitätstheorie unvereinbar scheint. Des weiteren hat man sich damit die Schwierigkeit eingehandelt, erklären zu müssen, wieso die spezielle Relativitätstheorie eine so sehr gute Näherung sein kann – wie auch alle Experimente aufzeigen –, wenn es nach dem mathematischen Apparat dieses als „realistisch" verstandenen Modells der Quantentheorie solche momentanen Fernwirkungen geben müßte.

prinzipiell
unbeobachtbare
Größen
Die Einführung prinzipiell unbeobachtbarer Größen erlaubt zwar ein deterministisches Weltbild, aber diese Determiniertheit folgt nicht aus physikalischen Gründen.

Ein physikalisches Argument gegen Bohms Interpretation sehe ich darin, daß er ein Kraftfeld einführt, das einen klassischen Charakter hat. Dieses Feld kann Wirkungen auf die Teilchen ausüben, aber selbst keinerlei Wirkung empfangen. Es ist natürlich nicht mehr gut „Einsteinisch" gedacht, wenn man ein Agens einführt, das nur Wirkung ausübt, selbst aber keine Wirkung erleiden kann. In dieser Hinsicht ist die moderne Physik den Überlegungen Einsteins gefolgt, der ja auch den Raum und die Zeit als etwas interpretiert hat, das nicht nur den physikalischen Systemen einen Rahmen für ihr Verhalten setzt und damit Einfluß auf diese besitzt, sondern was seinerseits von den physikalischen Objekten eine Rückwirkung erfährt und damit durch diese beeinflußt und verändert wird.

Bohm selbst schreibt in seiner ersten Arbeit zu dieser neuen Interpretation, daß er hofft, auch eine Rückwirkungsmöglichkeit der Teilchen auf sein Quantenpotential erhalten zu können.

Wenn dieses Quantenpotential auch physikalische Wirkung erleiden könnte, dann läge damit ein kontinuierliches, klassisches Feld vor – und mit den gleichen Argumenten und mit der gleichen Sicherheit, mit der Planck gezwungen war, die Quantenhypothese zu postulieren, müßte auch für dieses Bohmsche Feld gefolgert werden, daß man für sein Verhalten zu Widersprüchen gelangt: Sobald auf dieses Feld thermodynamische Überlegungen angewandt werden, ist man gezwungen, auch für dieses die Quantenhypothese einzuführen!

Damit müßte Bohms Konstruktion, mit der die Quantenhypothese vermieden werden sollte, quantisiert werden. Bohm wäre wieder genau in der Falle gefangen, aus der Planck die Physik erst so grandios befreit hatte.

Um es zu wiederholen, entweder man betrachtet das Bohmsche Modell als eines, in dem ein absolut unphysikalischer Input gegeben ist, der nur wirkt, aber selbst nicht Wirkung empfangen kann, oder aber man muß neu quantisieren. Damit würde man in den gleichen „indeterministischen Sumpf" hineingeraten, den Bohm ja mit seiner Konstruktion vermeiden wollte.

Realismus oder Surrealismus?

Dennoch vertreten einige Wissenschaftler die Meinung, daß die Bohmsche Interpretation die einzige Möglichkeit ist, den „Realismus" in der Physik zu retten. In einer 1992 erschienenen Arbeit wurde von Englert, Scully, Suessmann und Walter[18] gezeigt, welche „surrealistischen" Konsequenzen diese Form des Realismus zeitigt. Es zeigt sich dabei, daß in einigen Fällen die Bewegung der Teilchen und die Bohmsche Bahn nichts miteinander zu tun haben. Die Konsequenzen dieser Arbeit laufen darauf hinaus, daß vom „Realismus" der Bohmschen Bahnen keine Spur mehr übrig bleibt, da man nie sicher sein kann, daß diese hypothetische und unerkennbare Bahn tatsächlich etwas mit einer Bewegung der Teilchen zu tun hat.

4.3.8   Hugh Everett, Murray Gell-Mann, James Hartle

Viele-Welten-Theorie   Eine exotisch anmutende Version der Quantentheorie stammt von Hugh Everett, einem anderen Schüler Archibald Wheelers. Diese Interpretation ist unter dem Namen Viele-Welten-Theorie über den Rahmen der Physik hinaus bekannt geworden und hat auch vielfach die Phantasie der Science-fiction-Autoren beflügelt. Um den sprunghaften Umschlag von Möglichkeiten in Fakten zu vermeiden, der den Kern der traditionellen Interpretation des Meßvorganges auszeichnet, werden nun alle Möglichkeiten als „Realitäten" definiert. Die verschiedenen Meßergebnisse werden nach dieser Sicht alle gleichzeitig real, allerdings in lauter verschiedenen Versionen der Wirklichkeit. Diese haben den – je nach Standpunkt – Vor- oder Nachteil, daß in keiner ein Wissen über all die anderen „Realitäten" möglich ist. Auch jeder Beobachter spaltet sich bei jeder Beobachtung in so viele Exemplare seiner selbst, wie es mögliche verschiedene Meßergebnisse von ein und demselben Vorgang gibt.

Den Nichtphysikern unter den Lesern mag es vielleicht etwas sonderbar vorkommen, daß diese Version weit mehr Anhänger hat als die Bohmsche Interpretation. Und nicht wenige Physiker behaupten, daß dies die einzige überhaupt mögliche Interpretation dieser Theorie sei.

In einer neueren Version haben Gell-Mann und Hartle[19] diese Vorstellung sprachlich etwas abgemildert und sie im wesentlichen

---

[18]Englert, B.-G., Scully, M. O., Suessmann, G., Walter, H., 1992.
[19]Eine populäre Darstellung findet man zum Beispiel in Gell-Mann, 1994, S. 208 ff.

auf die Vergangenheit ausgedehnt. Diese Interpretation ist unter dem Namen *consistent histories* vorgestellt geworden.

In ihr erscheinen die Welten Everetts im wesentlichen als nebeneinanderliegende Versionen verschiedener Vergangenheiten, die – wenn auch mit verschiedenen Wahrscheinlichkeiten – nebeneinander stattgefunden haben, wodurch die Eindeutigkeit der Vergangenheit als eine Fiktion begriffen werden muß. **Eindeutigkeit der Vergangenheit eine Fiktion?** Gell-Mann und Hartle versuchen diesem Fiasko zu entgehen, indem sie einen künstlichen „Beobachter" (IGUS) einführen, der dafür sorgen soll, daß nur eine bestimmte Vergangenheit als real anzusehen ist. Auf welche Weise dies allerdings tatsächlich und in einer mathematisch exakten Weise und nicht nur in einer guten Näherung passiert, genau dies ist das eigentliche „Meßproblem" – und das wird durch den IGUS nicht besser gelöst als in anderen Versionen des Interpretationsproblems auch.

Im Grunde gehen diese Versionen auf Feynmans Verständnis von Quantentheorie zurück – so sieht es auch Gell-Mann selbst.

Konsequent erscheinen diese Interpretationen aber auf jeden Fall, und ein wenig Nachdenken zeigt, daß sie auch unwiderlegbar sind. Ein Streit darüber berührt lediglich ästhetische Kategorien: Es ist eine Geschmacksfrage, ob man sich ein derartiges Bild von der Welt machen möchte, in der man lebt – in wie vielen gleichzeitigen Exemplaren von sich selbst auch immer. Die Ergebnisse der Physik bleiben davon unberührt.

Es würde den Rahmen des vorliegenden Buches sprengen, hier ausführlich über den Einfluß zu schreiben, den diese Vorstellungen auch auf die Kosmologie gehabt haben. Einiges wird hierzu in Abschnitt 5.4 gesagt.

4.3.9 Carl Friedrich v. Weizsäcker

Einer der bedeutenden Schüler von Bohr ist Carl Friedrich v. Weizsäcker, der gleichfalls Schüler und darüber hinaus auch ein enger Freund Heisenbergs war. Die lange und bis heute andauernde Zusammenarbeit mit ihm zeigte mir andere Denkweisen auf, als ich sie in meiner Studienzeit kennenlernen konnte. Weizsäcker hat einen wesentlichen Teil seiner wissenschaftlichen Aktivitäten auf die Interpretation und das Verständnis der Quantentheorie ver-

Änderung der Logik wandt.

Die Quantentheorie beinhaltet eine Änderung der Logik. Während die klassische Physik auf der klassischen Logik aufbaut, beruht nach Weizsäcker die Quantentheorie auf einer zeitlichen Logik, welche neben den Wahrheitswerten „wahr" und „falsch" der klassischen Logik weitere zuläßt, die es erlauben, die objektiven Möglichkeiten der Quantentheorie auszudrücken.

Für diese zeitliche Logik ist der „Satz vom ausgeschlossenen Dritten", das *tertium non datur* – es gilt entweder A oder Nicht-A, ein Drittes gibt es nicht –, nicht mehr uneingeschränkt gültig. Wenn für eine künftige Messung das Ergebnis mit einer Wahrscheinlichkeit verschieden von Null oder Eins vorherzusagen ist, dann können sowohl die Behauptung, die gesuchte Eigenschaft liege jetzt nicht vor, als auch die, sie liege jetzt vor, nicht als notwendig wahr verstanden werden.

Ein physikalisches Beispiel für das Gemeinte könnte beispielsweise sein: Wenn der Satz „Das Elektron ist am Ort x" vor einer Messung behauptet wird und die Wahrscheinlichkeit dafür – sagen wir – $1/_2$ ist, dann ist weder dieser Satz noch der Satz „Das Elektron ist nicht am Ort x" wahr. Die gegenteilige Annahme, verbunden mit der Behauptung, nur wir wüßten es noch nicht, wie die Wirklichkeit tatsächlich ist, ist experimentell überprüfbar falsch.

„komplexe Wahrscheinlichkeits- amplituden" Eine andere von Weizsäcker hervorgehobene Sichtweise ist es, die Quantentheorie als eine Erweiterung der klassischen Wahrscheinlichkeitstheorie zu verstehen, in der für diese Wahrscheinlichkeiten nicht nur die Zahlen zwischen Null und Eins, sondern darüber hinaus auch komplexe Werte zulässig sind. Die „komplexen Wahrscheinlichkeitsamplituden", von denen er spricht, stellen einen anderen wichtigen Versuch dar, zu einem fundamentalen Verständnis der Quantentheorie zu gelangen.

Mit dieser Sprechweise wird die Mathematik der quantentheoretischen Wellenfunktion in eine der Umgangssprache möglicherweise näherliegende Form übersetzt. In einer Arbeit aus den fünfziger Jahren bezeichnete er dies selbst als „naive

Quantisierung". Allerdings ist dieses Verfahren in keiner Weise naiv, denn es beinhaltet die wesentlichen Charakteristika der Theorie. Wir werden bei der Besprechung der Quantisierungsverfahren zeigen, daß damit ein wichtiger Beitrag für ihr Verständnis geleistet wird.

Was Carl Friedrich v. Weizsäcker aber in unserem Zusammenhang besonders interessant macht, ist sein Beitrag zu einem besseren philosophischen Verständnis der Quantentheorie. Er hatte seine wissenschaftliche Laufbahn in der theoretischen Physik begonnen, später aber dann einen Lehrstuhl für Philosophie übernommen. Wie kein anderer Philosoph der Neuzeit hat Weizsäcker nicht nur diese neue Theorie verstanden, an deren Entwicklung er selbst mitgestaltend beteiligt war, sondern auch ihre weltbildumstürzende Bedeutung dargelegt.

Bereits als 14jähriger hatte Weizsäcker Heisenberg kennengelernt, der ihm ein lebenslanger Lehrer und Freund bleiben sollte. Als er mit ihm seine Studienpläne besprach, die damals auf ein Philosophiestudium gerichtet waren, hatte Heisenberg ihm in etwa geraten: „Schöne Philosophie gibt es schon so viel, aber gute Physik können wir immer noch gebrauchen. Die Idee des Guten – das heißt die Philosophie – kann man nach Platon erst mit 50 verstehen, Physik aber soll man betreiben, wenn man jung ist. Wenn Du das wichtigste philosophische Ereignis unseres Jahrhunderts, die moderne Physik, wirklich verstehen willst, mußt Du diese Theorie selbst handhaben. Also beginne mit Physik, wenn Du die Philosophie als Ziel hast."

Weizsäcker hat dies oft als den besten Rat seines Lebens bezeichnet. In seiner philosophischen Sicht hat er schließlich die Quantentheorie als eine Befreiung aus den Zwängen der klassischen Physik dargestellt.[20]

Quantentheorie als geistige Befreiung

Welchen Ansatz verwendet Weizsäcker dabei?

In der Geschichte der Philosophie gibt es mit dem transzendentalen Ansatz Immanuel Kants ein Modell dafür, auf welche Weise eine empirische Naturwissenschaft begründet werden kann.

---

[20]Siehe auch Görnitz, Th., 1992.

transzenden- Wir hatten bereits davon gesprochen, daß mit dem Begriff
taler Ansatz „transzendental" diejenigen Bedingungen gemeint sind, die
das Erkennen des angesprochenen Sachverhalts überhaupt erst
ermöglichen. Solche Bedingungen werden auch mit dem Begriff
„epistemisch" bezeichnet. Zu Kants Zeit konnte ein solches Programm
der transzendentalen Begründung der Physik nicht mit der Chance
des Erfolges in Angriff genommen werden. Der übergroße Erfolg der
Quantentheorie ermutigte Weizsäcker dazu, einen entsprechenden
Versuch zu wagen. Diese herausfordernde Idee wurde von einigen
jüngeren Physikern aufgegriffen, zu denen auch ich mich nach meiner Übersiedlung aus der damaligen DDR gesellte. Allerdings ist ein-
zuräumen, daß dieses Programm bis heute nicht erfolgreich beendet
werden konnte. Ein Versuch zu einer geschlossenen Durchführung
steht in einer gemeinsamen Arbeit von M. Drieschner, v. Weizsäcker
und mir.[21]

Dort ist noch eine Annahme notwendig, bei der wir damals keinen
Grund gefunden haben, warum sie epistemisch sein könne – warum
sie eine Vorbedingung für die Möglichkeit empirischer Wissenschaft
ausdrücken sollte. Es war das Postulat des Indeterminismus, das als
„realistisch" bezeichnet wurde, um anzuzeigen, daß es nicht als
epistemisch verstanden werden kann. Andererseits konnte ohne diese
Forderung die Struktur der abstrakten Quantenphysik nicht erhalten
werden. Vielleicht bietet der im vorliegenden Buch dargestellte Ansatz eine Möglichkeit dafür, mit diesem Programm einen Schritt weiter zu kommen.

andere Gründe Es wären aber auch andere Gründe denkbar, die dem Erfolg
gegen eines solchen Programms entgegenstehen könnten.

transzendente Wenn hinter der Quantenphysik noch eine weitere, noch
Begründung grundlegendere physikalische Struktur liegen sollte, dann wäre
die Erwartung verfrüht, bereits die Quantentheorie aus den Vorbedingungen der Möglichkeit von Erfahrung herleiten zu können –
und so wie Kant an der klassischen Physik müßten wir in einem solchen Fall ebenfalls an unserer noch unzureichenden Physik scheitern.

Auf eine weitere Möglichkeit hat E. Scheibe hingewiesen.[22]

---

[21]Drieschner, M., Görnitz, Th., Weizsäcker, C. F. v., 1988.
[22]Scheibe, E., 1988 und 1993.

Bisher war es ja noch nicht gelungen, so viel an erkenn- **Vorbedingung**
bar notwendigen Vorbedingungen für die „Möglichkeit von **für die**
Erfahrung" zu finden und zu formulieren, daß wir daraus **„Möglickeit**
bereits jetzt die Gesetze der Physik hätten herleiten können. **von**
Scheibe erwägt nun, daß sich dieser Prozeß vielleicht nie **Erfahrung"**
beenden läßt. Es wäre ja möglich, daß die „vollständige Liste" der Vorbedingungen der Möglichkeit von Erfahrung erst im
Laufe des gesamten historischen Prozesses der Entfaltung der Wissenschaften für uns Menschen erkennbar wird. Dafür sprechen unter Umständen manche guten Gründe. Zu diesen Gründen können
ja neben den philosophischen auch noch biologische und psychische gehören. Da die „vollständige Liste" implizit bereits die gesamte Physik beinhalten würde, mag es sein, daß wir ohne Kenntnis dieser Physik diese hypothetische Liste nicht vorab erraten können. Natürlich ist es richtig, daß die Erfinder von Theorien deren
vollen Gehalt an Lösungen nicht bereits im voraus kannten, aber
das halte ich für die vorliegenden Überlegungen noch nicht für ein
hinreichend beweiskräftiges Argument dafür, daß es uns mit der
Fundamentalbegründung der Physik genauso gehen müßte und wir
sie erahnen könnten, bevor wir alle ihre Konsequenzen kennen.

Auch in diesem Falle bliebe das Kantsche Programm noch immer ein grandioser Entwurf und eine Richtschnur für unsere Fragen, aber eine abschließende und endgültige Antwort wäre uns ver-
schlossen. Allerdings bliebe uns damit vielleicht auch – nicht so
wie in Dürrenmatts Theaterstück *Die Physiker* – ein abgeschlosse-
nes „System aller möglichen Erfindungen" erspart.

Neben diesen Versuchen, die Quantentheorie einem grund- **abstrakte**
sätzlichen Verständnis zuzuführen, ist von Weizsäckers Werk **Quanten-**
hier unbedingt noch seine *abstrakte Quantentheorie* zu erwäh- **theorie**
nen.

Mit diesem Ansatz betrachtet er die fundamentalen Strukturen
der Theorie und versucht, die gesamte *Physik als eine Theorie
quantisierter, empirisch entscheidbarer Alternativen zu begründen.*
Die daraus entwickelte Theorie der *Ur-Alternativen* hat sich das
Ziel gesetzt, als eine Quantentheorie der Information[23] die konkrete

---

[23]Einen Überblick über den aktuellen Stand der Theorie findet man bei Lyre,H., 1997.

Physik mitsamt dem Raumbegriff und den elementaren Teilchen zu rekonstruieren.

Unter einem philosophischen Gesichtspunkt ist hierbei besonders zu bemerken, daß von diesem Ansatz her keine Notwendigkeit mehr besteht, aus physikalischen Gründen die Cartesianische Spaltung in „Geist" und „Materie" weiterhin aufrechtzuerhalten. Damit ist als eine Besonderheit dieses Ansatzes nicht gemeint, daß man die Quantentheorie auch auf Vorgänge im Gehirn sollte anwenden können – dies wird als selbstverständlich angesehen –, sondern auch auf Zustände des Bewußtseins selbst. Dies berührt nicht nur philosophische Fragen, sondern wird zum Beispiel auch auf das allgemeine Verständnis medizinischer Vorgänge wichtige Auswirkungen haben. Psychosomatische Zusammenhänge folgen aus einem solchen Bild der Natur gleichsam zwangsläufig. In Kapitel 6 werde ich meine Überlegungen dazu ausführlicher vorstellen.

4.3.10 Hans Primas

Hans Primas gelangte von der theoretischen Chemie zu den Grundfragenproblemen der Quantenphysik. Die moderne Chemie arbeitet oft an der Grenze zwischen quantentheoretischer und klassischer Beschreibung, so daß dort die Fragen der Beziehung zwischen diesen beiden Bereichen besonders wichtig werden.

Primas sieht das Neue der Quantentheorie unter einem positiven Gesichtspunkt und wendet sich gegen die Enge des klassischen Weltbildes. Er betont die aus der Quantentheorie folgende holistische Sicht der Welt und gehört nicht zu den Autoren, die sich weigern, die „Trauerarbeit" über das Ende der klassischen Physik zu leisten und die deshalb versuchen, deren überkommenes Weltverständnis auch für die Quantentheorie zu restaurieren.

klassische Eigenschaften an Molekülen Moleküle sind zweifellos Mikroobjekte, bestehen sie doch oft nur aus wenigen Atomen. Dennoch gibt es an ihnen Eigenschaften, die sich genauso verhalten wie die Eigenschaften an Objekten der klassischen Physik. Das von Primas gern verwendete Beispiel ist Alanin – ein kleines Molekül, das in zwei verschiedenen Formen vorkommt. Die eine dreht die Polarisationsebene von linear polarisiertem Licht nach rechts, die andere nach links. Rechts- und Links-Alanin haben die gleiche chemische Zusammensetzung, das heißt, sie bestehen aus denselben Atomen: $CH_3CH(NH_2)COOH$, die aber räumlich unterschiedlich angeordnet sind. Diese beiden Modifikationen sind stabil, so daß man sie jeweils „in Tüten" packen und voneinander trennen kann.

Jedem Molekül des Alanins kann diese Eigenschaft seiner Drehrichtung stets zugesprochen werden. Sie liegt zu jeder Zeit immer und eindeutig vor, eine „Unbestimmtheit" ist für diese physikalische Größe nicht gegeben, eine Zerlegung des Zustandsvektors wie beispielsweise in den Abbildungen 4.9 und 4.10 ist hier nicht möglich. Damit kann auch keine quantentheoretische Überlagerung von Rechts- und Links-Alanin beobachtet werden.

Die Frage, der sich Primas stellt, ist: *Warum können Quantenobjekte klassische Eigenschaften haben?*

Die Antwort, die er darauf gibt, möchte ich unter zwei Aspekten betrachten, einen mehr an der Mathematik orientierten und einen mehr physikalisch gemeinten.

In der Quantentheorie, so wie ich sie bisher vorgestellt **Systeme mit** habe, gibt es keine Möglichkeit, die Addition zweier Zu- **unendlich vie-** standsvektoren zu verbieten. *Dies wird erst möglich, wenn* **len Freiheits-** *man Systeme betrachtet, die unendlich viele Freiheitsgrade* **graden** *besitzen.* Das bekannteste derartige System ist ein Lichtquantenfeld im Minkowski-Raum. Solche Quantensysteme können sogenannte Superauswahlregeln zulassen. Dieser technische Terminus bedeutet, daß es Zustände gibt, von denen miteinander keinerlei Vektorsumme gebildet werden kann, von denen keine Superpositionen gebildet werden können und die daher keine quantenphysikalischen Interferenzeffekte zeigen können.

Die unendlich vielen Freiheitsgrade des Lichtquantenfeldes erfordern eine Verallgemeinerung der Quantentheorie, die dann aus mathematischen Gründen solche Eigenschaften erzeugen kann. In der bisher vorgestellten Form der Quantentheorie war hingegen eine Addition von verschiedenen Vektoren immer möglich gewesen.

Wenn man an Molekülen im Rahmen der Quantentheorie *klassische Eigenschaften* beschreiben kann, für die es keine Unbestimmtheit gibt, dann liegt die Vermutung nahe, daß auch das sonstige

Auftreten von klassischem Verhalten an noch größeren Körpern in seiner mathematischen Struktur von gleicher Art sein dürfte. Dies hat Primas in seinen Darstellungen deutlich gemacht.

In jedem solchen Fall muß man zu Systemen von unendlich vielen Freiheitsgraden übergehen, entweder am betrachteten System oder an seiner Umwelt, dann kann man nach Primas „Objekte" definieren, und diese können klassische Eigenschaften zeigen.

Die Mathematik, die man dazu verwenden muß, ist um eine Stufe schwieriger als die „normale" Quantentheorie im Hilbert-Raum und wird daher von vielen Physikern und Philosophen, die sich mit diesen Problemen befassen, außer Betracht gelassen.

Primas definiert „ontische" Zustände als solche, in denen feststeht, „was tatsächlich ist", und interpretiert deren Vorkommen als möglichen Realismus. Dabei legt er großen Wert darauf, daß in einem ontischen Zustand nur bestimmte Eigenschaften aktual sind, das heißt so wie beim Rechts- oder Links-Alanin tatsächlich vorliegen, und daß die potentiellen Eigenschaften keine scharfen Werte besitzen. Die Beobachtung eines Systems wird immer dazu führen, daß eine entsprechende Umwelt konstituiert wird und daher Beobachtungen stets kontextabhängig und vielfältig sind.[24]

Unendliches – real oder Idealisierung? Die mathematischen Methoden, die Primas verwendet, hängen an dem Übergang zu aktual unendlich vielen Freiheitsgraden. Er selbst betont, daß er damit keine Aussagen darüber machen will, ob dies in einem physikalischen Sinne wahr sein muß. Zu Recht weist er darauf hin, daß ein solcher Grenzprozeß viele Rechnungen oder auch eine mathematisch exakte Definition physikalischer Begriffe überhaupt erst ermöglicht. Dies ist zum Beispiel bereits für eine so bekannte physikalische Größe wie die Temperatur der Fall, die als mathematisch scharfe Größe erst in einem unendlichen System definiert ist.

Wenn aber aus physikalischen Gründen diese Grenzwerte nur eine gute Beschreibung eines „Als-ob"-Verhaltens sind, wird das Problem wieder schwieriger zu verstehen sein.

---

[24]Mathematisch möglich wird dies durch die von ihm aufgegriffene Unterscheidung von Endo- und Exophysik, die durch die unterschiedlichen mathematischen Werkzeuge der sogenannten C*-Algebren und W*-Algebren beschrieben wird.

Obwohl Primas die Kosmologie ausdrücklich aus seinen Überlegungen ausnimmt, hat er sie *implizit* dennoch mit einbezogen. Der Galilei- oder Minkowski-Raum, den er als Modell verwendet, ist sicherlich kein gutes Modell des physikalischen Raumes im Großen, das heißt für die Welt als Ganzes, den Kosmos. Dennoch haben die Eigenschaften im Großen wichtige Auswirkungen. Viele Gründe sprechen dafür, daß der physikalische Ortsraum, der Kosmos, zu jeder Zeit seiner kosmischen Entwicklung nur ein endliches Volumen besitzt – und in diesem Fall könnte das Lichtquantenfeld nicht diese unendlich vielen Freiheitsgrade real haben, die der mathematische Formalismus erfordern würde!

Primas schreibt, daß der Übergang von riesig groß zu unendlich meist nur eine Vereinfachung liefert und gleichsam ohne sonstige praktische Bedeutung ist. Bei den Fragen, um die es hier geht, ist aber der Unterschied von „riesig" zu „unendlich" gerade der, welcher die neuen mathematischen Strukturen liefert, während der Übergang von „klein" zu „riesig" im gleichen Bereich der Mathematik verbleibt. **die Bedeutung von Grenzübergängen**

Daher ist es möglich, daß Primas mit seinem Grenzübergang die mathematische Verschärfung und Präzisierung eines Vorganges liefert, der in dieser Strenge in der physikalischen Realität nicht gegeben ist. Wenn die Welt nicht unendlich ist – und dafür sprechen manche theoretischen und empirischen Argumente –, dann hat der mathematisch immer mögliche und sinnvolle Übergang vom Endlichen zum Unendlichen keine völlige Entsprechung in der physikalischen Wirklichkeit.

Der mathematische Grenzübergang arbeitet die wesentlichen Aspekte heraus und läßt Unwesentliches nicht nur klein werden, sondern tatsächlich verschwinden.

Dabei werden dann die relevanten Strukturen deutlich, und man wird nicht mehr von Nebensächlichkeiten abgelenkt. Ich meine, daß der mathematische Grenzprozeß nur der beschränkten Kapazität unseres menschlichen Denkens dienlich ist und ihm nicht notwendig auch ein physikalisch realisierbarer Vorgang entsprechen muß. Daher sollte es auch möglich sein, nach dem vollen Verständnis der mathematischen Sachverhalte dann auf eine andere Weise zu versuchen, den physikalischen Kern eines solchen Grenz-prozesses zu erfassen.

4.4   Die neuen physikalischen Eigenschaften der Quantentheorie

Wir wollen jetzt einige physikalische Folgen aus der Quantentheo-rie betrachten und auf einige der neuen Eigenschaften eingehen, durch die sich die Quantentheorie im Vergleich mit der klassischen Physik auszeichnet.

4.4.1   Unbestimmtheitsrelation, Welle-Teilchen-Dualismus und so weiter

In den mehr physikalisch orientierten Darstellungen der Quanten-physik wird auf diese beiden Begriffe ein besonderer Wert gelegt. Dies hat gute historische Gründe.

Unbestimmt- Mit der Unbestimmtheitsrelation gelang es Werner
heit – nicht Heisenberg, die Quantenmechanik in einer logisch konsi-
Unschärfe! stenten Form darzulegen. Es zeigte sich, daß bestimmten physikalischen Größen, wie zum Beispiel Ort und Impuls[25] gemäß der Theorie in keinem einzigen Quantenzustand zugleich wohlbestimmte und scharfe Werte zugesprochen werden können.

Man kann das betrachtete System allerdings in Zustände brin-gen, in welchen der Wert einer der beiden Größen immer genauer eingegrenzt wird. Diese Zustände haben aber dann die Eigenschaft, daß der Wert der zweiten Größe immer weniger festgelegt ist. Da-her kann bei einer Messung dieser zweiten Größe für diese ein Wert aus einem viel größeren Bereich gefunden werden. Je genauer bei-

---

[25]Es sei daran erinnert, daß der Impuls das Produkt aus Masse und Geschwindigkeit ist. Da sich die Masse in der Regel nicht ändert, darf man meist einfach an Ge-schwindigkeit denken.

spielsweise der Ort festgelegt wird, desto weniger ist der Impuls bestimmt.

Heisenberg zeigte, daß für solche „kanonisch konjugierte" Grö-
ßen niemals Zustände existieren können, in denen gleichzeitig für
beide bei einer Messung scharfe Werte gefunden werden können.

Dies hat zum Beispiel zur Folge, daß nach Heisenberg der **keine**
Begriff der Teilchenbahn, der in der klassischen Mechanik **Teilchenbahn**
fundamental ist, in der Quantentheorie nicht definiert ist.
Denn der Bahnbegriff hat zum Inhalt, daß zu jedem Zeitpunkt Ort
und Geschwindigkeit gegeben sind. Einen solchen Zustand gibt es
aber in der Quantenmechanik nicht, und was es nicht gibt, das kann
auch in keinem Experiment gefunden werden, das gemäß dieser
Theorie durchgeführt und ausgewertet wird.

Der Impuls eines Teilchens ist in der Quantentheorie mit einer
Wellenlänge verbunden – dies war eine frühe Erkenntnis von Louis
de Broglie. Ein Zustand mit einem scharfen Impuls bedeutet einen
unendlich ausgedehnten Wellenzug. Ein Zustand, der einen scharfen Ort beschreibt, ist auf diesen Punkt lokalisiert. Der Wellenzug –
eine ebene Welle in der Physikersprache – besitzt überhaupt keinen
definierten Ort, jeder beliebige Ort ist für ihn gleich gut und kann
mit der gleichen Wahrscheinlichkeit gefunden werden. Umgekehrt
kann an dem Zustand mit dem scharfen Ort jeder beliebige Impuls-
wert gefunden werden.

Diese beiden Möglichkeiten beschreiben gleichsam die Extreme, zwischen denen sich der quantenmechanische Zustand eines
Teilchens befinden kann. Wir hatten an der Skizze über die Zustände gesehen, daß aus zwei verschiedenen Zuständen – also auch den
hier betrachteten – durch eine entsprechende Kombination noch
beliebig viele andere Zustände gebildet werden können.

Daß ein und dasselbe Quantenobjekt in solch verschie- **Welle-**
denartigen Zuständen sein kann, ist das Wesen des soge- **Teilchen-**
nannten Welle-Teilchen-Dualismus. In der Quantenwelt ist **Dualismus**
es stets möglich, daß beide einander widersprechende Aspekte an ein und demselben Objekt gefunden werden können, allerdings nicht zum selben Zeitpunkt.

Licht wird in der klassischen Physik als Welle verstanden und kann doch in Zuständen mit teilchenartiger Charakteristik vorkommen. Elektronen und Protonen, die man sich aus klassischer Sicht als Teilchen vorstellen würde, besitzen Zustände, in denen sie wie eine ebene Welle zu beschreiben sind.

einige Wir hatten davon gesprochen, daß man sich die Quanten-
mathematische zustände als Beziehungsgrößen vorstellen darf, die durch
Bemerkungen Funktionen dargestellt werden können, die über dem Ortsraum definiert sind. Wenn wir einen Zustand erzeugen wollen, in dem ein Teilchen in einem bestimmten Gebiet zu finden ist, dann wählt man die Funktion so, daß sie außerhalb des Gebietes Null ist.

Den Zustand für ein Teilchen mit einem bestimmten Impuls darf man sich wie eine Sinusfunktion vorstellen, die sich überall hin erstreckt.

Die Zerlegung eines physikalischen Zustandes in mögliche andere, wie es bei der Vektorzerlegung in Abbildung 4.9 dargelegt wurde, wird für den Fall ihrer Darstellung durch Funktionen so durchgeführt, daß man diese miteinander multipliziert. Die Fläche, die unter dieser neuen Kurve liegt, ist dann ein Maß dafür, mit welcher Wahrscheinlichkeit der zweite Zustand gefunden werden kann, wenn der erste vorliegt.

Wenn ich den obigen Zustand für ein Teilchen in einem Gebiet danach befrage, welchen Impuls ich daran finden werde, dann wird jede Sinuskurve bei der Multiplikation zwar auch überall dort zu Null gemacht, wo die Ortsfunktion verschwindet. Aber in dem Gebiet, wo die Ortsfunktion von Null verschieden ist, wird fast immer eine Fläche unter der Produktkurve erhalten bleiben. In physikalischer Sprache bedeutet dies, daß fast jeder Impuls bei einer Messung an einer solchen Ortsfunktion gefunden werden kann.

Nehmen wir hingegen einen Zustand, der zu einem Gebiet gehört, das mit dem ersten keine gemeinsamen Teile besitzt, dann wird das Produkt der beiden Funktionen überall zu Null werden. Auch dies ist vernünftig, denn wenn ich weiß, daß sich das Teilchen im ersten Gebiet befindet, dann ist die Wahrscheinlichkeit dafür, es zugleich im zweiten zu finden, gewiß Null.

4.4.2 Das quantentheoretische Mehrwissen

In der populären Literatur wird die quantentheoretische Unbestimmtheit recht oft durch den Terminus „Unschärfe" beschrieben. Ich halte
dies für eine unglückliche Wortwahl, die geeignet ist, beim Leser
falsche Vorstellungen zu erzeugen.

Ich hatte bereits davon gesprochen, daß in manchen Dar- **Quantentheo-**
stellungen der Quantentheorie diese als eine etwas unvoll- **rie – unscharf?**
kommene Tochter der klassischen Physik vorgestellt wird.
Deutlich wurde dies zum Beispiel an dem Zitat von Richard
Feynman. Ähnliche Passagen kann man auch bei Stephen Hawking
finden, in denen von der Quantentheorie der Eindruck erweckt wird,
daß ihr eine gewisse Unvollkommenheit anhaftet. So schreibt er in
seinem Buch *Eine kurze Geschichte der Zeit:*[26]:

> *Heisenberg wies nach, daß die Ungewißheit hinsichtlich der*
> *Position des Teilchens mal der Ungewißheit hinsichtlich sei-*
> *ner Geschwindigkeit mal seiner Masse nie einen bestimm-*
> *ten Wert unterschreiten kann: die Plancksche Konstante.*
> *Dieser Grenzwert hängt nicht davon ab, wie man die Positi-*
> *on oder Geschwindigkeit des Teilchens zu messen versucht,*
> *auch nicht von der Art des Teilchens: Die Heisenbergsche*
> *Unschärferelation ist eine fundamentale, unausweichliche*
> *Eigenschaft.*
> *… Man kann künftige Ereignisse nicht exakt voraussagen,*
> *wenn man noch nicht einmal in der Lage ist, den gegenwär-*
> *tigen Zustand des Universums genau zu messen!*
> *…. Die Quantenmechanik führt also zwangsläufig ein Ele-*
> *ment der Unvorhersagbarkeit oder Zufälligkeit in die Wis-*
> *senschaft ein.*

Ich möchte hingegen dem Leser deutlich machen, daß die Quan-
tenmechanik[27] *ebenfalls alle die Vorhersagen liefert, welche die*
klassische Mechanik machen kann, und daß sie darüber hinaus

---

[26]Hawking, S. W., 1988, S. 77.
[27]Eventuell mit der bei Primas geschilderten Verallgemeinerung.

auch dann zutreffende Vorhersagen erstellt, wenn die der klassischen Mechanik vollkommen unzutreffend werden.

Vorhersagbarkeit in der klassischen Physik Vielleicht muß man sich an dieser Stelle verdeutlichen, wie es mit der Vorhersagbarkeit in der klassischen Physik bestellt ist. Von ihrer mathematischen Struktur her ist diese eine deterministische Theorie. Dies bedeutet, daß bei gegebenen Anfangsbedingungen das Verhalten des Systems gemäß der Theorie sowohl für die Zukunft als auch für die Vergangenheit ein für alle Mal festgelegt ist. Wir haben zu seiner Beschreibung ein System von Differentialgleichungen, für die es eine mathematische Konsequenz ist, daß nur eine Lösungskurve durch einen gegebenen Punkt und in eine dort vorgegebene Richtung laufen kann.

Für einfache Probleme, wie etwa die Bahn eines einzigen Planeten um seinen Zentralstern, kann man diese Kurven einfach berechnen und angeben. Für ein solches Problem läßt sich die Lösung für beliebige Zeiten beliebig genau angeben. Sie ist gleichsam ein Paradebeispiel für eine deterministische Theorie.

In der Realität kommt ein solches System so gut wie nie vor, jedenfalls ist unser Sonnensystem nicht von dieser Art. Hier gibt es große und kleine Planeten und dazu bei vielen Planeten noch Monde, darüber hinaus eine Unzahl kleinerer Himmelsobjekte wie Asteroiden und Kometen. Für ein solches System kann man beweisen, daß dafür nie eine geschlossene mathematische Lösung vorliegen kann. Mit diesem Ausdruck bezeichnet man eine Lösung, die in Form bekannter Funktionen gefunden werden kann und bei der man auf einfache Art und Weise für beliebige Zeiten angeben könnte, wie die Funktionswerte sich ändern müssen, wenn man die Anfangsbedingungen etwas ändert.

Chaotische Systeme sind die Regel Für ein Mehrkörperproblem, das bereits bei lediglich drei Teilchen vorliegt, kann man zwar auch die Bewegung seiner Teile für beliebige Zeiten ausrechnen, aber solche Systeme sind in der Regel „chaotisch". Darunter versteht man in der mathematischen Physik die Eigenschaft, daß eine errechnete Lösung sehr schnell wertlos wird, wenn man die Anfangsbedingungen auch nur wenig verändert. Während für das Zwei-Körper-Problem noch gilt, daß kleine Änderungen in den Ursachen,

hier in den Anfangsbedingungen, auch nur kleine Änderungen für
den künftigen Verlauf bewirken, so ist bei chaotischen Systemen
das Verhalten so, daß beliebig kleine Änderungen sehr oft riesig
große Abweichungen im späteren Lauf der Systementwicklung verursachen können.

*Chaotische Systeme haben die Eigenschaft, daß der Aufwand für
eine Vorausberechnung ihres Verhaltens mit der Vorhersagedauer
so stark ansteigt, daß nach einiger Zeit jede beliebige Rechenma-
schine langsamer ist als die reale Entwicklung des zu vorhersa-
genden Systems selbst.* Hier haben wir also eine diffizile und
gleichzeitig schwerwiegende Form der Unvorhersagbarkeit bereits in einer klassischen Theorie *vorliegen*.

Wie sieht nun die Situation in der Quantentheorie aus?   **die Situation in**
    Für die Quantentheorie gilt, daß sich der Zustand des **der Quanten-**
Systems gemäß der Schrödinger-Gleichung entwickelt, und **theorie**
diese ist eine deterministische Gleichung. Wenn also der
Zustand genau bekannt ist, dann kann seine Änderung in der Zeit
für beliebige Dauern berechnet werden. In der Regel wird dies auch
nicht einfacher sein als im klassischen Fall, was aber ist für die
prinzipielle Fragestellung erst einmal sekundär ist.
    Das Problem, das Stephen Hawking stört, ist aber ein anderes.

*Die deterministische Entwicklung des Quantenzustandes determi-
niert in keiner Weise sämtliche möglicherweise feststellbaren
Eigenschaften des Systems.*

Diese Feststellung ist eine prinzipielle und hängt nicht vom Unver-
mögen unserer Computer ab. Für die Quantentheorie gilt, daß auch
bei einer genauen Kenntnis des Zustandes nicht für jede physikalische Größe, die an dem System beobachtet oder gemessen werden
kann, feststeht, welchen Wert man dabei für diese Größe finden
wird. Bei der Besprechung des Meßprozesses werden wir noch ausführlich darauf eingehen, daß die Beobachtung stets eine Aufhe-
bung der Individualität des Quantensystems bedeutet und aus der
Fülle seiner Beziehungsmöglichkeiten dabei eine einzige real wird.

Wenn man sich also verdeutlicht, daß der Quantenzustand gerade nicht den Charakter einer Eigenschaft widerspiegelt, sondern vielmehr den von Beziehungen, dann wird man diese indeterministische Seite der Quantentheorie nicht mehr als so anstößig empfinden müssen.

Für chaotische Systeme gilt darüber hinaus, daß ihre quantentheoretische Behandlung weniger chaotisch ist als im klassischen Fall. Die Lösung des quantentheoretischen Drei-Körper-Problems – die Behandlung des Heliumatoms – war der entscheidende Schritt für die Durchsetzung der Quantenmechanik gegenüber ihrer halbklassischen Vorgängertheorie. Wie erwähnt ist für den klassischen Fall eine solche Lösung nicht möglich.

Die Teile, in die man ein Quantensystem zerlegen kann, sind in dieser Theorie durch sogenannte Phasenbeziehungen miteinander verbunden, wodurch ihr mögliches Verhalten wesentlich genauer als im klassischen Fall vorhergesagt werden kann.
Diese größere Genauigkeit ist im Grunde auch nicht verwunderlich, hat man doch in die Beschreibung eines einzigen Quantenteilchens unendlich viele Zahlwerte eingeschlossen, während man bei einem klassischen Punktteilchen mit sechs Zahlwerten auskommt beziehungsweise auskommen muß!
Auch daran wird deutlich, daß die Quantenphysik ein „Mehrwissen" repräsentiert, aus dem sich die so spektakulären Ergebnisse haben ableiten lassen.

Beispiel für Das deutlichste und zugleich einfachste Beispiel für solche
Phasen- Phasenbeziehungen liefern Interferenzexperimente, bei-
beziehungen spielsweise an Elektronen.

Diese Experimente lassen sich mit der klassischen Teilchenphysik nicht verstehen, denn es ist keinerlei mechanisches Modell vorstellbar, das die folgende Eigenschaft hätte:
Man läßt einen solchen Teilchenstrahl aus einzelnen Elektronen gegen eine Wand laufen, die zwei verschließbare Löcher hat. Nun plaziert man einen Zähler hinter dieser Wand an einer solchen

*Stelle, daß an ihr Teilchen ankommen sowohl, wenn allein das
erste Loch geöffnet ist, als auch dann, wenn lediglich das zweite
Loch geöffnet ist. Dann soll es passieren, daß der Zähler genau
dann keine Teilchen mehr empfängt, wenn gleichzeitig beide Löcher geöffnet sind.*

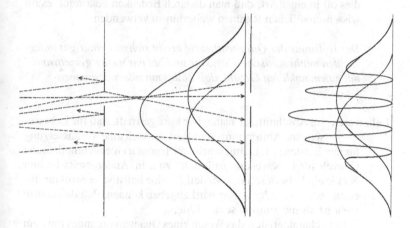

4.13   Der Doppelspalt in der Quantenphysik

Mit Elektronen kann man genau solche Versuche durchführen, und
im Gegensatz zur klassischen Physik erlaubt es die Quantentheorie, die Beziehung der *einzelnen Elektronen* zu den *beiden Löchern*
zu erfassen. *Durch dieses Mehrwissen können der Versuch und sein
Ausgang zutreffend beschrieben werden.*

Diese Mehr*wissen macht wiederum deutlich,* daß in der Quantentheorie *ein Ganzes* mehr *ist als nur die Summe seiner Teile, daß
es holistische Züge trägt.*

4.4.3   Der quantentheoretische Holismus

Die letzten Bemerkungen sollen nun noch einmal genauer betrachtet werden. Holismus ist heute zu einem Modewort geworden, das oft außerhalb der Wissenschaft verwendet wird. Dabei geschieht dies oft in einer Art, daß man dadurch Bedenken bekommt, es im wissenschaftlichen Rahmen weiterhin zu verwenden.

Der Holismus der Quantentheorie ergibt sich aus einer gut untersuchten mathematischen Struktur und hat nur wenig gemeinsam mit einem unklaren Gefühl, daß „alles mit allem zusammenhängt".

Lebewesen Im Abschnitt 3.1 hatten wir kurz gestreift, daß für Lebewesen eine Abtrennung vom Rest der Welt eine Voraussetzung für ihre Existenz ist. Damit scheint auch primär eine nichtholistische Umwelt für Lebewesen „natürlich" zu sein. Andererseits ist nun gerade ein Lebewesen das Modell für eine holistische Struktur, für etwas, bei dem jeder sofort wird zugeben können, daß das Ganze mehr ist als die Summe seiner Teile.

Bohr charakterisiert das Wesen eines Quantenvorganges mit dem Begriff *individueller Prozeß* – wir selbst begreifen uns als Individuen.

Ein Individuum ist etwas, was man nicht teilen soll beziehungsweise was durch eine Teilung zerstört oder zumindest wesentlich verändert wird.

Wie sieht dies alles nun für den Fall der Quantentheorie aus?

Wir hatten davon gesprochen, daß eine Mehrzahl von Quantenobjekten dadurch beschrieben wird, daß die Menge ihrer jeweiligen Einzelzustände multiplikativ miteinander verbunden wird. Solange sich das Gesamtsystem in genau diesem Zustand – einem sogenannten Produktzustand *– befindet, ist es noch möglich, sinnvoll von „Zusammensetzung" zu sprechen.*

Die Addition von Zustandsvektoren ist aber nun auch für die Zustände des Gesamtsystems erlaubt. Damit können aber jetzt aus den Produktzuständen solche Zustände erzeugt werden, in denen von der Ausgangszusammensetzung nichts mehr zu erkennen ist.

Wenn das System in einen solchen Zustand gelangt – und das ist der normale Fall –, verhält sich das Gesamtsystem wie ein Individuum, das nicht als aus Teilen zusammengesetzt betrachtet werden kann. In solchen Zuständen wird dann das Verhalten des Systems auch nicht durch die Ausgangsteile, aus denen wir es zusammengesetzt haben, und deren Eigenschaften erklärbar.

Eine Auswirkung dieses Phänomens ist die sogenannte *Nicht-*   **Nichtlokalität** *lokalität* in der Quantentheorie. So läßt sich beispielsweise ein spezielles quantentheoretisches Individuum präparieren, das in einem – natürlich nur unzureichenden und unzutreffenden – Bild beschrieben werden kann als bestehend aus zwei Teilchen an zwei verschiedenen Orten. Das Zutreffende daran mag sein, daß es ohne jede Mühe in zwei solche Teilchen zerlegt werden kann, das Unzureichende an diesem Bild ist, daß es bis zu einer solchen Zerlegung ein einheitliches Ganzes ist und daher ein Verhalten zeigt, das völlig unerklärlich ist, wenn man es nur von der möglichen Zerlegung her bedenkt.

Eine solche Nichtlokalität kann bezüglich jeder physika-   **EPR-** lischen Größe auftreten. Als räumliche Nichtlokalität ist sie   **Nichtlokalität** durch eine Arbeit von *Einstein, Rosen* und *Podolsky* aus dem Jahre 1935 berühmt geworden. Hierbei geht es um ein zerfallendes System, das als ganzes in einem wohlbestimmten Zustand ist. Seine möglichen Teile sind allerdings noch nicht in einem definierten Zustand, müssen aber für alle ihrer möglichen eigenen Zustände bestimmte Korrelationen erfüllen, die durch den Gesamtzustand erzwungen sind. Unter diesen möglichen Zuständen der Teile gibt es stets auch solche Paare von Zuständen, an denen Eigenschaften gefunden werden können, die sich jeweils gegenseitig ausschließen.

Im täglichen Leben ist es uns geläufig, daß wir einander ausschließende Möglichkeiten gleichzeitig annehmen. Es ist möglich, daß Post im Briefkasten ist oder daß er leer ist. Diese beiden Möglichkeiten schließen als Realitäten einander aus. Wenn ich nachsehe, weiß ich, was tatsächlich der Fall ist. Bei dem von Einstein, Podolsky und Rosen vorgeschlagenen Experiment würde aber diese „natürliche Überlegung" in die Irre führen. Denn wenn jetzt an einem der Teile nach einer solchen Eigenschaft gesucht wird, erzeugt dies durch die vorhandenen Korrelationen sofort *Einschränkungen der Möglichkeiten* am anderen Teil.

Wenn dies als normaler Vorgang zwischen zwei isolierten Objekten durch die Wirkung einer verborgenen Kraft verstanden werden sollte – so wie es in der klassischen Physik oder in unserer durch diese geprägten Alltagserfahrung gedacht werden müßte –, würde dies nur unter einer massiven Verletzung der Relativitätstheorie *möglich sein. Unter einer holistischen Sichtweise hingegen ist es nicht so verwunderlich, daß eine Handlung an einem Ganzen dieses Ganze sofort und in allen seinen „Teilen" beeinflussen kann.*

Um nochmals an das Briefkastenbeispiel anzuknüpfen: Wenn ich in meinem Kasten nichts finde, muß dies nicht bedeuten, daß beim Nachbarn auch nichts ist. Es kann ja sein, daß der Briefträger sich verspätet hat – dann hat der Nachbar auch noch nichts – oder daß ich heute keine Post erhalten habe – dann weiß ich nicht, was beim Nachbarn vorliegt. Eine zuverlässigere Prognose als diese würde mir ein quantenmechanischer Zustand von beiden Briefkästen erlauben. Mit ihm könnte ich aus der Kenntnis meines Kastens mehr über den anderen Briefkasten aussagen. Allerdings ist selbst bei aller Phantasie so etwas für reale Briefkästen undenkbar. Für einfachere Systeme können die Physiker aber heute derartige nichtlokale Effekte aufzeigen.

Eine Nichtlokalität kann aber nicht nur bezüglich des Ortes auftreten, auch in der Zeit ist dies möglich.

Selbstverständlich versagen auch hierbei die Bilder, die wir uns mit der Denkweise der klassischen Physik von solchen Vorgängen machen können.

Ein Vorgang an einem Quantensystem beansprucht von **zeitliche** außen her gesehen selbstverständlich eine gewisse Dauer. **Vorgänge** Auch dabei würde man es als selbstverständlich auffassen, daß bestimmte Teilvorgänge nacheinander ablaufen, so wie wir es aus der klassisch geprägten Alltagserfahrung gewohnt sind. Wenn ich vom Haus in den Garten gehe, dann bin ich erst in der Stube, dann in der Tür, danach auf der Terrasse und dann im Garten. Wenn ich hinausrenne, weil ein kleines Kind gestürzt ist, so mag es sein, daß ich auf diesen Ablauf nicht achte, aber er wird auf jeden Fall so sein. Es gibt aber auch Handlungen, die wir so stark als Einheit empfinden, daß wir nicht in der Lage sind, sie tatsächlich in Einzelabläufe zu zerlegen. Dies müssen nicht notwendig meditative Erfahrungen sein, auch andere Reaktionen, wie etwa unmittelbares Bremsen in einer Gefahrensituation bei Autofahren, können wir an uns als holistisch wahrnehmen.

In der klassischen Physik läßt sich jeder Vorgang im Prinzip in beliebig kleine Zeitintervalle zerlegen. Es ist dann nur eine Frage der technischen Realisierung der Uhren, inwieweit dies auch praktisch möglich ist. In der Quantenphysik gibt es jedoch auch Ganzheiten bezüglich des Zeitablaufes, die nicht als zusammengesetzt verstanden werden können.

Hier kann man zu einem so späten Zeitpunkt an das Sy- **verzögerte** stem Bedingungen stellen, daß nach einer klassischen Sicht- **Wahl** weise das Wesentliche bereits passiert gewesen zu sein scheint, so daß „die Vergangenheit hätte geändert werden müssen". In der Quantenphysik kann jedoch der Vorgang als ganzer auf eine solche Bedingung reagieren. Das Schlagwort hierzu stammt von A. Wheeler und lautet *delayed choice* („verzögerte Wahl").

Das früheste physikalische Beispiel dazu stammt von Carl Friedrich v. Weizsäcker aus dem Jahre 1931.[28] Er hatte Heisenbergs Gamma-Strahlen-Mikroskop durchzurechnen. Dabei hat der Experimentator die Möglichkeit, erst „nach dem Streuprozeß" des γ-Quants

---

[28]Weizsäcker, C. F. v., 1931.

am Elektron und der erfolgten Ausstrahlung des Streulichtes entscheiden zu können, ob das Elektron durch eine Kugelwelle repräsentiert worden war und die ausgestrahlte Welle daher den Ort dieses Elektrons bestimmt oder ob das Elektron durch eine ebene Welle dargestellt war und das gestreute Photon daher dessen Impuls gemessen hat.

Hier wird der Vorgang nur als Ganzes wirksam, die phantasierte Beschreibung in einem internen zeitlichen Ablauf würde an der Wirklichkeit vorbeigehen.

Aus unserem Alltag mögen wir analoge Erfahrungen kennen, wenn beispielsweise „ein schöner Abend", den wir als ein Ganzes verstehen, durch eine törichte Bemerkung verdorben wird. Auch wenn der fatale Satz erst gegen Ende fällt, ist doch das ganze Gespräch gleichsam rückwirkend schal geworden. Daß dabei die Uhren an der Wand einen Zeitablauf registrieren, ist für unsere Empfindungen ziemlich nebensächlich.

ganzheitliche Zeiterfahrungen in der Kunst
Über ganzheitliche Zeiterfahrungen in der Kunst, besonders in der Musik, hat Georg Picht philosophiert. Die Wahrnehmung einer Melodie geschieht als Ganzes, wir empfinden sie nicht als eine unzusammenhängende Abfolge einzelner Töne. Das Hören der Melodie geschieht in einer ganzheitlichen Gegenwart, die uns aus dem Zeitlauf der Uhren herausnimmt. Dennoch werden wir nach ihrem Ende wieder in den zeitlichen Ablauf des Alltages eingebettet. A. M. Klaus Müller – selbst von der Physik herkommend – hat diese Gedanken aufgenommen und über ganzheitliche Aspekte der Zeitwahrnehmung in den verschiedenen Erlebensweisen geschrieben.[29]

Derartige Erfahrungen sind im Kontext der klassischen Physik nichts anderes als nichtobjektive und wohlmöglich sentimentale Beschreibungen subjektiver Vorgänge. Die Quantentheorie erlaubt es hingegen, derartige wohlbekannte Alltagserfahrungen durch ihre reicheren Beschreibungsweisen für die Natur in einer analogen Weise nachzubilden.

---

[29]Müller, A. M. K., 1972 und 1987.

4.4.4 Die Aporien der Messung

Derjenige Teil der Quantentheorie, der unter den Fachphysikern und vielen Naturphilosophen bis heute die größten Widerstände hervorruft, ist der Problemkreis der Messung.

Wenn ein Quantensystem in seinem Zeitablauf durch die Schrödinger-Gleichung *beschrieben wird, stellt dieses einen* reversiblen Vorgang *dar. Dies bedeutet, daß dabei nichts geschieht, was nicht rückgängig gemacht werden könnte – es werden* keine Fakten *erzeugt.*   **reversible Vorgänge**

Messungen hingegen schaffen Fakten. *Man erhält Antworten auf Fragen, und das Befragte ist danach tatsächlich so, wie es die Antwort besagt.*   **Irreversibilität – Fakten**

Der Begriff der Irreversibilität stammt aus der Thermodynamik, der Wärmelehre, und bedeutet, daß für einen damit bezeichneten Prozeß die Wahrscheinlichkeit beliebig klein wird, daß er in der umgekehrten Richtung verlaufen kann, ohne daß dazu Aufwendungen in der Umgebung erforderlich sind. Ein gern verwendetes Beispiel für einen nicht reversiblen Vorgang ist das Zerschellen eines Glases auf dem Boden. Auch wenn wir annehmen, daß die Bewegungsgleichungen seiner Bestandteile reversibel seien, so werden doch ein spontanes Zusammenfügen der Scherben und der Rücksprung auf den Tisch nie vorkommen. Dieses „nie" bezeichnet eine Wahrscheinlichkeit, die sich nur noch in so winzigen Zahlen angeben läßt, daß sie keine reale Bedeutung mehr besitzen können.

Reversible Vorgänge sind mathematisch einfacher zu beschreiben, kommen aber in unserer täglichen Erfahrung nie vor. Sie würden einen vollständigen Verzicht auf das Auftreten von Reibung erfordern. Im atomaren Bereich allerdings kennen wir Vorgänge ohne Reibung, und diese werden zutreffend durch die Schrödinger-Gleichung beschrieben. Dabei wird die Zustandsfunktion höchstens stetig geändert, aber nicht sprunghaft. Die mathematische Bezeichnung dafür ist „unitär". Sie bedeutet, daß sich die durch sie ausgedrückten Möglichkeiten ebenfalls nicht sprunghaft ändern können.

Dabei werden aber keine Fakten geschaffen. In der Sprechweise der Physiker werden Ereignisse, die im Zusammenhang damit phantasiert werden, als „virtuell" bezeichnet.

Bei einer Messung *hingegen wird ein Faktum erzeugt, sie führt dazu, daß die bis dahin in der Zustandsfunktion enthaltenen anderen Möglichkeiten nun nicht mehr bestehen.* Der Zustand ändert sich sprunghaft. *Einen solchen Quantensprung kann man* nicht mehr *durch die stetige Änderung* gemäß der Schrödinger-Gleichung *beschreiben lassen.*

Das Ärgernis am Meßprozeß Daß damit in ein und derselben Theorie zwei vollkommen verschiedene Zeitabläufe zugelassen werden müssen, muß für einen an der klassischen Physik geschulten Verstand ein großes Ärgernis sein. In der historischen Entwicklung der Quantentheorie hat es verschiedene Versuche gegeben, auf diese Herausforderung zu reagieren.

Eine Möglichkeit bestand in der *These,* daß die *Quantentheorie nur für die Welt der Mikroobjekte* zuständig sei, während Meßapparate als *Makroobjekte der klassischen Physik* zu genügen hätten. Durch die unkontrollierbare Einwirkung des Meßgerätes würde die sprunghafte Änderung des Quantenzustandes bei der Messung bewirkt.

Mikro- und Makrowelt Diese Trennung zwischen Mikro- und Makrowelt ist aber schwierig zu definieren. Heute ist es in zunehmender Weise möglich, Quantenobjekte zu präparieren, die durchaus makroskopisch sind und sogar mit bloßem Auge sichtbar. Ich denke dabei beispielsweise an die vor kurzem bekanntgegebene Vereinigung von mehr als tausend Atomen zu einem einzigen Quantenzustand eines Bose-Einstein-Kondensats. Dadurch wird es auch für die Verfechter dieser These zunehmend schwieriger, dieses Problem einfach an der Größe der Objekte zu verankern.

Meßprozeß und Bewußtsein Eine andere der extremen Deutungen des Meßprozesses geht auf *Eugen Wigner* zurück. Er wollte den Vorgang der sprunghaften Veränderung der Zustandsfunktion ebenfalls als einen physikalischen Prozeß verstanden wissen und *postulierte, daß ein menschliches Bewußtsein im Akt der Kenntnis-*

nahme des Meßergebnisses den Quantensprung verursacht. Dies war eine Ansicht, die durch Heisenbergs These von der Verschieblichkeit des Schnittes beeinflußt worden war. Auch wenn man einsah, daß mit logischen Argumenten dieser Ansatz nicht zu widerlegen war, gab es doch große Widerstände gegen Wigners Vorstellung. Da die Herausbildung von Fakten im Rahmen der Quantentheorie nur durch Meßvorgänge mathematisch zu beschreiben war, würde es sich in ihrer Konsequenz bei einer extremen Auslegung ergeben, daß erst mit der Entdeckung dieser Theorie Fakten in die Welt gekommen wären. Nicht nur vielen Physiker fiel es schwer, solch eine Aussage zu akzeptieren.

Für *Bohr* und die im wesentlichen auf ihn zurückgehende **Kopenhagener** Kopenhagener Interpretation stellt sich das Meßproblem in **Interpretation** einer im Grunde einfach zu lösenden Form dar. *Voraussetzung ist allerdings die Annahme, daß es neben der Quantentheorie einen Bereich der klassischen Physik gibt, der als der Quantentheorie nicht zugehörig gedacht werden soll.*

Bohr bestand darauf, daß für ein Meßergebnis sowohl eine raumzeitliche als auch eine kausale Beschreibung notwendig ist. Beides zugleich ist aber nur im Rahmen der klassischen Physik möglich, während diese Forderung wegen der Komplementaritätsstruktur der Quantentheorie in dieser unerfüllbar bleibt.

Eine raumzeitliche Beschreibung erlaubt es, jedem mitzuteilen, wie der Versuch aufgebaut war und abgelaufen ist. Eine kausale Beschreibung wiederum ist die Voraussetzung dafür, daß man vom Experiment auf das Ergebnis schließen darf. Wenn dies nicht gelten würde, wäre ein Rückschluß von den gemessenen Daten auf die zu messende Struktur nicht möglich.

Zu diesem klassischen Bereich gehört nach Bohr auf jeden Fall auch der Beobachter.

Die Zustandsfunktion stellt einen Wissenskatalog möglicher Meßwerte des Beobachters dar, aus welchem durch den Meßprozeß einer als zutreffend ausgewählt wird (ausgewählt vom System, nicht vom Beobachter!).

Die Beschreibung des Zustandes eines Quantensystems wird damit als Wissen aufgefaßt und der Meßprozeß als eine Änderung dieses Wissens. Daß sich Wissen durch den Erwerb neuen Wissens natürlich ändert, scheint mir selbstverständlich zu sein. Insofern könnte diese Kopenhagener Interpretation als zutreffend und problemlos akzeptierbar verstanden werden.

Widerspruch Der Widerspruch, der sich dennoch gegen diese Interpreta-
gegen die tion erhebt, kann meines Erachtens *weniger unter physika-*
Kopenhagener *lischen als von philosophischen und psychologischen Ge-*
Interpretation *sichtspunkten* her verstanden werden.

In der Kopenhagener Interpretation ist der Beobachter ein nicht zu beseitigender Bestandteil der Konzeption. Physik wird aber vielfach unter dem Ideal der objektiven Beschreibung der Welt gesehen, die sich daran zu bewähren hat, daß der Mensch in ihr nicht explizit vorkommt.
Daß die klassische Beschreibung so weitgehend zutreffend und zweckmäßig ist und dennoch in der Kopenhagener Interpretation so deutlich an die Messung und einen Beobachter gekoppelt ist, erregt vielfach Unbehagen. Wenn man sich aber verdeutlicht, daß die Beschreibung der Welt, welche die Physik liefert, notwendigerweise immer auch die Beschreibung durch uns ist, muß man sich nicht unbedingt daran stoßen.

Sonderstellung Ein anderer Widerspruch erhebt sich wegen der Sonder-
der Messung stellung, die in der Kopenhagener Interpretation die
Meßwechselwirkung im Gegensatz zu allen übrigen Wechselwirkungen erhält. *Man möchte doch vermuten, daß in einem Meßgerät keine anderen physikalischen Gesetze gelten als sonst auch.* Außerdem würde eine derartige Ausnahmestellung des Meßprozesses ein tieferes physikalisches Verständnis dieses Vorganges verbieten.

Hierzu gibt es nun weiterführende Überlegungen, die von Bohrs Analyse ausgehend den Meßvorgang genauer betrachten. Sie haben die Konsequenz, daß in ihnen der Beobachter nicht mehr eine solch herausgehobene Stelle wie in der Kopenhagener Interpretation inne hat.

Wir werden sehen, in wieweit dies zutreffend ist. Dazu wollen wir uns die Aporien der Messung genauer betrachten. Eine Aporie definiert das Lexikon[30] als **Aporien der Messung**

> *logische Schwierigkeit, die daraus erwächst, daß Gründe sowohl für wie gegen eine bestimmte Auffassung zu sprechen scheinen; die Aporie wird zur Antinomie, wenn die beiderseitigen Gründe beweisend zu sein scheinen.*
> *Die Bedeutung der Herausarbeitung der Aporie für jede wissenschaftliche Untersuchung betont schon Aristoteles (Metaphysik 3,1): „Wer den Knoten nicht kennt, kann ihn auch nicht lösen."*

Welche Aporie ist nun dem Meßprozeß zu eigen?

Wir hatten gesehen, daß man die Charakterisierung des Zustands eines Quantenobjektes im Gegensatz zu einer klassischen Beschreibung darin sehen konnte, daß dieser keine Aufzählung von Objekteigenschaften beinhaltet, sondern die möglichen Beziehungen zu seiner Umwelt erfaßte.

Diese Vielfalt von Möglichkeiten, die ein Quantensystem auszeichnet, können als *Möglichkeiten* nur so lange bestehen, so lange nicht durch einen irreversiblen Prozeß eine von diesen zu einem *realen Faktum* geworden ist. **Vielfalt von Möglichkeiten**

Der Holismus des Quantensystems kann sich daher nur solange realisieren, wie das System von seiner Umwelt getrennt ist. Als isoliertes System gehorcht es dem reversiblen Gesetz der Schrödinger-Gleichung für die Zeitentwicklung seiner Zustände.

Diese, das sei hier noch einmal wiederholt, beinhalten alle die *möglichen* Reaktionsweisen auf die Befragung durch eine Messung.

---

[30]Brockhaus, 1952: Aporie (griechisch „Weglosigkeit").

Für eine Messung aber muß nun diese Trennung aufgehoben *werden, das System darf nicht mehr isoliert bleiben.*

Dies scheint ein Widerspruch zu dem Obengesagten zu sein. Dort wurde erklärt, daß Quantensysteme durch ihre Beziehungen gekennzeichnet werden, klassische Systeme hingegen als Ansammlung isolierter Objekte zu verstehen sind.

Diese Aporie läßt sich aber auflösen.

Wenn man einem Quantensystem eine faktische Eigenschaft zuschreiben möchte, muß man es zwingen, sich wie etwas Klassisches zu verhalten. Dazu wird man es zuerst mit einem anderen System koppeln, das man in der gewünschten Näherung wie ein klassisches Objekt verstehen darf und das man als Meßgerät verwenden kann. Danach werden die Beziehungen zwischen beiden aufgehoben, so daß sich beide Partner wie klassische isolierte Objekte verhalten. *Jeder der beiden befindet sich nach dieser Trennung in einem Zustand, der mit dem des anderen in einer Relation steht,* so daß aus der Ablesung am Meßgerät auf den Zustand des gemessenen Objektes geschlossen werden kann, *ohne daß aber die beiden weiterhin eine holistische Einheit bilden.*

Eine vorherige Isolierung des Quantenobjektes wird in jedem Wechselwirkungsprozeß aufgehoben, aber *nicht jede Wechselwirkung ist eine Messung,* denn eine anschließende Trennung ist nicht immer gegeben.

Bei einer Wechselwirkung kann zweierlei geschehen. Entweder vereinigen sich die wechselwirkenden Partner zu einem neuen Ganzen, dessen neue Möglichkeiten, die durch den Holismus eröffnet werden, in der Produktzustandsfunktion ausgedrückt werden können. Ist dieses neu entstandene Ganze seinerseits von seiner Umwelt getrennt, können seine holistischen Züge sichtbar werden. Oder aber – das sei hier nochmals wiederholt – durch eine erneute Trennung in zwei unabhängige Objekte wird ein Faktum erzeugt, wodurch jeder der beiden Partner in jeweils einen – in der Regel neuen – Zustand übergeht, das heißt einen Quantensprung erleidet. Einen solchen Vorgang könnte man als einen Meßprozeß bezeichnen, auch wenn dabei nicht explizit von einem Beobachter gesprochen wird.

Das Problem des soeben Beschriebenen liegt in der harmlos klingenden Sentenz „durch eine Trennung".

Wann kann denn eine solche Trennung vorliegen? **Was ist eine**
Nun, mit Bohr könnte man zutreffend sagen, wenn ein **Trennung?**
Beobachter es gesehen hat und daher davon weiß, dann darf
man annehmen, daß es so ist.

Aber wir wollten doch versuchen, eine Erklärung zu finden, die
– über die Kopenhagener Interpretation hinausgehend – ohne den
Beobachter auskommt! Für ein Verständnis von Quantentheorie als
universaler Theorie scheint dies wichtig zu sein. Da der Meßprozeß
der einzige Vorgang im Rahmen der Quantentheorie ist, bei dem
Fakten entstehen, würde dann zumindest das Argument gegen die
Kopenhagener Deutung bedeutungslos werden, daß es ohne Beobachter – das heißt ja wohl ohne Menschen – keine Fakten geben
könnte.

Einer der möglichen Auswege, den man wählen kann, ist die Einführung eines mathematischen Grenzübergangs.

In der Mathematik besteht eine der Möglichkeiten, zu schar- **Grenzprozesse**
fen und eindeutigen Aussagen zu gelangen, darin, sehr große oder sehr kleine Werte zu unendlichen beziehungsweise zu verschwindenden Größen werden zu lassen. Es ist in der Regel kein mathematisches Problem zu erkennen, wann man dies tun darf, ohne zu widersprüchlichen Aussagen zu gelangen. Aus physikalischer Sicht gesehen ist ein solcher Grenzprozeß hingegen nicht immer eine wohldefinierte Angelegenheit. Er ist verbunden mit einer Idealisierung, deren physikalische Bedeutung in jedem Einzelfall zu bedenken ist. Im Sinne der zuvor angeführten Unterscheidung erhalten wir dabei in der Regel richtige physikalische Ergebnisse, die höchstens in einem mathematischen Sinne auch wahr sein können.

Eine dieser möglichen Idealisierungen besteht darin, das Meßgerät als unendlich groß anzunehmen, ihm unendlich viele Freiheitsgrade zuzuschreiben. Solche Systeme verhalten sich mathe-

matisch so, daß sie sich – auch als Quantensysteme verstanden –
wie klassische Systeme verhalten *können*. Im Rahmen der *algebraischen Quantentheorie* kann man dann zeigen, daß für solche
Systeme ein Verhalten möglich wird, in dem sich das Beziehungsgeflecht seiner Zustände in einzelne und isolierte Teilbereiche auflöst.[31] Eigenschaften, die allen Zuständen von jeweils einem solcher isolierter Bereiche *gemeinsam* zukommen, verhalten sich dann
wie die Eigenschaften eines klassischen Objektes.

kosmologische Die mathematischen Methoden zur Beschreibung solcher
Bezüge der Sachverhalte sind noch etwas komplizierter als die der übli
Messung chen Quantentheorie, aber dennoch einsichtig und – wie ich
hoffe – auch erklärbar. Das damit verbundene physikalische
Problem liegt darin, daß damit auf eine verdeckte Weise eine kosmologische Aussage verbunden ist.

Von den kosmologischen Modellen, die zur Zeit die größte Aussicht besitzen, unser Universum hinreichend gut zu beschreiben,
erlauben sehr viele ein solches physikalisches System mit unendlich vielen Freiheitsgraden in Strenge nicht. Eine solche Annahme
kann dann mit einiger Interpretationskunst als richtig, wohl aber
nicht als wahr dargelegt werden. Aber genau der Unterschied zwischen „sehr groß" und „unendlich" bezeichnet die Stelle, die eine
exakte Lösung des Meßprozesses erlaubt oder nicht. *Der exakte
mathematische Formalismus kann also durchaus im Widerspruch
zu einer das Problem optimal erfassenden physikalischen Beschreibung stehen.*

Triestiner Eine andere Möglichkeit besteht darin, Ereignisse, das
Interpretation heißt die Trennung holistischer Gesamtheiten, schlicht zu
postulieren. Dies hat beispielsweise *Weizsäcker* mit seiner
Triestiner Interpretation unternommen. Anknüpfend an das Bild
der virtuellen Prozesse postuliert er virtuelle Ereignisse, die ständig und überall geschehen. Da sie aber virtuell sind, erweisen sie
sich als nicht real, als nicht wirklich geschehen, und sind somit als
Ereignis auch sofort wieder verschwunden. Gelegentlich, so Weizsäcker, geschieht es aber, daß ein solch virtuelles Ereignis mit einem irreversiblen Prozeß verknüpft ist, und somit die Wahrschein-

---

[31]Man spricht von Superauswahlsektoren und Superauswahlregeln.

lichkeit seines Ungeschehenbleibens beliebig klein wird. Damit wird aus dem virtuellen Ereignis ein reales Ereignis, und dieses setzt somit ein Faktum, das in der ursprünglichen Kopenhagener Interpretation dem Meßprozeß vorbehalten war. Ein ähnliches Postulat ist von *Rudolf Haag* formuliert worden, der ebenfalls das Auftreten von Ereignissen, die einen irreversiblen Charakter haben sollen, als Zusatz zur herkömmlichen Quantentheorie postulierte.

Diese beiden Interpretationsweisen sind wohl etwas näher an der physikalischen Realität als das Postulat der unendlich vielen Freiheitsgrade, erlauben aber dafür im Gegensatz zu diesem keine so gut handhabbare Formalisierung.

In Abschnitt 5.4 wird ein konkreteres Modell für die Beschreibung des Meßprozesses vorgestellt und das Erscheinen klassischer Eigenschaften noch einmal reflektiert. Des weiteren soll dargelegt werden, welche Rolle der Beobachter wohl auf jeden Fall zu spielen hat.

Ich möchte noch einmal betonen:

Ein typisches quantenhaftes Verhalten kann nur von solchen physikalischen Objekten gezeigt werden, die als ein holistisches Ganzes hinreichend gut vom Rest der Welt getrennt sind.
Im Meßvorgang muß diese Trennung durch die Wechselwirkung mit einem Meßgerät aufgehoben werden. Die damit geschaffene Kausalbeziehung zwischen beiden muß aber dann wieder gelöst werden, um an beiden ein klassisches Faktum zu erhalten.

Das gemessene Objekt entwickelt sich ab dann – wiederum gemäß der Schrödinger-Gleichung – von diesem möglicherweise neuen Zustand aus weiter. Das Meßgerät muß als solches in der Lage sein, seinen Zustand – „die Zeigerstellung" – stabil gegenüber kleinen Störungen beizubehalten.

An dem gemessenen Objekt wird durch die Messung eine Veränderung vorgenommen, die aus der Vielzahl der Möglichkeiten eine als real auszeichnet. Diese stellt in der Regel nur einen kleinen Teil des gesamten Zustandsvektors dar.

All die Information, die in den anderen Teilsummanden dieses Vektors vorhanden war, wird durch den Meßakt für uns wertlos, geht für uns verloren. In einem solchen Meßprozeß wird in der Regel mindestens ein Photon ausgestrahlt. Mit dem Entschwinden dieses Photons geht auch die Information über dessen künftiges mögliches Verhalten verloren, darüber hinaus natürlich mit diesem ein Teil der zuvor im System vorhandenen Energie.

Es mag paradox klingen, daß somit prinzipiell mit jedem Meßprozeß ein Informationsverlust verbunden ist!

Ein großer Teil des Wissens über künftige Möglichkeiten wird eingetauscht gegen die Kenntnis des einen konkreten Faktums, das sich aus der Messung ergibt. Die sogenannte Reduktion des Wellenpakets besteht in der Neufestsetzung der nun vorhandenen Information als „vollständiges Wissen", wobei der Verlust durch das ausgelaufene Photon einfach ignoriert wird.

Die „Schichtenstruktur" der Wirklichkeitsbeschreibung

5.1 Wahrheit und Vertrauenswürdigkeit in wissenschaftlichen Theorien

In Kapitel 2 wurde ein kurzer Abriß der Entwicklung der **wissen-** menschlichen Sichtweise auf die Natur gegeben. In der Neu- **schaftliche** zeit bildeten sich die Naturwissenschaften heraus, und die **Revolutionen** bekannteste Theorie über deren Entwicklungsstufen ist wohl die von Thomas Kuhn über die wissenschaftlichen Revolutionen. Kuhn vertritt die Meinung, daß im Laufe der historischen Entwicklung ein bestimmtes wissenschaftliches Paradigma durch ein neues abgelöst wird. Er billigt dem alten wie dem neuen innere Konsistenz und die Fähigkeit einer sinnvollen Naturbeschreibung zu. Dies kann zu der Meinung führen, daß es eine Frage der Ästhetik oder anderer Gründe sein kann, welches Paradigma verwendet wird, während eine Aufwärtsentwicklung der Wissenschaft mit solchen Revolutionen nicht notwendig verbunden zu sein scheint. So äußert Kuhn die Meinung, daß eine kumulative Entwicklung in den Naturwissenschaften nicht gegeben sei, daß etwa Aristotelische Dynamik und Phlogistontheorie nicht weniger wissenschaftlich als die heutigen Anschauungen seien.[1]

Über die Revolutionen in der Physik schreibt er:

> „... mit den wichtigsten Wendepunkten in der wissenschaft-
> lichen Entwicklung, die mit den Namen Kopernikus, New-
> ton, Lavoisier und Einstein verbunden sind ... Sie zeigen
> deutlicher als die meisten anderen Episoden, wenigstens in

---

[1] Kuhn, Th., 1993, S. 16 f.

der Geschichte der Physik, worum es bei allen wissenschaftli-
chen Revolutionen geht. Jede fordert von der Gemeinschaft,
eine altehrwürdige wissenschaftliche Theorie zugunsten einer
andern, nicht mit ihr zu vereinbarenden, zurückzuweisen. "[2]

Hinter dieser Sicht steht meines Erachtens eine sehr formalistische
Denkweise über naturwissenschaftliche Theorien. Wenn man, wie
es oft üblich ist, eine solche Theorie wie ein mathematisches
Axiomensystem auffaßt, so besteht die Behauptung zu Recht, daß
eine Änderung solcher Axiome zu einer anderen und damit zu einer unverträglichen Struktur führt.

Naturwissen- *Bedenkt man aber, daß naturwissenschaftliche Erkenntnis*
schaft hat *stets nur Näherungscharakter besitzt, wird man die axio-*
Näherungs- *matischen Unterschiede nicht mehr so überbewerten.*
charakter *Dann kann man erkennen, daß eine solche neue Theorie*
oftmals eine Weiterführung der alten bedeutet, daß sie
zwar nicht nur den mathematischen Apparat, sondern auch das
Begriffsgefüge der alten Theorie überwindet, daß aber dennoch
in einem wichtigen Sinne und in einer gewissen Form der Nähe-
rung die alte Theorie wieder aus der neuen erhalten werden
kann.

Carl Friedrich v. Weizsäcker berichtete mir davon, daß er Werner
Heisenberg in dessen letztem Lebensjahr Kuhns Buch zu lesen gegeben hatte. Heisenberg hätte Kuhns Thesen interessant gefunden,
aber gemeint, daß darin doch leider die Pointe verpaßt sei. Die Pointe
der Entwicklung naturwissenschaftlicher Theorien sei doch, daß
sie sich in einer Abfolge „abgeschlossener Theorien" vollzieht.

abgeschlossene *Eine abgeschlossene Theorie kann durch kleine Verände-*
Theorie *rungen nicht weiter verbessert werden und umfaßt Gel-*
tungsbereiche ihrer Vorgängertheorien. Damit erklärt sie
deren dortigen Erfolg und die Zweckmäßigkeit von deren Ver-
wendung.

---

[2]a. a. O., S. 20 f.

Es ist allerdings nicht notwendigerweise so, daß der gesamte Anwendungsbereich der Vorgängertheorie von der späteren abgedeckt wird. Ein solches Umfassen wird zumeist dahingehend verstanden, daß die Phänomene der Vorgängertheorie auch mit den Methoden der Nachfolgetheorie berechnet werden können. Am ehesten kann man dieses im Verhältnis von Quantenmechanik und klassischer Mechanik annehmen. zum Beispiel weist Primas darauf hin, daß die Berechnungen der Kepler-Ellipsen der Planeten unseres Sonnensystems mit Mechanik und mit algebraischer Quantentheorie für mehr als 10^{36} Jahre übereinstimmen. Mit den beiden Relativitätstheorien ist das Verhältnis zur klassischen Mechanik problematischer. Ein Mehrkörperproblem, das in der Newtonschen Mechanik leicht formuliert werden kann, würde in der speziellen Relativitätstheorie im Grunde bereits feldtheoretische Methoden erfordern, denn die endliche Ausbreitungsgeschwindigkeit von Wirkungen in ihr ist durch ein entsprechendes Kraftfeld zu beschreiben.

Eine neue Theorie unterscheidet sich vor allem in ihren begrifflichen Grundlagen von den alten vorangehenden Theorien. Dies zieht dann eine Änderung in den verwendeten mathematischen Methoden nach sich.

Der grundlegende Unterschied von der Aristotelischen zur Newtonschen Physik liegt nicht im Gebrauch des Kraftbegriffes schlechthin. Er besteht vielmehr darin, daß Newton die Wirkung von Kräften und damit deren Erkennbarkeit mit der Änderung der Geschwindigkeit, das heißt mit der Beschleunigung verbunden hatte. Dies erforderte dann, daß zu deren mathematischer Beschreibung der Begriff einer Momentangeschwindigkeit entwickelt wurde, die sich dann auch in jedem Augenblick verändern kann.

Dies gelang Newton mit der Entwicklung der Differential- und Integralrechnung. Vorläufer dieser sogenannten Infinitesimalrechnung kannten bereits die Zeitgenossen von Aristoteles, aber dort erfolgte keine Verbindung zu einer Mechanik, wie Newton sie gefunden hat. **Differential- und Integralrechnung**

Die spezielle Relativitätstheorie verändert den Begriff der Gleichzeitigkeit und zeigt auf, daß dieser beobachterabhängig ist. In ihr erfolgt eine Geometrisierung der Zeit und daraus eine Veränderung der Geometrie von einer euklidischen Form zu einer nichteuklidischen.

Während ein Abstand im dreidimensionalen Ortsraum durch die Formel

$$r^2 = x^2 + y^2 + z^2$$

beschrieben wird, wird er im vierdimensionalen Minkowski-Raum, der durch die Raum-Zeit-Koordianten aufgespannt wird, durch

$$s^2 = x^2 + y^2 + z^2 - (ct)^2$$

festgelegt. Dies hat zum Beispiel zur Folge, daß in ihr Vektoren, die vom Nullvektor verschieden sind, dennoch die „Länge" $s = 0$ haben können.

Licht „altert" nicht   Eine physikalische Folge dieser Merkwürdigkeit ist, daß das Licht „nicht altert". Für die Photonen vergeht keine Zeit, auch wenn sie durch die Tiefen des Weltalls fliegen. Dies ist eine etwas poetische Formulierung der sogenannten „Zeitdilatation". Diese führt bei nicht ganz so schnellen Objekten, etwa bei Teilchen aus der kosmischen Höhenstrahlung, immerhin noch dazu, daß sie uns langsamer zerfallend erscheinen, als wenn sie langsam fliegend auf der Erde erzeugt werden.

Wie ich in Kapitel 2 beschrieben hatte, hebt die allgemeine Relativitätstheorie wiederum für das Schwerefeld den Begriff der Kraft auf und verwandelt damit die gesamte gravitative Wechselwirkung in eine Form von Geometrie.

Kraft wird Geometrie   Daher kann die Wirkung von Kräften, eine zentrale Vorstellung der Newtonschen Mechanik, übersetzt werden in eine „Verbiegung des Raumes". Dies führt dazu, daß eine Bewegung, die so gradlinig wie nur möglich verläuft, von „außen gesehen" wie eine gekrümmte Kurve aussieht. Ein zweidimensionales Modell wäre ein Flugzeug, das „immer geradeaus fliegen" würde. Wenn wir diese Strecke als Ganzes betrachten, so wird sie ein Kreis um die Erdkugel werden. Auf einer gekrümmten Fläche sind auch die „geradesten Linien" von außen her gesehen krumm. Lichtstrahlen können als „gerade" definiert werden. In Kapitel 2 hatte ich ein Bild gezeigt, in dem das Licht einer sehr fernen Galaxis rechts und links um ein näher liegendes Sternsystem herum in ein Teleskop auf der Erde läuft. In der Begriffswelt der Newtonschen Mechanik müßte man sagen, daß die Lichtstrahlen wie durch eine Linse verbogen werden. In der allgemeinen Relativitätstheorie, wo die Lichtstrahlen nach Definition geradeste Linien sind, wird die Krümmung in diesem Fall dem Raume zugesprochen.

Ich habe dieses letzte Beispiel hier noch einmal angeführt, weil man daran sehr gut erkennen kann, daß es manchmal nicht so sehr bedeutsam zu sein scheint, welches Begriffssystem man auswählt. Beide Sprechweisen scheinen eine gute und handhabbare Formulierung zu bieten, so daß es scheinbar dem Geschmack überlassen bleibt, welche man für sich wählen möchte.

Leider täuscht diese Vermutung, wenn man über die hier **gekrümmter** geschilderten Teilbereiche hinaus geht. Die Vorstellung ei- **Raum** ner Krümmung des Raumes erlaubt ein Modell eines Raumes, der in sich so gekrümmt ist, wie es als Fläche die Oberfläche einer Kugel ist. Das Modell eines gekrümmten Ortsraumes läßt sich mit dem Kraftbild der Newtonschen Mechanik nicht einmal ansatzweise entwickeln.

Für eine Reihe von Teilbereichen der Quantenphysik gilt ähnliches. Auch dort läßt sich manches mit den Vorstellungen der klassischen Physik modellieren. Dies wird aber stets unzureichend, wenn wir das spezielle Modell verlassen. Ein markantes Beispiel dafür waren die Bohmschen Teilchenbahnen, die bei genaueren Untersuchungen ihre scheinbare Realität verlieren (siehe Abschnitt 4.3.7).

Ich möchte hier noch einmal an das in Kapitel 3 Besproche- **Wahrheit und** ne und speziell an die Unterscheidung von Wahrheit und **Vertrauens-** Vertrauenswürdigkeit erinnern. Wir hatten gesehen, daß heu- **würdigkeit** te von keiner naturwissenschaftlichen Theorie behauptet werden kann, wir wüßten, sie müsse wahr sein.

Wenn manche Philosophen der Meinung sind, daß wir die vertrauenswürdigen Gesetze selbst konstruieren, so ist das bis zu einem gewissen Grade sicherlich tatsächlich so. So sind wir selbstverständlich nicht in der Lage, sie anders zu formulieren als mit der Mathematik, die uns jeweils zur Verfügung steht.

vertrauens- Aber daß wir überhaupt so etwas wie vertrauenswürdige
würdige Naturgesetze finden können, scheint doch darauf zu deuten,
Naturgesetze daß wir hier *tatsächlich etwas entdecken, und nicht, daß wir*
notwendig für *das alles nur erfinden.* Ich denke, es ist eine spannende Fra-
Leben ge, ob man sich überhaupt eine Welt ohne Naturgesetze zumindest ansatzweise würde vorstellen können. Da Lebewesen nur existieren können, wenn sie lernen, auf sich wandelnde Umwelteinflüsse angemessen zu reagieren, würde sich in einer solchen hypothetischen Welt ohne Regelhaftigkeit Leben wohl nicht entwickeln können.

Daraus folgern zu wollen, die Welt müsse in etwa so sein, wie sie ist, weil es uns gibt, würde ich jedoch wiederum für reichlich kühn halten. Ich denke aber, daß in der Welt, in der wir leben, nicht einmal die Phantasie davon durchgehalten werden kann, daß es so etwas wie vertrauenswürdige Naturgesetze prinzipiell nicht gäbe.

Wenn es aber so etwas wie vertrauenswürdige Naturgesetze zu entdecken gibt, dann erscheint es mir wiederum unvermeidbar zu sein, daß sich nur solche Lebensformen auf Dauer werden am Leben erhalten können, die fähig sind, diese Gesetze zu berücksichtigen und für ihre Zwecke auszunutzen.

Ein Vogel wird zwar keine theoretische Aerodynamik beherrschen, aber er muß fliegen können, um zu überleben.

Die These über die Entwicklung abgeschlossener Theorien verstehe ich so, daß sich die Theorien, die wir wegen ihrer Einfachheit und Lebensnähe zuerst gefunden haben, sich aus fundamentaleren Theorien erklären lassen. Von diesen ist es nicht mehr so sicher, daß ihre Kenntnis für das Überleben von biologischen Systemen notwendig ist oder daß sie von solchen Lebewesen für ihr eigenes Überleben genutzt werden.

Dennoch meine ich, daß es sicherlich ein Nachdenken   **überlebens-**
wert ist, ob ein so hochentwickeltes und komplexes Bio-   **notwendige**
system, wie es die menschliche Gesellschaft heute ist, zu   **Theorien**
ihrem Überleben nicht auch die Kenntnis derjenigen
Theorien benötigt, welche zu entdecken die Physiker sich heute
anschicken.

Wenn wir heute von der Erkenntnisförmigkeit der Evoluti-   **Erkenntnis-**
on sprechen, so bedeutet dies meiner Meinung nach nicht,   **förmigkeit der**
daß sich dies nur auf direkte und unreflektierte Erkenntnis   **Evolution**
beziehen kann, wie sie in der gesamten biologischen Ent-
wicklung bis zum Menschen geschieht. Mit dem Menschen hat die
Evolution einen Zweig eröffnet, in welchem der Erkenntniszu-
wachs nicht mehr an die Darwinsche Form der Vererbung gebun-
den ist.

Bereits ansatzweise mit den Primaten und natürlich vor al- **Erkenntnis als**
lem mit dem Menschen wird es möglich, das Wissen wei- **Teil der**
terzugeben, das im Laufe eines Lebens und durch die in ihm **Evolution**
gewonnenen Erfahrungen entstanden ist.

Daher sehe ich in der wissenschaftlichen und technischen Entfal-
tung der Menschen durchaus eine neue Gestalt innerhalb der
natürlichen Evolution, aber keine Abkehr von dieser, keine Ent-
wicklung außerhalb von ihr.

Die Unterscheidung von natürlicher und technischer Entwicklung
ist sicherlich so sinnvoll wie die, sagen wir, zwischen Lebewesen
und Tieren. Man kann sich vielleicht eine Situation – auf einer Insel – vorstellen, in der Tiere so gegen andere Lebewesen – die Pflanzen – vorgehen, daß in Folge davon beide Formen nicht überleben.
Wahrscheinlicher aber wird sein, daß nach dem Abweiden aller
Pflanzen die Tiere sterben werden und dann die Samen der Pflanzen wieder neu keimen.

Auch wir Menschen haben eine Situation erreicht, in der wir
durch eigenes Handeln unser Überleben gefährden können. Da

wir die Evolution teilweise in den Bereich der bewußten Gestaltung geführt haben, ist eine bewußte Analyse und Reflexion über die von uns erwünschten Ziele und die möglichen unerwünschten Auswirkungen dringend geboten.

Andererseits ist die Vorstellung, alles so belassen zu wollen, wie es im Augenblick ist oder wie es vor einigen Jahrhunderten war, in meinen Augen eine ausgesprochen unevolutionäre Haltung.

Weiterentwicklung unserer Kenntnis ist Überlebensbedingung Wir werden die Auswirkungen unseres Handelns nur beurteilen können, wenn wir die natürlichen Zusammenhänge über die Reichweite unserer geplanten Handlungen hinaus verstehen. Die Weiterentwicklung unserer Kenntnis scheint daher eine der Überlebensbedingungen der Menschen zu sein.

Mischformen von Theorien Wir hatten vorhin über die Abfolge der abgeschlossenen Theorien gesprochen. Da diese nach meiner Definition bisher lediglich „vertrauenswürdig" und nicht „wahr" sind, erscheint es nicht nur zweckmäßig, sondern auch legitim, wenn zum Teil auch Mischformen aus diesen verwendet werden. So werden zum Beispiel astronomische Berechnungen für unser Sonnensystem sehr oft in einer sogenannten Post-Newtonschen Näherung durchgeführt. Dabei bewegt man sich im Grunde noch im Begriffssystem der Newtonschen Mechanik, führt aber zusätzliche Kräfte ein, die aus der allgemeinen Relativitätstheorie hergeleitet werden. Ähnlich wird quasiklassisches Verhalten im Mischbereich von Mechanik und Quantentheorie erfaßt.

Begrifflichkeit Eine andere Frage ist die nach der Begrifflichkeit der jeweiligen Theorien. In diesem Sinne kann es sein, daß gerade mit der Quantenphysik eine andere Situation als bisher eingetreten ist.

Ich denke sehr wohl, daß im Prinzip die Quantenmechanik in der Lage ist, ebensogut wie die Newtonsche Mechanik deren Probleme rechnerisch nachzuvollziehen und in vielen anderen Bereichen wesentlich bessere Voraussagen als diese zu erlauben. Was aber die begriffliche Seite der Quantentheorie betrifft, so hatte bereits Niels Bohr immer darauf insistiert, daß die Ergebnisse einer Messung in der Sprache der klassischen Physik formuliert werden müssen.

Auf diesen Zusammenhang wollen wir im nächsten Abschnitt genauer eingehen.

5.2 Die gegenseitige Bedingtheit von klassischer und Quantenphysik

In Kapitel 3 haben wir über die sprachlichen Strukturen unserer Erkenntnis gesprochen. Wir hatten gesehen, daß die klassische Physik der von uns verwendeten Sprache gut angepaßt ist.

Der Zerlegung der Welt in einzelne Objekte entspricht der Aufbau der Sprache aus Begriffen.

Damit ist die klassische Physik unserer geschichtlich ge- **klassische** wachsenen Sprachfähigkeit näher als die Quantentheorie, **Physik und** und es ist kein Wunder, daß sie auch entsprechend früher in **Sprache** der Wissenschaftsentwicklung gefunden worden ist.

Die klassische Physik ist charakterisiert durch eine Struktur, die einer objektiven Sicht auf die Welt entspricht. In ihr haben die Objekte diejenigen Eigenschaften, die ihnen objektiv zukommen. Man benötigt keine Referenz auf die Beobachtungsmodalitäten oder gar den Beobachter selbst.

Später hatte sich allerdings herausgestellt, daß ihre einzelnen Theoriebestandteile nicht miteinander verträglich waren. Sie kann also daher höchstens in einem jeweils eingeschränkten Bereich ver- trauenswürdig sein. Experimentelle Befunde taten ein übriges, um den Gültigkeitsbereich der Theorie einzugrenzen.

Mit der Quantenphysik wurde eine Beschreibung gefunden, die offenbar wesentlich fundamentaler als die klassische ist. Sie er- laubte zutreffende Voraussagen in Bereichen, in denen die klassi- sche Physik definitiv falsch war, und erklärte die Berechnungen der klassischen Physik zumindest in guter Näherung.

Warum noch Warum hat man sich nicht darauf eingelassen, die klassi-
klassische sche Physik nur noch gänzlich unter historischen Gesichts-
Physik? punkten zu betrachten?

Der Grund dafür ist, daß *zu einem vollen Verständnis beide
Theorien einander benötigen.* Daß die klassische Physik in ihren Teilbereichen nicht zu einem geschlossenem Gebäude zusammengefaßt
werden kann, ist bereits mehrmals erwähnt worden. Erst die Quantentheorie liefert den Rahmen, der es erlaubt, diese Teilbereiche sinnvoll nebeneinander zu verwenden und diese Verwendung dort zu beenden, wo nur noch mit der Quantenphysik eine zutreffende Beschreibung des physikalischen Sachverhalts möglich ist.

Die Quantentheorie ist als holistische Theorie vorgestellt worden.
*Über ein Ganzes kann man nur dann zutreffende Aussagen ma-
chen, wenn man es gleichsam von außen her als solch ein Ganzes
betrachtet. Dazu ist es aber nötig, daß es vom Rest der Welt in
einer erkennbaren Weise getrennt ist.*
*Eine solche Trennung ist aber nur in die klassische Physik auf
natürliche Weise eingebaut.*

Niels Bohr Niels Bohr hatte wohl als erster genau dieses verstanden. In
Abschnitt 4.3.3 hatte ich die Anekdote aus Bohrs Seminar
geschildert, in welchem Edward Teller die klassische Physik aus
ihrem Zusammenhang mit der Quantentheorie lösen wollte. Bohr
hatte damals zu Recht darauf verwiesen, daß man ohne diesen Zusammenhang physikalische Aussagen und phantasievolle Träume
nur schwer würde voneinander trennen können. Das Experiment
soll Fakten feststellen und solche intersubjektiv vermittelbar werden lassen. Und dazu benötigt man den Begriffsrahmen der klassischen Physik. Nur in diesem Rahmen ist das *„Zerschneiden" der
durch die Meßwechselwirkung neu entstandenen Ganzheit* möglich. Unter rein quantentheoretischen Aspekten würden wir eine
unitäre, das heißt reversible Zeitentwicklung für das Ganze behalten. Der Projektionsvorgang, der einen Teil heraushebt und den Rest
verwirft, muß diese *unitäre Entwicklung* und damit den individuellen Prozeß *abbrechen.* Genau dieses aber ist nur in einem
nichtholistischen Begriffsrahmen möglich.

Im Gegensatz zu Kuhns These scheint daher mit der   **Die Besonder-**
Quantentheorie ein neuer Typus von wissenschaftlicher   **heit der**
Revolution aufgetreten zu sein. Gewiß war die Entdeckung   **Quanten-**
der Quantentheorie das bedeutsamste wissenschaftliche   **revolution**
und philosophische Ereignis in unserem Jahrhundert.
Diese Revolution aber – und es war tatsächlich eine – schiebt die
alte Theorie nicht auf ein Abstellgleis, sondern behält sie wie
einen Juniorpartner bei.

Wenn ich diese Revolution vergleichen will mit dem, was ich in
meiner Schulzeit in Leipzig über historische Revolutionen gelernt
habe, so denke ich, daß die sowjetische von 1917 dafür ein schlech-
tes Beispiel wäre. Nach ungeheurem Blutvergießen und großem
Chaos ist für das Volk im wesentlichen alles beim alten geblieben.
Die Industrieproduktion des Vorkriegsrußlands war erst in den
dreißiger Jahren wieder erreicht worden. Vielleicht ist die engli-
sche Revolution hier ein zutreffenderes historisches Analogon. Sie
war zwar auch nicht gänzlich unblutig, aber nach ihr war die Mon-
archie noch immer vorhanden – allerdings in einer neuen Rolle,
und in dieser konnte sie immerhin im wesentlichen bis heute bei-
behalten werden. Die mit ihr verbundene Einführung von demo-
kratischen Gedanken lieferte ein Vorbild, das bis heute wirk-
sam ist.   **Verzahnung**
   Die aufgezeigte Verzahnung von klassischer und quanten-   **von klassi-**
physikalischer Denkweise wird im Meßprozeß unabweis-   **scher und**
bar. Bevor auf diesen in Abschnitt 5.4 eingegangen wird,   **quanten-**
soll der Übergang aus dem klassischen Bereich in den   **physikalischer**
quantisierten genauer betrachtet werden.   **Denkweise**

5.3   Der Übergang in den Quantenbereich

Der historische Weg der Physik zur Quantentheorie ist dem Leser
in vorangegangenen Kapiteln vorgestellt worden. Hier soll versucht
werden, weiter über Sinn und Wesen dieses Überganges nachzudenken.

5.3.1   Wie entstand die Quantenmechanik aus der klassischen Mechanik?

In Abschnitt 4.2 ist der Übergang von einer klassischen Beschreibung zu einer quantisierten gedeutet worden als ein In-Beziehung-Setzen zu den unendlich vielen Einflüssen der Umwelt. Dies ist in einer mehr mathematischen Sprache als der Übergang von einer Menge von Zustandsparametern zu den Funktionen über diesen Parametern beschrieben worden. Diese Bildung, die Weizsäcker als naive Quantisierung bezeichnet hatte, ist so, in dieser einfachen Form, bei der historischen Entstehung Quantenmechanik nicht angewandt worden.

die Historie Für das Punktteilchen, das einfachste mechanische Ob-
der jekt, sind sechs Parameter notwendig, um seinen Zustand
Quantisierung zu erfassen. Seine quantenmechanischen Zustände werden
dargestellt als Funktionen, die als Vektoren im sogenannten Hilbert-Raum zu verstehen sind. In diesem Fall ist dies ein Raum von Funktionen, die *allein über den drei Ortskoordinaten* gebildet werden. Es ist auch möglich, das quantenmechanische Ein-Teilchen-Problem im Raum der Funktionen über den Impulsen zu beschreiben, aber man benötigt für die Zustandsfunktionen der Quantenmechanik nicht sowohl Orte als auch Impulse. Man verwendet also nicht den sogenannten Phasenraum aus Orts- und Impulskoordinaten, sondern gleichsam nur eine Hälfte davon, zum Beispiel die Menge aller Ortskoordinaten, den sogenannten Konfigurationsraum.

Wie kann man verstehen, daß für die Funktionen des quantenmechanischen Zustandsraumes nicht die Menge sämtlicher klassischer Zustandsparameter verwendet wird?

Wie bei vielen historisch gewachsenen Problemen werden auch hierbei nicht notwendigerweise die fundamentalen Zusammenhänge deutlich widergespiegelt.

In der Geschichte der Physik sind aus naheliegenden Gründen zuerst die klassischen Theorien gefunden worden, und erst nachdem deren Unzulänglichkeiten nicht mehr ignoriert werden konnten, wurde es unausweichlich, auch die Quantenstruktur der Welt zu berücksichtigen.

Die übliche Darstellung eines Quantisierungsvorganges **die „übliche"** im Rahmen der klassischen Physik besteht darin, daß man **Quantisierung** für die klassische Theorie eine Darstellung in einer „Hamiltonschen Form" sucht. Dabei wird die Gesamtenergie des Systems als die sogenannte Hamilton-Funktion H des Systems dargestellt, wozu sie als Funktion der Zustandsparameter, beispielsweise der Orte und Impulse, zu schreiben ist. Dies hat in der Weise zu geschehen, daß der Differentialquotient von H nach der einen Parametersorte die zeitliche Änderung der anderen Sorte von Parametern ergibt. Zum Beispiel ergibt die Differentiation von H nach dem Impuls p gerade die Zeitableitung des Ortes x, die Geschwindigkeit v.

Zur Quantisierung ersetzt man die Impulse durch Differentialoperatoren bezüglich des Ortes und deklariert die Orte selbst ebenfalls als Operatoren. Deren Wirkung auf eine Funktion besteht in der Multiplikation dieser Funktion mit dem Ort. Der Impulsoperator differenziert also eine Funktion nach x, und der Ortsoperator multipliziert sie einfach mit x. Diese Operatoren setzt man in die Hamilton-Funktion an Stelle der Variablen x und p ein und verwandelt diese damit in den Hamilton-Operator. Dabei hat man einige Vorsichtsmaßnahmen zu berücksichtigen, die daraus entstehen, daß die Operatoren im Gegensatz zu den Zahlen bei ihrer Multiplikation nicht mehr in ihrer Reihenfolge vertauscht werden dürfen.

Wenn wir die Menge aller Quantenzustände durch die Funktionen über den Ortskoordinaten erzeugt haben, dann sagt die Schrödinger-Gleichung aus, daß die zeitliche Änderung dieser Funktionen gerade durch die Wirkung des Hamilton-Operators auf diese Funktion beschrieben wird.

In allgemeineren Untersuchungen, zum Beispiel bei der sogenannten geometrischen Quantisierung, geht man ebenfalls vom Phasenraum des klassischen Systems aus und bildet den Raum der Funktionen über diesem. Dann muß man – analog zum soeben dargelegten Verfahren – durch eine sogenannte Polarisation die eine Hälfte der Zustandsparameter neutralisieren, um den Raum der Zustandsvektoren der Quantentheorie zu erhalten.

Der oben skizzierte Übergang von den Orts- und Impulsvariablen zu den Orts- und den Impulsoperatoren ist eine – sehr vereinfachte

– Darstellung der sogenannten kanonischen Quantisierung. Die dabei auftretende Nichtvertauschbarkeit wird in den meisten Überlegungen zur Quantenphysik als entscheidender Unterschied zur klassischen Beschreibung angesehen.

nicht- Das zeitliche Hintereinanderausführen von Messungen
vertauschbare oder Beobachtungen wird mathematisch durch die Multi-
Multiplikatio- plikation dieser Größen erfaßt. Wenn diese Multiplikatio-
nen nen nicht mehr vertauscht werden können, weil dies zu unterschiedlichen Ergebnissen führt, dann spiegelt dieser mathematische Sachverhalt wider, daß in der Quantenphysik die Ergebnisse von nacheinander ausgeführten Beobachtungen je nach deren Reihenfolge verschieden ausfallen können.

Wir hatten bereits davon gesprochen, daß dies betrachtet werden kann wie bei Handlungen im täglichen Leben, deren Ergebnisse in der Regel ebenfalls von deren zeitlicher Reihenfolge abhängig sind. Derjenige, bei dem irgendwann einmal das Absperren der Autotür und das beabsichtigte Verwahren des Schlüssels nicht in dieser Reihenfolge geschehen sind, weil sich der Schlüssel noch im Auto befand, weiß wovon ich spreche.

5.3.2 Theoretischer Einschub: Zustände und Observable; Zustandsräume und Observablenalgebren

etwas *Zu diesem mehr mathematisch orientierten Abschnitt habe*
Mathematik *ich mich entschlossen, um eine gewisse Vollständigkeit der Darstellung zu erreichen. Es ist für das Verständnis des folgenden Abschnitts allerdings nicht unbedingt nötig.*

Der Begriff des Zustandes umfaßt diejenige Information, die über das befragte physikalische System vorliegt. Dies geschieht immer im Rahmen einer Theorie, die angibt, wodurch ein solcher Zustand bestimmt ist. Wenn nicht die gemäß der Theorie maximal mögliche Information vorhanden ist, werden Voraussagen nicht mit der nach der Theorie bestmöglichen Genauigkeit erfolgen können.

In der Quantentheorie wird ein Zustand, über den die **reine und** *maximal mögliche Kenntnis vorliegt, als „reiner Zustand"* **gemischte** *bezeichnet. In dieser Theorie können die reinen Zustände* **Zustände** *als Vektoren verstanden werden, die daher auch wie Vektoren addiert oder zerlegt werden dürfen.*
Liegt ein weniger genaues Wissen vor, dann spricht man von „gemischten Zuständen". Diese können verstanden werden als eine Mischung aus all denjenigen reinen Zuständen, die mit der vorhandenen Zustandsinformation verträglich sind.

Eine Observable ist der mathematische Ausdruck für eine **Observable** physikalische Größe, die man messen oder beobachten kann. Observable lassen sich nacheinander an einem System beobachten, dem entspricht in der mathematischen Beschreibung ihre Multiplikation. Man kann sie aber auch addieren und mit normalen Zahlen multiplizieren. Ein mathematisches System mit diesen Eigenschaften wird als Algebra bezeichnet.

Wenn – wie in der klassischen Physik – bei der Multiplikation die Reihenfolge der Faktoren vertauschbar ist, nennt man die entsprechende Algebra kommutative oder Abelsche Algebra.[3]

Alle Observablen eines klassischen Systems kann man darstellen als stetige Funktionen der Orte und Impulse, also als stetige Funktionen auf dem Phasenraum, der gerade von diesen Variablen aufgespannt wird. Ein wichtiger Satz der Mathematik besagt, daß jede beliebige Abelsche Algebra verstanden werden kann als eine Algebra von stetigen Funktionen.

Da die Zustände der Quantentheorie nicht mehr Punkte im Phasenraum, sondern Vektoren im Hilbert-Raum sind, kann man sich die Observablen in diesem Falle – wie bereits besprochen – als Matrizen vorstellen. Solche Matrizen – oder Operatoren, wie man im allgemeinen Fall sagt – können wiederum addiert und mit Zahlen multipliziert werden, aber im allgemeinen ist ihre Multiplikation untereinander nicht mehr so, daß die Reihenfolge der Faktoren keine Rolle spielen würde. Sie bilden somit eine Nicht-Abelsche Algebra.

[3]Benannt nach dem norwegischen Mathematiker Niels Henrik Abel.

algebraische   Die sogenannte algebraische Quantentheorie beginnt ihr
Quanten- Studium nicht bei den Zuständen, sondern bei den Algebren.
theorie Wenn es in einer solchen Algebra Operatoren gibt, die mit
allen anderen bei der Multiplikation vertauscht werden dürfen – „die mit den anderen vertauschen" –, so werden diese als das
Zentrum der Algebra bezeichnet.

*Für die Observablen aus dem Zentrum gilt, daß sich die durch
diese Operatoren dargestellten physikalischen Größen wie klassische Eigenschaften verhalten.*
*Damit wird es möglich, auch innerhalb des Rahmens einer Quan-
tentheorie über klassisches Verhalten zu sprechen.*

Dies ist beispielsweise für die Chemie von großer Bedeutung, da mit
diesem Formalismus zum Beispiel die Formstabilität von bestimmten Molekülen beschrieben werden kann, die sich in ihrem Schraub-
sinn so wie Rechts- und Linksgewinde unterscheiden können.
unendlich viele   Mathematisch wird dies erst möglich, wenn man Syste-
Freiheitsgrade me mit unendlich vielen Freiheitsgraden betrachtet – Systeme, die bei einer klassischen Beschreibung unendlich viele
Zustandsparameter benötigen würden. Den einfachsten Fall stellt
das klassische elektromagnetische Feld dar.
Von solchen Systemen mit unendlich vielen Freiheitsgraden wird
im folgenden Abschnitt gesprochen.

5.3.3 Die zweite Quantisierung

Die Quantenmechanik war unausweichlich geworden, als man die
Atome in ihrem Verhalten erfassen wollte.
elektromagne-   Die Kräfte in der Atomhülle sind im wesentlichen elek-
tische Kräfte tromagnetischer Natur. Atomkern und Elektronen tragen
elektrische Ladungen und besitzen magnetische Momente.
Um diese Kräfte in ihrem Zusammenspiel mit der Absorption und
der Ausstrahlung von Licht zu verstehen, mußte auch das elektromagnetische Feld quantentheoretisch beschrieben werden. Hierbei
traten neue mathematische und physikalische Probleme auf.

Ein elektromagnetisches Feld in einem Raumbereich ist erst dann genau beschrieben, wenn zu jeder Zeit die Feldstärken an jedem Punkt erfaßt sind. Dies bedeutet, daß zu seiner klassischen Beschreibung unendlich viele Zustandsparameter benötigt werden. Man sagt, man hat in diesem Fall unendlich viele Freiheitsgrade.

Wenn man hier das Bild der naiven Quantisierung verwenden und die Funktionen über diesem unendlichdimensionalen Raum definieren wollte, stieße man auf große mathematische Probleme, denn eine solche Bildung wäre ohne **Quantisierung und Renormierung** hinreichend viele weitere Forderungen einfach sinnlos. Man geht statt dessen von den Observablen aus – das sind in diesem Falle die Feldstärken an jedem Punkt – und ersetzt diese, analog zu dem Verfahren bei der kanonischen Quantisierung, durch nicht miteinander vertauschbare Operatoren. Probleme erwachsen daraus, daß Operatoren jedoch dann miteinander vertauschen müssen, wenn sie für solche Raumzeitpunkte definiert sind, die jeweils untereinander nicht durch Lichtstrahlen erreichbar sind. Obwohl man gelernt hat, mit den Unendlichkeiten umzugehen, die bei dieser Prozedur entstehen, bleibt die Sachlage für einen unvoreingenommenen Betrachter einigermaßen unbefriedigend. Auch wenn die Endergebnisse auf viele Kommastellen genau sind, wirkt der *Renormierung* genannte Vorgang, bei dem unendlich große Werte gleich Null gesetzt werden, doch etwas befremdlich.

Das zugrundeliegende Problem besteht darin, daß im Falle dieser sogenannten *Quantenfeldtheorie* der *Raum wie eine* unbezweifelbar *klassische Größe* behandelt wird. Wenn aber der physikalische Raum Wirkungen hervorrufen und erleiden kann, sollte er ebenfalls quantentheoretisch beschrieben werden. Dies ist aber bis heute noch nicht in einer zufriedenstellenden Weise gelungen.

Der soeben geschilderte Vorgang der Feldquantisierung, bei dem die klassischen Feldstärken durch quantentheoretische Operatoren ersetzt werden, kann auch durch einen anderen Vorgang erhalten werden, der üblicherweise als zweite Quantisierung bezeichnet wird.

Hierbei geht man von einer Quantentheorie eines Teilchens aus und führt dann einen Grenzübergang zu unendlich vielen solcher Objekte aus. Dazu definiert man abstrakte Operatoren, welche die Erzeugung und die Vernichtung **„Teilchenbild der zweiten Quantisierung"** solcher Teilchen bewirken. Ein spezieller Zustand, in dem kein Teilchen vorhanden ist, wird als Vakuum bezeichnet. Aus diesem können dann durch die wiederholte Anwendung der Erzeugungsoperatoren Zustände mit beliebiger Teilchenzahl generiert werden. Vernichtungsoperatoren vermindern die Anzahl der Teilchen entsprechend, das heißt pro Anwendung um eins.

Einsteins Das Teilchenmodell des Lichtes geht historisch auf Al-
Photonen bert Einstein zurück, der bereits im Jahre 1905 den licht-
elektrischen Effekt zutreffend dadurch erfassen konnte, daß er das elektromagnetische Feld als eine Menge von Teilchen, von „Photonen", beschrieb. Bei diesem Vorgang werden Elektronen aus einem Metall dadurch freigesetzt, daß Lichtstrahlung auf dessen Oberfläche fällt. Der Vorgang setzt erst dann ein, wenn die Wellenlänge des Lichtes hinreichend kurz ist. Einstein koppelte die Wellenlänge des Lichtes mit der Energie der Photonen und konnte damit erklären, daß nur Photonen mit einer bestimmten Mindestenergie die Bindung der Elektronen an die Metalloberfläche aufbrechen konnten.

Im Vorgang der zweiten Quantisierung werden diese beiden Möglichkeiten, entweder das Feld als Vielzahl von Teilchen zu beschreiben oder die Observablen des Feldes in nichtvertauschbare Operatoren umzuwandeln, als mathematisch äquivalent aufgezeigt.

Um die Wechselwirkung von Teilchen mit dem elektromagnetischen Feld zutreffend zu beschreiben, ist für die Teilchen an Stelle der Schrödinger-Gleichung eine relativistische Verallgemeinerung zu verwenden, beispielsweise die sogenannte Klein-Gordon-Gleichung für ein Teilchen mit einer Masse und dem Spin Null oder die Dirac-Gleichung für Elektronen und Positronen. Diese haben einen Spin der Größe $\hbar/_2$. Die soeben für das elektromagnetische Feld beschriebenen Prozeduren kann man auch auf diese Gleichungen anwenden. Da hierbei eine ursprünglich der Quantentheorie zugehörige Gleichung erneut quantisiert wurde, bürgerte sich dafür der Name zweite Quantisierung ein.

Weizsäcker berichtet davon, daß Heisenberg ihm verbot, **„zweite?"**
diesen Begriff zu verwenden, „da er geeignet sei, jedes Ver- **Quantisierung**
ständnis des dabei Vorgenommenen zu vereiteln". Die Glei-
chung, die hierbei quantisiert werde, sei zu verstehen als eine Gleichung für ein klassisches Feld und nicht als Quantentheorie. Auf
die Frage aber, wieso die Quantisierung dieses als „klassisch" bezeichneten Feldes und die Behandlung unendlich vieler Quantenteilchen zur gleichen Theorie führen würde, konnte Heisenberg keine
zufriedenstellende Antwort geben.

Weizsäcker gelang es später, mit seiner Urtheorie gleich- **Urtheorie als**
sam noch eine nullte Quantisierung unter die gewöhnliche **nullte**
Quantentheorie der Teilchen zu schieben. *In ihr zeigt es sich,* **Quantisierung**
daß eine Theorie unendlich vieler Ure in der gleichen Weise
zur Beschreibung eines Quantenteilchens führt wie die Theorie
unendlich vieler Teilchen zu der eines Quantenfeldes. Dadurch
wurde der Begriff einer mehrfachen Quantisierung nahegelegt.

5.3.4 Mehrfache Quantisierung

Der Ansatz der mehrfachen Quantisierung soll nun etwas **Ure**
genauer untersucht werden. Hierfür ist zuerst eine kurze
Schilderung der Idee der Ure notwendig.

Als Ausgangspunkt kann uns die Frage dienen, wovon Wissen-
schaft handeln muß.
Antwort: Sie handelt von dem, was gewußt werden kann, was im
Prinzip wißbar ist. Quantifiziertes Wissen wird als Information
bezeichnet. Information im weitesten Sinne des Begriffes ist daher Gegenstand von Wissenschaft.

Solche Thesen rufen sicherlich Widerspruch hervor, denn schließlich weiß jeder, daß in den Naturwissenschaften die Materie und ·
ihre Eigenschaften Gegenstand wissenschaftlicher Untersuchungen
sind.

Was ist *In der modernen Physik ist es aber nicht mehr so einfach*
Materie? *zu sagen, was man mit dem Begriff „Materie" tatsächlich*
meint.

Ursprünglich – bei den alten Griechen – war unter Materie (υλη,
hyle für „Holz") das verstanden worden, was sich in eine Form,
eine Gestalt, bringen läßt. Wenn die Gestalt der Tisch ist, dann ist
die Materie das, woraus er gemacht ist, das Holz. Aber Holz ist
kein Grundbegriff, keine Substanz. Holz ist – zumindest für den
Chemiker – eine Form, die aus langkettigen Molekülen besteht.
Aber auch diese sind wiederum Form, nämlich Anordnungen von
Atomen verschiedener Elemente.

Der Leser ahnt, wie es weiter gehen wird.

Auch Atome sind nicht „unteilbar", obwohl es ihr Name – *atomos*
für „das Unteilbare" – nahelegt. Sie bestehen aus Kern und Hülle.
Die Kerne bestehen aus Protonen und Neutronen, die Kräfte, die
sie beieinanderhalten, werden heute verstanden als verschiedene
Formen spezieller Elementarteilchen, vor allem von Pionen.

Die Hochenergiephysik erklärt uns heute, daß Protonen, Neutronen, Pionen und die meisten anderen Elementarteilchen aus Quarks
und Gluonen aufgebaut – und hier muß man formulieren – zu denken sind. Quarks und Gluonen gibt es nicht – so wie alles andere
bisher aufgezählte – als freie Teilchen, man kann sie nicht „herstel-
len" oder „vorführen". Sie erschließen sich nur aus den Gesetzmäßigkeiten, die man an den Elementarteilchen entdeckt hat, sie sind
Ausdruck von Struktur, von „Form" könnte man auch formulieren.

Wenn man sieht, wie weit die moderne Naturwissenschaft gekom-
men ist, dann wird die These von der Materie als ihrem Gegen-
stand schwerer zu verteidigen sein, vor allem, wenn man Materie
als Gegensatz zu Gestalt verstehen will.

· Carl Friedrich v. Weizsäcker fragt in einem weiteren Schritt, was
denn eine empirische Naturwissenschaft in ihrem Kern tat-
empirisch sächlich tut.
entscheidbare Seine Antwort lautet: Sie befaßt sich mit empirisch
Alternativen entscheidbaren Alternativen.

Da wir Menschen endliche Wesen sind, können wir auch nur endliche Alternativen tatsächlich entscheiden. Jede endliche Alternative aber – und das wissen bereits die Kinder aus den Quizsendungen des Fernsehens – läßt sich in eine Abfolge von binären Alternativen, von Ja-Nein-Fragen, verwandeln. Eine solche binäre Alternative liefert bei ihrer Entscheidung genau ein Bit an Information.

Dazu kommt als weitere Überlegung, daß die klassische Physik unmöglich geeignet ist, eine zutreffende Grundlage für die von ihr untersuchten Gebiete zu geben. Die Stabilität der Körper, welche die Gegenstände der klassischen Physik konstituieren, ist nur mit der Quantentheorie verstehbar. Wenn wir eine fundamentale Fragestellung untersuchen wollen, so wird nur die Quantenphysik geeignet sein, zutreffende Antworten zu geben.

Diese Überlegungen stehen hinter dem kurzen Wort *Ur*, das als Abkürzung von „ursprünglicher quantisierter Alternative" zu verstehen ist.

Von besonderem Interesse ist bei der Urtheorie, daß empirisch entscheidbare Alternativen nicht auf Fragestellungen an Materiellem beschränkt sind, auch über Geistiges oder Seelisches kann man binäre Alternativen empirisch entscheiden.

Ein Ur ist ein quantisiertes bit of information. *Damit würden wir wieder zurück zu den Gedanken des Kapitelanfanges kommen, wenn es gelingt, die Materie und ihre Strukturen tatsächlich auf solche Quantenbits zurückzuführen.* **quantisierte Information**
Und dieses ist tatsächlich möglich.

Dazu ist in der Urtheorie bereits einiges geleistet worden. **einige Ergeb-**
Eine binäre Alternative hat klassisch gesehen zwei Zustän- **nisse der**
de, die wir, wie in Abschnitt 4.2 beschrieben, durch zwei **Urtheorie**
Punkte darstellen können. Die quantisierte Version hat dann
Zustände, die einen zweidimensionalen Raum aufspannen. Wenn n
Stück solcher Ure betrachtet werden, so besitzen diese als Raum
ihrer Zustände ein Produkt aus n solcher zweidimensionalen Räume. Dessen Dimension hat dann den Wert 2^n.

Wenn man zu einem Modell mit beliebig vielen Uren und damit zu einem unendlich dimensionalen Zustandsraum übergeht, können Erzeugungs- und Vernichtungsoperatoren für Ure gebildet werden. In diesem unendlichdimensionalen Hilbert-Raum kann man urtheoretische Modelle für elementare Teilchen erstellen, die, wie erwähnt, durch einen Prozeß der zweiten Quantisierung aus den Uren erzeugt werden. Weiterhin existieren im Rahmen der Urtheorie ein recht gut zur Empirie passendes kosmologisches Modell sowie eine Interpretation der Entropie der Schwarzen Löcher.[4]

Aus diesen Untersuchungen geht hervor, daß die zuvor ganz abstrakt eingeführte Idee der Ure eine Realisierung im Bereich der Quantengravitation gefunden hat. Dies erlaubt die Hoffnung, den Weg von diesen abstrakten und eher philosophischen Überlegungen bis hin zur gegenwärtigen Physik auch in den mathematischen Einzelheiten tatsächlich zurücklegen zu können.

Die klassische binäre Alternative führt also in einem nullten Quantisierungsschritt zum Ur. Aus diesem entsteht in einer weiteren Quantisierung, der „normalen", das heißt ersten, Quantisierung, das mathematische Modell eines (relativistischen) Quantenteilchens und aus diesem im nächsten Schritt, dem der zweiten Quantisierung, ein Quantenfeld. Damit stellt sich die Frage, ob mit einer solchen mehrfachen Quantisierung nicht ein wichtiges Merkmal zum Verständnis von Quantenstrukturen überhaupt gefunden worden ist.

Objekte und Beziehungen   In meinem Ansatz habe ich die *klassische Denkweise charakterisiert als ein Denken in Objekten, die quantentheoretische als ein Denken in Beziehungen.*

Nun kann man natürlich die Frage stellen, welche möglichen Beziehungen vorliegen. Dies würde bedeuten, daß das *Beziehungsgeflecht „verobjektiviert", daß die Menge der Quantenzustände wie eine Menge klassischer Observabler betrachtet* wird. Eine solche klassische Struktur wäre dann wiederum in Beziehungen zur Um-

[4]Görnitz, Th., Graudenz, D., Weizsäcker, C. F. v., 1992, Görnitz, Th., 1988[a] und 1988[b], Görnitz, Th., Ruhnau, E., 1989.

welt zu setzen, womit auf einer neuen Stufe wieder eine Quantenstruktur entstehen würde. Damit wird auch weitgehend die mathematische Struktur wiedergegeben, mit welcher der Prozeß der zweiten Quantisierung durchgeführt wird. Die Quantenzustände eines
Teilchens sind erfaßt durch alle integrierbaren Funktionen auf dem
Raum der Ortskoordinaten. Von diesen sind die stetigen Funktionen, das heißt die ohne Sprünge und Unendlichkeitsstellen, eine
Teilmenge.

Die Menge der stetigen Funktionen – allerdings über Orten und
Impulsen – bildet die Menge aller klassischen Observablen. Diese
Verdopplung der Anzahl der Variablen, die beim Übergang von den
Qantenzuständen zu den klassischen Observablen auftritt, soll hier
noch einmal kurz reflektiert werden.

Wie bereits oben erwähnt, können die Zustände eines Quantensystems vollständig erfaßt werden, indem man dafür alle Funktionen über den Ortskoordinaten verwendet. Der Operator des Ortes
wirkt auf diese spezielle Funktionenauswahl wie eine gewöhnliche
Multiplikation, während der Impuls wie eine Differentiation agiert.
Wenn man kompliziertere Observablen beschreiben will, die als
Funktionen des Ortes auftreten, so wirken diese auf die obigen Zustände wie die Multiplikation mit eben dieser Observablenfunktion.

Wenn die Quantenzustände aber in der alternativen Darstellung
als Funktionen der Impulskoordinaten beschrieben werden, wirkt
nun auf diese der Impulsoperator wie eine Multiplikation, und der
Ortsoperator der so gewählten Funktionen entspricht in seiner Wirkung auf diese einer Differentiation nach den Impulskoordinaten.

Wer Differentialrechnung kennengelernt hat, weiß, daß es einen
mathematischen Unterschied ergibt, ob ich eine Funktion von x erst
nach x differenziere und dann das Ergebnis mit x multipliziere, oder
aber, ob ich zuerst meine Funktion mit x multipliziere und dann das
so erhaltene Produkt nach der Variablen x differenziere. Dies ist der
mathematische Ausdruck dafür, daß an einem Quantenobjekt die
Vertauschung der Reihenfolge einer Orts- und einer Impulsmessung
zu vollkommen verschiedenen Resultaten führt.

Im sogenannten klassischen Limes sollen nun die Observablen
des Ortes und des Impulses miteinander vertauschen, was – wie
soeben geschildert – im Quantenfall unmöglich ist. Die Lösung für

dieses Problem ergibt sich aus der Erkenntnis, daß *beide Operatoren in speziellen Darstellungen jeweils als einfache Multiplikationen wirken.* Wenn ich daher von den Funktionen des Ortes *oder* der Impulse übergehe zu Funktionen des Ortes *und* der Impulse, dann „überschneiden" sich die Wirkungen dieser beiden Multiplikationen nicht mehr, so daß sie tatsächlich vertauschen. Allerdings wird dabei die durch die Quantentheorie gegebene Einheit aufgehoben, die es ermöglicht hat, aus dem einen Satz dieser Funktionen den jeweils anderen Satz zu berechnen.

Die klassische Mechanik hebt Einheit der Welt auch insofern auf, daß in ihr wesentlich zwischen Materie und Kräften unterschieden wird.

Die eigentlichen Gegenstände der klassischen Theorie sind die materiellen Objekte, die Kräfte sind nur ein notwendiger Zusatz, gleichsam ohne eigene Realität. In der Quantentheorie sind die Unterschiede zwischen Materie und Kräften, die hier beide den Charakter von Quantenfeldern erhalten, auf die Unterscheidung des Drehverhaltens der entsprechenden Quanten geschrumpft. Materie besitzt einen halbzahligen Eigendrehimpuls, Spin genannt, und Kräfte besitzen einen ganzzahligen Spin – so Licht den Spin 1 und Gravitation Spin 2. Die Pionen, welche die Kernkraft repräsentieren, haben Spin Null.

Quantentheorie arbeitet mit komplexen Zahlen Ein weiterer wichtiger Punkt besteht darin, daß die Quantentheorie stets mit komplexen Zustandsfunktionen arbeitet. Eine komplexe Zahl kann stets verstanden werden als eine Zusammenfassung aus zwei gewöhnlichen, das heißt reellen Zahlen. Dies können zum Beispiel der Betrag (eine Länge) und eine Phase (ein Winkel) sein.

Da diese Phase sich im Laufe der Zeit drehen kann, ohne daß dies die Länge verändern muß, läßt sich hier im Körper der komplexen Zahlen ein Zeitverlauf so darstellen, daß er stationär ist, das heißt daß sich zwar dauernd etwas ändert, aber im Grunde alles bleibt, wie es ist. In der klassischen Mechanik gibt es eine solche Zwischenstufe zwischen echter Ruhe und tatsächlicher Bewegung nicht.

Der Zustand in der *Quantentheorie* wird also von einer komplexen Funktion bestimmt, die *zwei unabhängige Größen, Betrag und Phase,* umfaßt. In der stets reellen *Mechanik* wird hingegen zur Festlegung des Zustandes *neben dem Ort als zweite Größe der Impuls* (das ist im wesentlichen die Geschwindigkeit) benötigt.

Wenn man Quantentheorie als eine Verallgemeinerung der klassischen Logik auffassen möchte, so ist auch dabei die mehrfache Quantisierung eine natürliche Verallgemeinerung. Logik besteht aus Aussagen und handelt vom rechten Gebrauch von Aussagen. Dies bedeutet, daß Logik in einer fundamentalen Weise auf sich selbst anwendbar ist. **Quantentheorie als Verallgemeinerung der klassischen Logik**

Wenn Quantentheorie eine Verallgemeinerung der Logik ist, so sollte der Quantisierungsprozeß auch auf die Quantentheorie selbst angewandt werden können.

Eine andere Betrachtung sieht in der Quantentheorie eine Verallgemeinerung der klassischen Wahrscheinlichkeitstheorie. Auch dort finden wir eine ähnliche Selbstbezüglichkeit. Falls die Wahrscheinlichkeitstheorie nicht als Zweig der reinen Mathematik (das heißt als Maßtheorie) verstanden werden will, muß sie ihre Aussagen empirisch testen. Dies geschieht mittels statistischer Methoden, mit denen die Wahrscheinlichkeiten überprüft werden. Diese Überprüfung führt aber nun wiederum zu Wahrscheinlichkeitsaussagen. **Quantentheorie als Verallgemeinerung der Wahrscheinlichkeitstheorie**

Wenn Quantentheorie zu Recht als eine veränderte Wahrscheinlichkeitsrechnung verstanden wird, so wird auch damit die Möglichkeit der mehrfachen Quantisierung nahegelegt.

Wie oft wird eine solche Quantisierung möglich sein? **Wie oft kann quantisiert werden?**

Ein Ur besitzt einen nur zweidimensionalen Zustandsraum. Wenn ich jetzt mit der Prozedur der Erzeugung und Vernichtung von Uren zu beliebig vielen Uren übergehe, erhalte ich den unendlich dimensionalen Zustandsraum eines Teilchens. Die

Koordinatenachsen dieses Raumes lassen sich mit den natürlichen Zahlen numerieren, seine Dimension ist abzählbar.

In der nächsten Stufe geht man zu unendlich vielen Teilchen über, der Hilbert-Raum für das damit entstehende Quantenfeld ist nicht mehr von abzählbarer Dimension, die Koordinatenachsen könnten nicht mehr alle mit einer natürlichen Zahl als Nummer versehen werden. In solchen „überabzählbaren" Räumen treten neue mathematische Möglichkeiten auf, die es zum Beispiel erlauben, Phasenübergänge in einer exakten Form zu erfassen. Solche Effekte, etwa die „Bose-Kondensation", spielen in der modernen Physik eine große Rolle. In einer Theorie mit nur endlich vielen Teilchen ließe sich dafür kein mathematisches Modell entwerfen.

Eine nochmalige Wiederholung diese Vorganges über die Zustandsräume mit überabzählbarer Dimension hinaus würde unter physikalischen Gesichtspunkten nichts Neues mehr liefern.

5.4   Messung als Übergang aus Quantenzuständen zu klassischen Eigenschaften

Wenn die Quantenphysik mit ihrer holistischen Struktur als fundamental gesetzt wird, dann erhebt sich zu Recht die Frage, warum die klassische Denk- und Sichtweise dennoch so erfolgreich und zweckmäßig sein kann.

5.4.1   Warum erscheint uns die Welt weitgehend klassisch? – Fakten aus Meßprozessen

Im Rahmen der ursprünglichen Kopenhagener Deutung konnten Fakten nur in dem irreversiblen Prozeß einer Messung entstehen. Wir hatten bereits darüber gesprochen, daß es gute Gründe gab, über diese sehr restriktiv erscheinende Behauptung hinauszugehen.

Im Prozeß der Messung werden die Beziehungen in einer holisti-
schen Gesamtheit getrennt, und durch diesen Akt der Trennung
wird ein Faktum erzeugt.
Für dieses Faktum gelten dann die Regeln der klassischen Logik,
es kann im Rahmen der klassischen Physik verstanden werden.

Wie könnte nun das einfachste Modell eines solchen Vorganges
gedacht werden?

Ich greife hierzu auf ein besonders einfach aufgebautes
Meßexperiment zurück, das von Arnulf Schlüter vorgestellt worden war[5] und das ich hier in einer von mir erweiterten Form ver-
wende. Hieran lassen sich die mit der Messung verbundenen Probleme sehr gut studieren.

Das Meßgerät besteht aus einem einzigen Atom mit ei-   **Ein-Bit-**
nem einzigen uns interessierenden Elektron, das in vier   **Meßprozeß**
Quantenzuständen existieren kann.

Messen läßt sich hiermit ein Vorbeiflug eines geladenen schnellen Teilchens. Zur Vorbereitung der Messung wird das Atom in seinen Grundzustand 1 gebracht. Falls jetzt ein Teilchen vorbeifliegt,
kann das Elektron unter dieser Krafteinwirkung in den angeregten
Zustand 4 des Atoms übergehen. Wenn es von dort unter Aussen-
dung eines Photons in den metastabilen Zustand 2 fällt, ist der Vorbeiflug damit registriert worden. Das Atom in diesem metastabilen
Zustand ist jetzt nach Schlüter ein Dokument für diesen Prozeß.

Ein Dokument muß natürlich gelesen werden können. Dies geschieht hier durch sogenannte Resonanzfluoreszenz. Ein eingestrahl-
tes Photon hebt das Elektron von Niveau 2 auf Niveau 3. Von dort
fällt es alsbald zurück und strahlt dabei wieder ein Photon der gleichen Frequenz aus. Dieses Photon kann nun in alle Richtungen des
Raumes laufen und ist somit fast immer von dem eingestrahlten gut
zu unterscheiden. Wie bei jedem richtigen Dokument kann auch
hier dieser Ablesevorgang beliebig oft wiederholt werden.

Wie Schlüter vollkommen richtig betont, ist die Existenz von
stabilen Dokumenten in der klassischen Physik überhaupt nicht zu
erklären. Dem Leser sei auch hier noch einmal in Erinnerung geru-

---

[5]Schlüter, A., 1993.

fen, daß darüber hinaus die Stabilität einer jeden Materie – und dies wird sehr oft bei der Beschreibung physikalischer Prozesse vergessen – überhaupt erst durch die Quantentheorie versteh- und erklärbar ist.

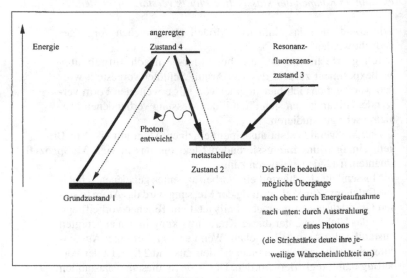

5.1   Modell des Ein-Bit-Mehrprozesses

Das bemerkenswerte an dem hier vorgestellten Beispiel ist, daß *kein „makroskopisches Meßgerät" vorausgesetzt wird.* Der gesamte Vorgang scheint vollkommen im Quantenbereich abzulaufen, ein Beobachter wird nicht erwähnt.

Wo ist der Pferdefuß?   *Der Teufel steckt hier aber – wie auch sonst so oft — in dem, was nicht explizit erwähnt wird.*

Was ist, wenn das vom Meßakt ausgestrahlte Photon zurück-gespiegelt wird und das Atom dadurch wieder in seinen Grundzustand 1 gelangen kann?

In diesem Falle hätten wir einen reversiblen Prozeß vor uns, und es hätte keine Messung stattgefunden!
Da Photonen absolut ununterscheidbar sind, müßte auch nicht unbedingt eine Spiegelung bedacht werden. Es genügt für die Reversibilität völlig, wenn irgendein Photon mit gleicher Frequenz und Phase das Atom wieder trifft. Auch in diesem Falle hätten wir uns einen Meßvorgang nur phantasiert.

Die sonstigen Modelle für eine Messung lassen sich ohne große Schwierigkeiten auf das hier vorgestellte Beispiel zurückführen. Oft wird die schiere Größe des Meßgerätes als hinreichendes Argument herangezogen. Da aber jeder Körper nur aus endlich vielen Atomen besteht, *gilt ein solches Argument der Größe in Strenge ebenfalls nur dann, wenn sich der Körper in einem nachts finsteren Universum befindet.*

Die Bedingung, daß alle ausgestrahlten Photonen wegfliegen und niemals wiederkommen, bedeutet, *daß wir einen* schwarzen Nachthimmel *fordern müssen, wenn wir diese Prozesse ermöglichen wollen.*

An die Stelle der früher geforderten Systeme mit unendlich vielen Freiheitsgraden tritt in diesem Modell der kosmische Hintergrund. Damit der obige Vorgang stattfinden kann, ist also eine bestimmte kosmologische Bedingung zu stellen. **die Rolle des Kosmos**

Diese hier aufgezeigte Verbindung von Quantentheorie und Kosmologie erscheint mir wesentlich fundamentaler zu sein als die selbstverständlich auch notwendige Berücksichtigung quantentheoretischer Beziehungen in der heißen und dichten Frühphase des Universums.

Ich denke, es wird deutlich, daß ein Verständnis der Quantentheorie ohne das Bedenken von kosmologischen Fragestellungen als unvollständig angesehen werden muß. Oder um es noch radikaler zu formulieren:

Die ihrem Wesen nach holistische Quantentheorie ist ohne eine Beziehung zu dem einzigen tatsächlichen Ganzen, dem Universum, nicht zu verstehen.

In modernen Experimenten kann man den oben beschriebenen reversiblen Vorgang in Resonatoren von einigen Kubikzentimetern Volumen durchführen, die wie ideale Spiegel arbeiten. Von der Winzigkeit eines Atoms her gesehen sind einige Zentimeter bereits riesig. Für das Atom ist – menschlich gesprochen – am Anfang nicht klar, ob es irgendwo einen Spiegel gibt oder nicht. *Es wird daher vorerst in einer holistischen Einheit mit dem ausgestrahlten Photon verbleiben.* Ohne Wände wird erst im Grenzübergang zu unendlich langer Zeit eine vollständige Trennung dieser beiden auch prinzipiell erfolgt sein, falls keine anderen Effekte aufgetreten sind.

Beobachter oder Grenzprozeß   *Wenn natürlich ein Beobachter weiß, daß keine Spiegel vorhanden und keine einlaufenden Photonen zu erwarten sind, dann wird er alsbald das auslaufende Photon aus seiner Beschreibung ausschließen und damit für sich und seine Beschreibung die Trennung durchführen, die eine Messung konstituiert.*

Auch hier ist wiederum deutlich geworden, daß man den Beobachter nicht ohne schwerwiegende Konsequenzen aus der Beschreibung ausschalten kann. Ohne ihn sind die Wahrscheinlichkeiten für ein Verschwinden eines sonst nur eingebildeten Faktums höchstens sehr klein, aber nicht Null. Die Wahrscheinlichkeit Null, die mathematische Unmöglichkeit, wird erst durch einen Grenzprozeß erzielt, der allerdings in aller Strenge wiederum physikalisch unrealistisch ist.

notwendige Konsequenzen der Quanten   Es erscheint mir unmöglich zu sein, dieses Problem anders als mit den hier skizzierten Konsequenzen zu behandeln: Entweder, der Beobachter entscheidet – auf sein eigenes Risiko –, wann oder wo er den Unterschied zwischen sehr lange und unendlich, zwischen fast nie und nie setzen will, oder wir entscheiden uns für die mathematische Exaktheit. Diese erlaubt es zu formulieren, daß, wenn etwas in unendlich langer Zeit nicht passiert, es dann tatsächlich niemals passiert. Dem eher umgangssprachlich als mathematisch geschulten Leser mag diese Formulierung – wie ich gern zugebe – auch nicht übermäßig gehaltvoll erscheinen. Wenn man aber, wie es das Ideal einer verobjektivierenden Wissenschaft ist, das menschliche Subjekt aus der naturwissenschaftlichen Beschreibung ausschalten will, verbleibt wohl keine prinzipiell andere Möglichkeit der Formulierung.

Auch der Vorgang der Dekohärenz, mit dem eine Erklä- **Dekohärenz** rung der klassischen Eigenschaften an den Objekten unserer Umwelt ohne die Einbeziehung eines Beobachters vorgenommen werden soll, läßt sich in diese Beschreibungsmöglichkeiten einschließen. Dazu zuerst ein Zitat von Erich Joos[6]:

Diese Ableitung klassischer Eigenschaften aus der Quantenmechanik bleibt jedoch in einem entscheidenden Punkt unvollständig: Die Ambiguität der quantenmechanischen Dynamik (unitäre Schrödinger-Dynamik versus indeterministischem Kollaps) bleibt unaufgelöst. Die Benutzung lokaler Dichtematrizen setzt implizit bereits das Meßaxiom (den Kollaps) voraus. Mit anderen Worten, die obigen Betrachtungen zeigen lediglich, daß gewisse Objekte einem lokalen Beobachter klassisch erscheinen (und definieren damit, was ein klassisches Objekt ist). Ungelöst bleibt die zentrale Frage der Quantentheorie: Warum gibt es in einer nichtlokalen Quantenwelt überhaupt lokale Beobachter?

Auch Zeh bestätigt in seinem Übersichtsartikel[7], daß die umweltinduzierte Dekohärenz allein das Meßproblem nicht löst, zumal eine solche in einer mikroskopischen Umwelt keine irreversible Änderung verursachen muß.[8] Da es zwischen klein und groß keine scharfe Grenze gibt, muß man dann doch wieder bei der kosmologischen Bedingung landen.

---

[6]Joos, E., 1990.
[7]Zeh, H. D., 1996, S. 16.
[8]Zeh, H. D., a. o. O., S. 23.

Zeh lehnt eine Lösung – zum Beispiel analog zu der oben kurz
besprochenen von Haag – ab und sieht für die Lösung des
Meßproblems zwei Möglichkeiten[9]:

Quanten- Die eine würde in einer Änderung der Quantentheorie
theorie bestehen. Eine solche damit vorgeschlagene Änderung der
mathematisch Schrödinger-Gleichung würde über die möglichen verschie-
abändern? denen Interpretationen der Quantentheorie hinausgehen und
müßte zu einer Abänderung von deren fundamentalen Strukturen führen. Die damit verbundene gleichsam automatische Trennung quantenphysikalischer Ganzheiten würde die klassische Denkweise weitgehend restaurieren können. Ich gestehe eine gewisse
Genugtuung darüber, daß für eine solche Abänderung der Quantentheorie nicht der geringste experimentelle Anlaß besteht. Ein
emotionales Unbehagen darf zwar im Kontext der Physik üblicherweise nicht als Argument verwendet werden, es ist aber in der Wissenschaft wohl öfter als ein Experiment ein wesentlicher Antriebs-
faktor sowohl für neue als auch für restaurative Sichtweisen.

Viele Welten? Die andere Möglichkeit sieht Zeh in einer Everettschen
Interpretation der Quantentheorie. Auch wenn er die sprachlich extreme Formulierung der „vielen Welten" ablehnt, bleiben
doch die Konsequenzen dieser Interpretation erhalten. Ich hatte
dargelegt, daß in dieser Deutung zur Vermeidung der „Reduktion
der Wellenfunktion", das heißt des Quantensprunges, eine Aufspal-
tung dieser Wellenfunktion in so viele Zweige postuliert wird, wie
den möglichen Ausgängen des Experimentes entspricht. In der Kopenhagener Interpretation und in denen, die sich als Weiterentwick-
lungen von dieser verstehen, werden alle diese Zweige zu Null gesetzt, bis auf den einen, der dem realen Ausgang entspricht. In den
Interpretationen, die der Everettschen nahestehen, bleiben aber alle
diese anderen auch weiterhin bestehen. Sie bleiben real, aber nicht
für mich.

Ob man nun die für einen und damit für alle Beobachter uner-
reichbar gewordenen Zweige der Wellenfunktion aus Gründen eines mathematischen Rigorismus weiterhin als „existent" ansehen
möchte, allein um die Reduktion der Wellenfunktion zu vermei-

---

[9]Zeh, H. D., a. o. O., S. 17.

den, überlasse ich gern dem jeweiligen Geschmack des Lesers, zumal Zustimmungen oder Ablehnungen allein mit physikalischen Gründen nicht zu bewerkstelligen sind und darüber hinaus für die realen Experimente ohne Belang bleiben.

Eine weitere Konsequenz des schwarzen Nachthimmels für die Interpretation der Quantenphysik ist ebenfalls noch **weitere** nicht bedacht worden. **Konsequenz**

Daß es abends finster wird, ist uns allen geläufig, und es **der Nacht** scheint sich nicht zu lohnen, darüber weitere Worte zu verlieren. Da alle Photonen gleicher Energie und Schwingungsrichtung untereinander vollkommen identisch sind, kann eine Messung nur dann tatsächlich eine solche sein, wenn nicht für jedes mögliche auslaufende Photon mit guter Wahrscheinlichkeit ein ebensolches – mit ihm identisches – einlaufen könnte.

Wenn es nun nachts finster ist, kommen glücklicherweise keine Photonen aus dem All zu uns, und am Tage kommen sie auch nicht gleichmäßig aus allen Richtungen, sondern von der Sonne her.

Diese Aussagen gelten für das Licht, das wir mit unseren Augen sehen können. *Aber wie sieht es in anderen Energiebereichen aus?*

Der gesamte Kosmos ist erfüllt mit einer homogenen und isotropen Strahlung, die der Wärmestrahlung eines Körpers **Hintergrund-** von 2,7 K entspricht. Diese kosmische Hintergrundstrahlung **strahlung** ist ein Relikt aus der Frühphase des Kosmos, in der er eine unvorstellbar hohe Temperatur besaß, die seitdem bis auf diesen Wert abgekühlt ist.

Für jedes Photon, das mit einer Energie ausgestattet ist, die etwa derjenigen der Hintergrundstrahlung entspricht, gibt es mit großer Wahrscheinlichkeit eines, das wie ein gespiegeltes das erstere ersetzen kann.

Wenn also in unserem obigen Beispiel, in Abb. 5.1, die Energiedifferenz zwischen Niveau 4 und Niveau 2 der Energie der Hintergrundstrahlung entsprechen würde, so wäre zu erwarten, daß das ausgesendete Photon alsbald durch ein mit ihm identisches ersetzt werden wird. Damit würde in diesem Energiebereich kein Meßprozeß in der oben geschilderten Weise möglich sein.

Für reale Atome ist dies allerdings heute keine zutreffende Möglichkeit. Die Energie, die zu einer Entfernung der äußeren Elektronen vom Atom benötigt wird, ist bei weitem viel höher als die jetzt extrem niedrige Temperatur der Hintergrundstrahlung.

In makroskopischen Körpern ist der Abstand zwischen den Energieniveaus jedoch sehr viel kleiner. Hier können also die Photonen aus der Hintergrundstrahlung mit dem Körper wechselwirken. Damit ist eine strenge Isolierung von dieser Strahlung nicht möglich; ein solcher Körper ist aus einer Quantensicht kein holistisches Ganzes, er ist gekoppelt mit seiner Umwelt und nicht restlos getrennt von dieser.

Andererseits sind unter Bedingungen, die beispielsweise Leben ermöglichen, Körper wiederum wesentlich wärmer als 2,7 K, so daß für die von ihnen ausgesendete thermische Strahlung keine Spiegelphotonen zu erwarten sind. Der bei einem Meßprozeß zu fordernde Verlust von Information durch auslaufende Photonen ist in diesem Fall als natürlich anzusehen. Damit sind Abläufe gegeben, die gleichsam fortlaufend wiederholten Meßprozessen entsprechen und damit stets neue Fakten erzeugen.

Bereits aus diesen einfachen Überlegungen wird verständlich, daß hinreichend große Körper fast immer wie klassische Objekte erscheinen werden.

Wir hatten oben die rhetorische Frage gestellt, warum uns die Welt klassisch erscheint.

Jetzt haben wir eine Möglichkeit der Beantwortung gesehen:

Kühlung liefert Quantenobjekte *Alle hinreichend großen Objekte, die wir ohne besondere Vorsichtsmaßnahmen in unserer Umgebung finden können, werden uns wie klassische Objekte begegnen. Sollen diese Quanteneigenschaften zeigen, müssen sie durch eine extreme Kühlung vom Rest der Welt getrennt werden. In einer solchen Isolation können sie dann allerdings als ein holistisches Ganzes erscheinen und entsprechende Quanteneffekte zeigen.*

Eine derartige Kühlung ist heute in den Bereich der techni- **Bose-Einstein-**
schen Möglichkeiten gelangt. Dazu können Laserstrahlen **Kondensat**
einer genau abgestimmten Frequenz dienen. Damit ist man
in der Lage, Atomen ihre Bewegungsenergie zu entziehen. Die Ver-
minderung der Bewegung bedeutet eine Absenkung der Temperatur. Wie bereits erwähnt, ist es mit diesem Prozeß möglich geworden, eine große Zahl von Atomen als einziges holistisches Ganzes,
als Bose-Einstein-Kondensat, erscheinen zu lassen. Die dafür notwendige Temperatur ist extrem niedrig, sie liegt bei wenigen nano-
Kelvin, das sind nur einige milliardstel Grad über dem absoluten
Nullpunkt.

Damit der Himmel nicht nur in der Wirklichkeit nachts schwarz
wird, sondern auch gemäß der physikalischen Theorien, sind an
diese Theorien bestimmte kosmologische Bedingungen zu stellen.

Ein unendlich großes und statisches Universum mit ei-
ner gleichmäßigen Sternendichte könnte den dunklen Nacht- **kosmologische**
himmel nicht erklären. Das Licht der unendlich vielen Sterne **Bedingungen**
in ihm müßte ihn gleichmäßig sonnenhell leuchten lassen,
in jeder beliebigen Richtung stünde schließlich ein Stern. Die
Umkehrung davon kann jeder im Wald erleben: Wenn dieser groß
genug ist, wird schließlich jeder Blick auf einen Baum treffen. Eine
endliche Materieinsel in diesem unendlich großen Raum allerdings
würde dieses Problem nicht erzeugen. Man hätte wiederum dann
die Schwierigkeit, erklären zu müssen, wieso sich diese Insel nicht
im unendlichen Raum zerstreut hätte oder sich unter ihrer eigenen
Schwere in einem Punkt zusammengezogen hätte.

*Ein expandierendes Universum mit einem endlichen Volumen ist
das beste Modell, das man aufstellen kann, um die Quantentheorie zu verstehen. Ein solches kosmologisches Modell, das mit
Lichtgeschwindigkeit stetig expandiert, ohne eine „Umkehrung"
zeigen zu müssen, wird durch die Urtheorie nahegelegt.*

In Abschnitt 6.4 wird dieses Modell noch einmal betrachtet. Die
Urtheorie war unter anderem dazu aufgestellt worden, die Quantentheorie auf abstrakte Weise zu begründen. Wie ich zeigen
konnte, erfordert sie umgekehrt das eben erwähnte Modell des Kos-

mos[10], das so gut geeignet ist, genau diese Theorie auch konkret zu verdeutlichen.

Physik im Minkowski-Raum   In den Fällen, in denen man sich entschließt, eine „Physik im Minkowski-Raum" zu betreiben, setzt man ein statisches und unendliches Universum voraus. Allerdings geschieht dies zumeist implizit und wird nicht offen reflektiert oder gar angesprochen. In dieser Minkowski-Raum-Physik wird es allerdings möglich, *klassische Eigenschaften auch an reinen Quantensystemen auf eine mathematisch exakte Weise* zu erzeugen. Wir hatten bereits davon gesprochen, daß in Systemen mit *unendlich vielen Freiheitsgraden* das Auftreten von klassischen Eigenschaften mathematisch möglich wird, da in diesen Fällen der Hilbert-Raum der Zustände in unverbundene Teilräume zerfällt, zwischen denen es keine Verbindungen gibt, die mit endlicher Energie oder in endlicher Zeit zu realisieren wären.

Hierbei wird also die Trennung in klassisch erscheinende Einzelteile durch die Mathematik bewirkt.

Forderung von „Ereignissen"   Eine andere Möglichkeit, klassische Fakten zu erzeugen, besteht in der *Zusatzforderung* zur Quantentheorie, *daß es „Ereignisse" geben möge.* So postuliert Haag[11] – wie bereits kurz erwähnt – Ereignisse als irreversible Vorgänge, in denen ein Quantenzustand sich nicht gemäß der Schrödinger-Gleichung reversibel weiterentwickelt, sondern in einen neuen übergeht, so wie dies in der klassischen Kopenhagener Interpretation bei einer Messung der Fall ist.

Minimalstruktur von Zeit   Wenn man den transzendentalen Zugang für eine Begründung der Quantentheorie ernst nimmt, so wäre diese Forderung redundant. Daß nämlich tatsächlich Ereignisse geschehen, und dieses „tatsächlich" meint „in einem irreversiblen Sinn", so daß sie keinesfalls als „nicht stattgefunden" deklariert werden können, ist genau der Sinn einer Minimalstruktur von Zeit, die als eine der notwendigen Vorbedingungen der Möglichkeit von Erfahrung gesetzt worden war.

---

[10]Görnitz, Th., 1988[a] und 1988[b].
[11]Haag, R. in Mehra, J.,1973, S. 691–696; Haag, R., 1992.

Ähnlich argumentierte Weizsäcker in seiner Triestiner Theorie.[12] Auch in dieser Interpretation der Quantentheorie wird das Auftreten von irreversiblen Ereignissen gefordert, die dadurch eine faktische Struktur für die Vergangenheit erzeugen können. Weizsäcker sieht sich mit seinem Vorschlag nicht im Gegensatz zur Kopenhagener Deutung, sondern empfindet ihn als eine konsequente Fortsetzung[13] davon.

Weizsäcker weist darauf hin, daß es auf das Zentralproblem der Messung im Grunde genommen nur zwei einfache Antworten gäbe.[14] Die erste lautet: „Die Wellenfunktion wird nie reduziert." Dies bedeutet nach der Mathematik der Quantentheorie, daß niemals ein Faktum entstehen würde, keine klassischen Erscheinungen auftreten würden. Die zweite Antwort lautet: „Fortwährend passieren Ereignisse, entstehen Fakten." Hier sieht man sofort eine Schwierigkeit, die bei einer puristischen Betrachtung entsteht: Wann ist „fortwährend", wie oft in einer Sekunde ist dies?

Triestiner Theorie

Ich verstehe Weizsäcker so, daß eine solche Frageweise nur aufzeigen würde, daß man das Wesentliche nicht verstehen wolle, denn er führt aus, daß die Triestiner Theorie den Versuch darstellt, *beide Antworten als zutreffend* zu interpretieren. Da sie sich logisch ausschließen, kann die Antwort nicht in einem mathematischen Formalismus gefunden werden. Hier sind wir in einem Bereich der Philosophie, in dem meiner Meinung nach mit Platon gegen Aristoteles darauf verwiesen werden muß, daß die Logik für die obersten Bereiche der Philosophie nicht einsetzbar ist. Allerdings habe ich bereits in Kapitel 3 darauf verwiesen, daß mir in einem solchen Fall dann auch die Machtförmigkeit der Logik nicht mehr zur Verfügung steht, um andere von meiner Meinung zwingend zu überzeugen.

über die Logik hinaus

---

[12]Weizsäcker, C. F. v: in Mehra, J. (Hrsg.), 1973, S. 635–667; Weizsäcker, C. F. v., 1985, S. 606–612; 1992, S. 339–341 und S. 863.
[13]Weizsäcker, C. F. v., 1992, S. 341.
[14]Ebenda, S. 339.

5.4.2 Klassische Eigenschaften an Quantensystemen und klassischer Limes

Über das Auftreten von klassischen Eigenschaften an reinen Quantensystemen hatten wir bereits gesprochen. Sie erscheinen einmal in mathematisch exakter Weise als Folge von Grenzprozessen, die zu unendlich vielen Freiheitsgraden führen. Im einzelnen wird dabei eine ungenaue Kenntnis über die Zustände der Einzelteile vorausgesetzt. Dies führt dann in der Grenze zu Zuständen, die wie klassische thermodynamische Zustände zu interpretieren sind.

Es gibt aber auch alternative Verfahren, in denen durch mehr oder weniger plausible Restriktionen eine Anzahl von mathematisch möglichen Operatoren als unphysikalisch verboten werden. Dadurch kann es unter den verbleibenden Operatoren möglich werden, daß einige von diesen mit allen anderen vertauschen und sich somit in diesem Rahmen wie klassische Größen verhalten.

klassischer Limes Eine andere Möglichkeit betrifft ein näherungsweises klassisches Verhalten, den sogenannten klassischen Limes. Diese Konstruktion ist bereits sehr frühzeitig für die Quantentheorie entdeckt worden, als Niels Bohr sein *Korrespondenzprinzip* aufstellte.

Korrespondenzprinzip Im Jahre 1906 hatte Max Planck darauf hingewiesen, daß im Grenzfall $h \to 0$, das heißt bei verschwindendem Wirkungsquantum, seine Formeln in die der klassischen Theorie übergingen. Bohr erkannte, daß der gleiche Effekt auch bei verschwindender Frequenz $\nu \to 0$ erhalten wurde. In diesem Fall werden in Plancks Formel $E = h \cdot \nu$ die Differenzen der Energien zwischen verschiedenen Frequenzen sehr klein, so daß sich die Energie fast so kontinuierlich veränderbar zu verhalten schien wie im klassischen Fall.

Im atomaren Bereich wird eine sehr kleine relative Energieänderung für Übergänge zwischen großen Quantenzahlen, das heißt für $n \to \infty$ erreicht. Daher postulierte Bohr im Jahre 1913, daß für große Quantenzahlen die Ergebnisse der Quantentheorie in die der klassischen Physik übergehen sollten. Im Jahre 1920 bezeichnete er diese Beziehung als *Korrespondenz*.

Für die weitere Entwicklung der Quantenmechanik war dieses Prinzip eine *große heuristische Hilfe*. Im Lichte der ausgearbeiteten Theorie muß es jedoch mit einiger Vorsicht verwendet werden, da es sonst zu mathematisch falschen Aussagen führt. Man darf allerdings formulieren, daß es an stationären Systemen für große Quantenzahlen Zustände gibt oder daß dort solche Zustände präpariert werden können, in denen sich das System in einer guten Näherung wie ein klassisches System verhält.

In meinem Bild kann man sagen, daß es für große Quantenzahlen leichter erscheint, Zustände zu erzeugen, die in hinreichender Näherung als Produktzustände erscheinen und sich daher in dieser Näherung auch wie getrennte Objekte betrachten lassen. Man darf aber nicht vergessen, daß es daneben auch für große Quantenzahlen stets andere Zustände gibt, in denen der Unterschied zur klassischen Physik in keiner Weise zu vernachlässigen ist.

5.5 Die „Schichtenstruktur" von klassischer und Quantenphysik

Die Einheit hätte ohne die Zweiheit nicht die Wirkkraft,
etwas hervorzubringen,
auch wenn sie der Zweiheit hierarchisch überlegen bleibt.

Giovanni Reale: *Zu einer neuen Interpretation Platons*[15]

Wir hatten gesehen, daß die Struktur von begrifflich mitteilbarer Sprache der Beschreibung von Objekten angepaßt ist.

Individuen, und als solche sind nicht nur wir Menschen,   **Leben ist**
sondern auf jeden Fall eine Fülle von anderen biologi-   **Trennung**

---

[15]Reale, G., 1993, S. 251.

schen Lebensformen anzusehen, können ihre Individualität nur in
der Abgrenzung vom Rest der Welt *und durch diese Abgrenzung
verwirklichen. In diesem Sinne erzwingt Individualität die Trennbarkeit in der äußeren Welt und damit* für derartige Individuen
die Gültigkeit einer klassischen Sichtweise *auf ihre Umwelt.*

Da wir Menschen uns in einer langen Entwicklung aus niederen
Lebensformen entwickelt haben, ist auch für uns dieser Aspekt bei
der Erfahrung von Umwelt primär. Jeder Mensch erfährt in einem
relativ frühen Prozeß seiner Reifung, daß er und seine Umwelt,
zuerst die ihn behütende Mutter, später die übrige Umgebung, von
ihm verschieden sind. Auch die individuelle Sprachentwicklung
beginnt mit dem Erfassen von Objekten. Bei meinen Kindern war
nach „Mama" auch „Auto" eines der frühesten Wörter.

Wie wir bereits gründlich erörtert haben, war es daher auch nicht
überraschend, daß sich die Wissenschaft von der Natur primär mit
Objekten beschäftigt hat. *Erst nach einer langen und sehr erfolgreichen Entwicklung wurden schließlich auch die damit verbundenen Defizite deutlich.* Erst die sehr genauen Experimente gegen Ende
des vorigen Jahrhunderts zeigten die ersten Abweichungen der Theorie von der physikalischen Wirklichkeit. Diese Entdeckung der an-
fänglich gering erscheinenden Abweichungen hatte aber dann große strukturelle Änderungen in der theoretischen Sicht zur Folge:

*Man wurde durch dieses bessere Wissen gezwungen, auch in der
Naturwissenschaft den holistischen Charakter der Wirklichkeit
zur Kenntnis zu nehmen. Solange die Theorien und Experimente
hinreichend schlecht gewesen waren, war es unmöglich gewesen,
diese Defizite zu entdecken.*

**Lebewesen
sind
Ganzheiten** Wenn es auch für Lebewesen notwendig erscheint, in einer Umwelt von Objekten zu leben, ist es andererseits die
früheste Erfahrung unserer Selbstwahrnehmung, daß die
Welt nicht eine Anhäufung isolierter Objekte ist. Bereits
dem Baby ist der Unterschied zwischen einem Sauger und dem
eigenen Daumen klar. Natürlich können wir von unseren Armen
und Beinen sprechen, als ob es Objekte seien, aber kein gesunder

Mensch käme auf den Einfall, diese als getrennte Teile wahrzunehmen. Der britische Neurologe Oliver Sacks[16] berichtet von einem neurologischen Krankheitsfall, bei dem es dem betroffenen Patienten nicht mehr möglich war, sein Bein – das für jeden Außenstehenden noch ganz normal mit dem Körper verbunden erschien – als sein eigenes Bein wahrnehmen zu können. Hier war in einem Individuum plötzlich eine Trennung in Teile – zumindest nach der Eigenwahrnehmung – eingetreten, die zu Recht als schwere Erkrankung diagnostiziert wurde.

Für unser Alltagsverständnis ist unsere Ungetrenntheit als Individuum und die Trennung von den Objekten außerhalb von uns zuerst und vor allem mit der räumlichen Unterscheidung verbunden.

Wie deutlich sich uns in der Regel diese „Ungetrenntheit" **ein Gedanken-** eingeprägt hat, mag ein kleines Gedankenexperiment ver- **experiment** deutlichen. Man stelle sich vor, den Speichelinhalt des Mundes hinunterzuschlucken. Ich denke, wohl kaum jemandem wird dies gedankliche oder auch tatsächliche Schwierigkeiten bereiten. Anders sieht es sicherlich aus, wenn der Speichel in ein Glas gespuckt und danach dieses Glas ausgetrunken werden soll. Obwohl sich chemisch und physikalisch an der Flüssigkeit nichts geändert hat, beeinflußt die stattgefundene Trennung des Speichels von unserem Mund unsere Wahrnehmung von der Sache und wohl auch unsere Haltung dazu. Selbstverständlich haben kulturelle und individuelle Voraussetzungen darauf ebenfalls einen Einfluß.

Unzählige Zeugnisse der Philosophie und der Kunst ver- **antiker** deutlichen die Erfahrung einer Einheit der Wirklichkeit in **Holismus** einem holistischen Sinne. Dies wird bereits schon aus den vorsokratischen Fragmenten der griechischen Antike sichtbar. Zwar gab es mit den frühen Atomisten auch eine Vorstellung von der Welt als einer Ansammlung von vielen Objekten, eben den Atomen, aber davor und daneben wurde auch die Einheit der Welt als ein Ganzes gedacht.

Ein extremer Holismus wurde von Parmenides und seinen Schülern vertreten, vor allem wohl von Zenon. Dieser ging in seinen

---

[16]Sacks, O., 1991.

berühmt gewordenen Paradoxien sogar so weit, Bewegung, die ja eine Trennung des Bewegten von seiner Umgebung voraussetzt, gänzlich zu leugnen. Allerdings waren damit sehr große Schwierigkeiten verbunden. Sie wurden bei Platon in der Weise gelöst, daß bei ihm als das oberste der Grundprinzipien, aus denen in seiner Philosophie die Gestalten[17] hervorgehen, das „Eine" gesetzt wird, aber als zweites dazu die „unbestimmte Zweiheit", durch die im „Abstieg" die Fülle der Wirklichkeit erzeugt wurde.[18]

Mir erscheint dieser Entwurf Platons eine zutreffende Vorahnung derjenigen Struktur zu sein, zu der uns heute die Quantentheorie nötigt.

Für Platon war es evident, daß die obersten Prinzipien auch über den Regeln der Logik stehen, diese also für die Prinzipien nicht zutreffend waren. Wenn holistische Vorstellungen ernsthaft erwogen werden, ist dies nicht zu vermeiden.

Aristoteles: Empirie und Logik Dennoch hat dieses Denken die Kraft, eine umfassende Sicht der Welt zu erzeugen. Bei Aristoteles, Platons größtem Schüler, wird dieser holistische Ansatz zugunsten einer stärkeren Berücksichtigung der Logik wieder verlassen. Aristoteles gilt nicht nur als der Erfinder der Logik, er ist mit seinem Denken auch wesentlich stärker an der Empirie orientiert als Platon. Daher verwundert es nicht, daß er bei dem damaligen Stand der Wissenschaften einer klassischen Denkweise wesentlich näher kam als sein Lehrer.

Konrad Gaiser[19] schreibt hierzu:

Vereinfachend könnte man sagen, daß das Denken des Aristoteles auf das konkrete Einzelne selbst gerichtet ist, während Platon überall die Beziehungen zwischen dem Einzelnen und dem allgemeinen Ganzen zu ermitteln sucht ... (Da-

---

[17]Ich bevorzuge hier, wie beispielsweise auch Weizsäcker, die von Goethe besonders bevorzugte Übersetzung „Gestalt" für das griechische *idea* oder *eidos*.
[18]Gaiser, K.,1963; Reale, G., 1993; Weizsäcker, C. F. v.,1981.
[19]Gaiser, K., 1963, S. 321.

bei ist, wie die Lehre vom Unbewegten Beweger zeigt, [bei
Aristoteles] eine stark monistische Tendenz wirksam), und
überhaupt findet man bei Aristoteles viel mehr als bei Pla-
ton den als gemeingriechisch geltenden „Finitismus" – den
Glauben an die Geschlossenheit, Rationalität und Vollkom-
menheit der Welt. Trotzdem ist zu bemerken, daß bei Aristo-
teles die Einheit der platonischen Prinzipienlehre verloren
geht und die Philosophie in verschiedene fachwissenschaft-
lich orientierte Teile auseinanderzufallen droht.

In der naturwissenschaftlichen Sicht der Neuzeit war der
holistische Aspekt so lange ausgeblendet worden, bis er schließ-
lich nicht mehr zu vernachlässigen war. Die Entdeckung des
Wirkungsquantums eröffnete wieder den Weg in dieses für die
Naturwissenschaften verloren gewesene Terrain.

Am Beginn der Quantentheorie wurde deren universale **Verhältnis**
Geltung nicht vermutet, ein Nebeneinander von klassischer **klassische**
und Quantenphysik erschien als selbstverständlich. Diese **Physik –**
Meinung ist auch noch bis heute unter Physikern vielfach **Quanten-**
anzutreffen. **theorie**

Nachdem aber für die Gültigkeit der Quantentheorie keine Begrenzung zu erkennen war, stellte sich das Problem des gegenseitigen Verhältnisses dieser beiden Theoriefelder erneut. Im
jetzigen Kapitel will ich verdeutlichen, daß daraus eine Struktur
ableitbar ist, die in einer gewissen Weise der platonischen Sicht
entspricht.

Dies wird nach dem bisher Ausgeführten nicht mehr sehr verwunderlich erscheinen.

Wenn sich die Naturwissenschaften mit der Wirklichkeit der einen
Welt befassen und wenn es in ihnen gleichzeitig um sprachlich
mitteilbare Informationen geht, so werden sie schließlich auf die-
se beiden Aspekte einzugehen haben: Da sich die Naturwissenschaften zuerst auf ihren Gegenstand konzentrieren, ist eine
holistische Struktur vom Gegenstand her für sie primär und damit
Quantenphysik fundamental. Der Zwang zur Mitteilbarkeit ande-

rerseits erfordert von der Theorie ein klassisch strukturiertes System. *Dies gilt auch für unsere biologisch begründete Wahrnehmungsfähigkeit, die* unsere Individualität *in den* Kontrast zu einer Umwelt von Objekten *stellt.*

Der heute erreichte Kenntnisstand verdeutlicht, daß in der modernen Naturwissenschaft *beides erreicht* worden ist, in der naturwissenschaftlichen Beschreibung sind *sowohl klassische als auch quantentheoretische Strukturen* vorhanden, die sich auf eine nicht ganz einfache Weise miteinander verschränken. Dies soll im folgenden ausführlicher dargestellt werden.

verborgene   Jede Quantentheorie geht aus der Quantisierung einer klas-
Parameter   sischen Vorläufertheorie hervor und kann ihrerseits in eine
umfassendere klassische Theorie eingebettet werden, die dann allerdings sehr reich an fiktiven Elementen – sogenannten verborgenen Parametern – ist. Diese letzte Behauptung war in der Gründerzeit der Quantentheorie abgelehnt worden, wozu J. v. Neumann einen berühmten Beweis aufgestellt hatte. David Bohm gelang es dann, mittels eines Gegenbeispiels eine Lücke im Beweisgang aufzuzeigen. Er führte, wie in Abschnitt 4.3.7 erwähnt, solche verborgenen Parameter ein.

Bohm konnte mit diesen verborgenen Parametern die Quantenmechanik auf eine klassische Übertheorie mit einer durch Nichtwissen verursachten Statistik zurückführen. Ich nenne diesen Übergang von einer sehr reichhaltigen – wenn auch sehr fiktiven – klassischen Theorie zu einer „normalen" Quantentheorie, wie sie zum Beispiel Bohm beschreibt, eine Down-Quantisierung. *Durch die postulierten fiktiven Parameter wird allerdings in allen bisher bekannten Beispielen eine fundamentale Erkenntnis der klassischen Physik notwendigerweise verletzt, nämlich die Grundregel, daß es unmöglich ist, eine Übertragung von Materie, Energie oder Information schneller als mit der Geschwindigkeit des Lichtes im Vakuum geschehen zu lassen.*

Damit wird die in der Erfahrung so gut bestätigte spezielle Relativitätstheorie Einsteins außer Kraft gesetzt und deren Erfolg nicht erklärt.

Wenn man also für diese verborgenen Parameter, die unerkennbar sind und unerkennbar bleiben, eine statistische **Unwiderleg-** Theorie konstruiert, so erhält man dabei die normale Quan- **barkeit** tentheorie zurück. Diese fiktive Grundtheorie mit ihren unerkennbaren und prinzipiell nicht wißbaren Parametern erlaubt dann die Vorstellung einer streng deterministisch ablaufenden Wirklichkeit. *Wegen dieser Unerkennbarkeit bleibt die ganze Konstruktion natürlich auch unwiderlegbar.*

Nicht erfüllt hat sich aber die Hoffnung, daß die Bohmschen Teilchenbahnen in einer realistischen Weise interpretiert werden dürften. Der in ihr voll berücksichtigte Holismus der Quantenmechanik läßt die Wirkung von Teilchen, die bei Bohm Massenpunkte sind, so extrem nichtlokal erscheinen, daß sie dort wirken können, wo sie sich nach der Theorie nicht aufhalten, und dort, wo gemäß der Theorie ihr Ort sein sollte, sie nicht zu wirken brauchen. Mit einer naiven Vorstellung von Realismus ist so etwas wohl nicht zu vereinbaren.

Um es zu wiederholen, bei der Zustimmung oder Ableh- **verborgene** *nung des Konzeptes verborgener Parameter geht es also* **Parameter –** *um ästhetische oder auch philosophische, aber im Grunde* **jenseits der** *nicht um physikalische Argumente.* **Physik**

Die Aussagen der klassischen Logik bilden eine sogenannte **andere Ansätze** Boolsche Algebra. Neben dem Satz der Identität (A gleich **verborgener** A) und dem Satz vom Widerspruch (A und Nicht-A können **Parameter** nicht zugleich wahr sein) gilt dafür auch der Satz vom ausgeschlossenen Dritten, vom *tertium non datur* (entweder A ist wahr, oder Nicht-A ist wahr, eine dritte Möglichkeit gibt es nicht).

Für eine quantenlogische Betrachtungsweise kann man Äquivalenzklassen von denjenigen Größen einer klassischen Logik bilden, die als nicht unterscheidbar erklärt werden. Dies entspricht einer logischen Nachahmung der verborgenen Parameter. Man behauptet, daß bestimmte Aussagen „an sich" verschieden seien, daß aber dieser Unterschied durch keine Methode sichtbar gemacht werden kann. Durch diesen Vorgang kann aus einer Boolschen Algebra eine Quantenlogik entstehen. Dies wurde von Doebner und Lücke gezeigt.[20]

Allerdings werden auch hierbei in der Ausgangsalgebra wiederum Zusammenhänge außer Kraft gesetzt, so daß die neu entstehende Quantenstruktur nur schwer von der Basis dieser fiktiven klassischen Struktur her interpretiert werden kann. Man stelle sich beispielsweise vor, daß Elemente, die in der Ausgangsalgebra bezüglich eines dort als natürlich erscheinenden Abstandsbegriffes weit voneinander entfernt sind, dann als ununterscheidbar angesehen werden. Es liegt auf der Hand, daß dieser ursprüngliche Abstandsbegriff nicht mehr sinnvoll interpretiert werden kann.

Auch der Feynmansche Zugang erweist sich von seiner Anlage her als eine Theorie verborgener Parameter. Hier sind es die geometrisch möglichen Wege, die von den Teilchen alle in gleicher Weise fiktiv „durchlaufen werden".

klassischer Limes   Aus einer Quantentheorie kann man im klassischen Limes in guter Näherung die klassische Ausgangstheorie wieder erhalten. Allerdings ist die Quantenstruktur stets viel reicher als die klassische und kann somit nur „in einem kleinem Ausschnitt" auf das klassische Verhalten reduziert werden. Dies wird im abgebildeten Schema der Abb. 5.2 durch die Graufärbung der Pfeile angedeutet.

Verkopplung von klassischen und quantentheoretischen Strukturen   Wenn man sich fragt, welcher Zustand vorliegt vor, und man somit die Quantenzustände wie etwas Klassisches betrachtet, kann man über diese klassische Zwischenstufe durch die Quantisierung von einer gegebenen Quantenstruktur zu einer neuen übergehen. Da der klassische Zwischenschritt in der Regel nicht erwähnt oder gar explizit verbalisiert wird, bezeichnet man diesen Schritt von einer Quantentheorie zu einer neuen als zweite Quantisierung. Historisch wurde diese Konstruktion beim Übergang von der Quantenmechanik zur Quantenelektrodynamik zum ersten Male angewandt.

---

[20]Doebner, H. D., Lücke, W., 1990.

Die hier geschilderte Verkopplung von klassischen und quantentheoretischen Strukturen möchte ich als die Schichtenstruktur der Wirklichkeitsbeschreibung *bezeichnen.*

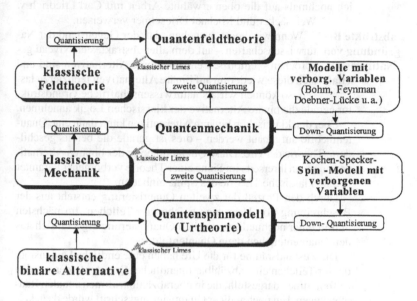

5.2   Die Schichtenstruktur der
Wirklichkeitsbeschreibung

Wenn wir von unserer individuellen geistigen Entwicklung ausgehen, so dürfte diese wohl recht bald – auf jeden Fall mit dem Beginn des Sprachgebrauches – zu einer nichtholistischen Sicht auf die Welt führen. Der Unterschied **Nichtholistische Sicht erscheint uns natürlich** von Ich und Nicht-Ich wird einem Säugling bereits sehr früh deutlich. Die historische Entwicklung der Naturwissenschaften verlief in einer dazu analogen Weise. Nach der Beschreibung der Welt mit dem Modell getrennter Objekte ergab sich in ihr allerdings *später* dann die *Notwendigkeit der Quantisierung*, durch die der holistische Aspekt der Wirklichkeit erfaßt wird.

Wenn wir diese Entwicklung auf einem abstrakten Wege nachvollziehen wollen, ist erneut eine Rückbesinnung auf das Wesen der empirischen Naturwissenschaften angebracht. Hierzu möchte ich nochmals auf die oben erwähnte Arbeit mit Carl Friedrich v. Weizsäcker und Michael Drieschner verweisen.[21]

abstrakte Begründung von Naturwissenschaft Wenn wir davon ausgehen, daß der Gegenstand der Naturwissenschaften – auf dem aller abstraktesten Niveau gesprochen – empirisch entscheidbare Alternativen sind und sich diese wiederum auf binäre Alternativen reduzieren lassen, so können wir als naturwissenschaftliche Grundstruktur gerade die binäre Alternative der klassischen Logik annehmen.

Über den klassischen binären Alternativen kann dann eine Quantentheorie aufgebaut werden – dies ist gerade die bereits geschilderte Theorie der Ure. Diese Quantentheorie der binären Alternative kann man ihrerseits im Sinne einer Theorie verborgener Paramter in eine klassische Theorie des Spins einbetten.

Durch den Prozeß der zweiten Quantisierung entsteht aus der Beschreibung von Uren eine solche von Teilchen. Im nächsten Schritt einer nochmaligen zweiten Quantisierung ergeben sich aus den Quantenteilchen dann Quantenfelder.

Die Zustandsräume für die Ure haben eine endliche Dimension, die für Teilchen eine abzählbar unendliche. Quantenfelder werden in Teilräumen dargestellt, die in überabzählbar-dimensionalen Räumen liegen. Ein nochmaliger Quantisierungsschritt würde dazu keine noch umfangreichere Struktur mehr hinzufügen können, so daß hiermit eine umfassende Darstellung des Gefüges der Theorien in der Physik erhalten worden ist.

An dieser Darstellung der Zusammenhänge ist hoffentlich deutlich geworden, wie sich die klassische zerlegende und die quantenphysikalische holistische Sichtweise bedingen und durchdringen.

Wenn wir von einem Quantenobjekt dessen Zustand kennen, dann können wir daraus die Fülle der möglichen Reaktionsweisen bei

---

[21]Drieschner, M., Görnitz, Th., Weizsäcker, C. F. v., 1988.

einer Wechselwirkung mit anderen solchen Objekten erkennen. Stellen wir nun in dem Sinne eine echte Frage, daß sie nicht lediglich die Wiederholung eines bereits schon im voraus entschiedenen Sachverhaltes ist, dann müssen wir unser Objekt in Wechselwirkung mit einem entsprechenden Meßgerät bringen. Damit wird seine Individualität aufgehoben, und wir können danach ein klassisch interpretierbares Faktum erhalten.

Ein solches Faktum entsteht dadurch, daß das Objekt von seinen nichtrealisierten Möglichkeiten für immer getrennt wird, daß also hierbei eine klassische Sichtweise erzwungen wird.
Die Konzentration auf den verbleibenden Rest kann eine Individualität erneut begründen und damit die quantenphysikalische Entwicklung wieder erneut in Kraft setzen. Wenn das Objekt nach der Messung wieder vom Meßinstrument getrennt wird, so entwickelt es sich wieder gemäß der Schrödinger-Gleichung aus dem nach der Messung angenommenen Zustand weiter.

Viele naturphilosophische Denker suchen nach einer „objektiven Beschreibung" dieses Vorganges, stellen sich die Frage: „Wann entsteht ein Fakt wirklich?" **Wann entsteht ein Fakt?**

Ein solcher Wunsch ist für viele Leser sicherlich leicht nachzuvollziehen. Die klassische Sichtweise mit ihrer deterministischen Grundstruktur kann eine Sicherheit über den Weltablauf vermitteln, die uns in der Erfahrung unseres täglichen Lebens leider – wie man möglicherweise meinen kann – nicht gegeben ist.

So könnten wir wenigstens auf die Wissenschaft hoffen, um durch sie eine metaphysische Sicherheit zu erhalten.

Dazu kommt, daß ohne die Annahme von Kausalität eine empirische Wissenschaft schlechthin undenkbar ist. Nur unter dieser Annahme der Kausalität ist ein Rückschluß von den Ergebnissen eines Experimentes auf die möglichen Ursachen für diesen konkreten Ausgang möglich.

Man kann sich leicht vorstellen, daß eine strenge und lückenlose Kausalität zu einer vollkommenen Determiniertheit führen muß.

Weniger bedacht wird aber, daß ein solcher strenger Determinismus *ebenfalls* mit *den* Grundvoraussetzungen einer empirischen
Naturwissenschaft unverträglich *ist, denn die freie Wahl der Anfangsbedingungen durch den Experimentator ist schließlich der
Sinn eines jeglichen Experimentes.*

Dieses Dilemma wird durch die oben beschriebene Schichtenstruktur aufgelöst.

*Beide Extreme – strenger Determinismus oder strenger
Indeterminismus – sind in einer rigiden Form nicht zu halten.*

Gestaltkreis Die Frage, was objektiv ist und wie dies mit unserer Kenntnis zusammenhängt, kann nicht in einer dogmatischen Wei-
se beantwortet werden. Viktor v. Weizsäcker verwendet die Figur
des Gestaltkreises, um etwas von der Selbstbezüglichkeit der Erkenntnis zu erfassen. Sein Neffe Carl Friedrich formuliert:

*Die Natur ist älter als der Mensch, der Mensch ist älter als
die Naturwissenschaft, die Naturwissenschaft beschreibt die
Natur.*

Für die Spekulation, die ganze Welt betrachten zu wollen, würde es
keine Fakten geben. Die Welt als Ganzes ist *ein* Ganzes. Fakten
gibt es innerhalb der Welt, für Teile von ihr.

In Kapitel 13 seines *Aufbau der Physik* erwägt C. F. v. Weizsäk-
ker Möglichkeiten, die sich hypothetisch aus diesen Eigenschaften
der modernen Physik ergeben könnten. So bedenkt er die Möglichkeiten einer „Faktizität der Zukunft" oder einer „Möglichkeits-
struktur der Vergangenheit".

gut für alle Derartige philosophische Überlegungen könnten geeig-
praktischen net sein, manchen Leser zu verunsichern. Dennoch darf man
Zwecke die Benutzer der modernen Physik dahingehend trösten, daß
für alle praktischen Zwecke der Übergang aus einer quantenphysikalischen Überlagerung in die Entstehung eines Faktums durch
die zur Zeit bekannten Interpretationen der Quantentheorie ausreichend gut beschrieben wird.

Für ein am Prinzipiellen orientiertes Denken bleibt natürlich ein Stachel zurück, denn man wünscht sich natürlich stets Wissen über das, was über unser heutiges Verständnis hinausreicht. Die Möglichkeit neuer Erkenntnisse darüber bleibt weiterhin offen, aber der Leser teilt möglicherweise meine Meinung, daß dies eine solche Änderung unseres Denkens und der Sprache erforderlich machen würde, daß sie jenseits aller unserer heutigen Phantasien zu liegen scheint.

Die Quantentheorie und das Verhältnis von Natur- und Geisteswissenschaften

6.1 Natur- und Geisteswissenschaften

Wenn man versucht, Natur- und Geisteswissenschaften in ihrer Verschiedenheit kurz zu charakterisieren, so ist eine Möglichkeit dafür durch die unterschiedlichen Formen gegeben, mit der in ihnen jeweils Erkenntnis gewonnen wird.

Naturwissenschaften suchen nach allgemeinen Gesetzen. *Deren Gültigkeitsbereich sollte möglichst umfassend sein, innerhalb dieses Bereiches sind Ausnahmen nicht zugelassen.* **Charakterisierung der Wissenschaften**

In der Physik, und zunehmend sogar in den anderen Naturwissenschaften, sind die gefundenen Gesetzmäßigkeiten dann in eine mathematische Form zu bringen, die es erlaubt, bei einer Eingabe exakter Zahlwerte, welche die Ausgangszustände charakterisieren, auch die entsprechenden und genauen Vorhersagen zu erhalten.

Eine geisteswissenschaftliche Arbeitsweise könnte durch die Feststellung charakterisiert werden, daß es bei ihr vornehmlich um das Verständnis eines jeweiligen Einzelfalles *geht. Ihre Gegenstände sind in der Regel durch ihre Einmaligkeit ausgezeichnet.*

Der Einzelfall zählt, Statistik ist – wenn überhaupt – erst von sekundärem Interesse.

Diese beiden Charakterisierungen dürfen aber *nicht dogmatisch* verstanden werden. Selbstverständlich ist ein wichtiger Bereich der Biologie die Beschreibung morphologischer Besonderheiten einzelner Arten. Und nicht alle Geisteswissenschaften arbeiten so einzelfallorientiert wie manche Bereiche der Literaturwissenschaft oder der Psychologie. Dennoch ist diese Verdeutlichung durch die Grenzfälle der beiden Wissenschaftsbereiche geeignet, deren typische Unterschiede aufzuzeigen.

Wissenschaft ist nicht nur Zählen Oft erwächst bei einer unbefangenen Betrachtungsweise der Eindruck, daß die Erfolge der Naturwissenschaften die Geisteswissenschaften zu quantitativen Untersuchungen geradezu herauszufordern scheinen. Natürlich ist unbestritten, daß damit auch wichtige Erkenntnisse erhalten werden – man denke nur an die Rolle statistischer Untersuchungen bei der Textanalyse und der Autorenerkennung oder an solche in der Psychologie. In der Ökonomie und in den Sozialwissenschaften ist die fundamentale Rolle der Statistik ebenfalls unbestreitbar. Viele Teilbereiche der Wissenschaften werden durch die Anwendung statistischer Methoden viel besser verstanden als früher. Dennoch kann ich mich als Physiker aber oft des Eindrucks nicht erwehren, daß sich bisher nur die einfachen Zusammenhänge mit solchen mathematischen Methoden erfassen lassen. Nur das, was etwa so einfach ist wie die physikalischen Zusammenhänge, läßt sich mit den bis heute bekannten mathematischen Modellen hinreichend gut beschreiben.

Gesetz – Einzelfall In vielen Bereichen der Wissenschaften ist heute eine Annäherung an naturwissenschaftliche Forschungsmethoden zu bemerken. Wenn aber in geisteswissenschaftlichen Forschungen der „exakte" Aspekt überbetont wird, so werden sie dabei das verlieren, was ihre eigentliche Bedeutung für die Menschen ausmacht, ohne daß sie jedoch den Grad von Genauigkeit erhalten könnten, der die Naturwissenschaften auszeichnet. Je näher eine Wissenschaft an mich als Person herantritt, desto weniger werden für mich allgemeine Gesetze interessant sein. Wenn ich krank bin, dann will ich wissen, ob ich selbst wieder gesund werde, der Prozentsatz der Heilungen allein sagt dazu für mich recht wenig aus.

Auf der naturwissenschaftlichen Seite sehe ich jetzt eine Bewegung, die ein Korrektiv zu dem bisherigen Vorgehen dieser Wissenschaften darstellt. Diese ist ihr von ihrem Gegenstand aufgenötigt worden, und durch sie wird deutlich, daß die Naturwissenschaft bisher mit einem entgegengesetzten Defizit belastet war.

6.2   Die Trennung der wissenschaftlichen Kulturen

Die Teilung der Wissenschaften in die Natur- und die Geisteswissenschaften ist eine Entwicklung, die sich erst in der Neuzeit voll ausgeprägt hat. Für Platon war es eine Selbstverständlichkeit, daß sich ein Philosoph auf der Höhe der Mathematik seiner Zeit befinden mußte – und wohl auch derjenigen der anderen Wissenschaften. Und natürlich hatte er auch in dem bewandert zu sein, was wir heute als die schönen Künste bezeichnen. Gymnastik wurde ebenfalls als gleich wichtig angesehen. Heute scheint nach meiner Wahrnehmung dies alles oftmals nicht einmal mehr als wünschbare Forderungen betrachtet zu werden.

Die Sokal-Affäre hat deutlich gemacht, wie schlecht es **die Sokal-** teilweise bei modernen Philosophen um naturwissenschaft- **Affäre** liche Kenntnisse bestellt ist. Der amerikanische Physiker Alan D. Sokal[1] hatte in einer renommierten philosophischen Fachzeitschrift in einer Sprache, die einen bestimmten modernen philosophischen Jargon und die Intentionen der Zeitschrift sehr gut getroffen hatte, einen recht groben physikalischen Unfug publizieren können, um ihn dann später in einer Konkurrenzzeitschrift selbst als solchen zu entlarven.

Wenn wir zu den Griechen zurückblicken, dann kann man **Aristoteles** allerdings bereits bei Aristoteles wahrnehmen, daß bei ihm – im Vergleich zu Platon – der Stellenwert der Mathematik abzunehmen scheint. Dennoch hat uns Aristoteles zum Beispiel Aussagen über das Wesen des Kontinuums hinterlassen, die auch für die modernen mathematischen Wissenschaften interessante Denkanstöße liefern können. So scheint die moderne Forschung in der sogenannten nichtkommutativen Geometrie einigen seiner Ideen wie-

---

[1]Sokal, A. D., 1996

der nahezukommen. Auch für die Auflösung der Paradoxie von
Zenon über die Bewegung hatte Aristoteles sehr tiefe Erkenntnisse. Zenon stellte die Frage, wie es denn möglich sein soll, daß sich
ein Körper bewege. Da er ja wohl zu jeder Zeit an einem Orte sei,
könne er sich doch somit nicht bewegen, denn dann müßte er ja
zugleich nicht mehr an diesem Ort sein. Aristoteles hat darauf verwiesen, daß man bei der Frage, ob ein bewegter Körper „an einem
Ort sei" unterscheiden müsse, ob man die Frage im Sinne der Möglichkeit oder im Sinne von Realität verstehen wolle. Im Sinne der
bloßen Möglichkeit durchlaufe ein bewegter Körper tatsächlich
unendlich viele Punkte. Wolle man aber die Punkte jeweils real
werden lassen, so müsse man die Bewegung anhalten, den Punkt
markieren und dann weiterlaufen. Dies aber könne für unendlich
viele Punkte niemals in einer endlichen Zeit geschehen.[2]

Diese Argumentation erinnert mich sehr an das quantenphysikalische Meßproblem, bei dem ebenfalls zwischen einer bloßen Möglichkeit und der Feststellung eines Sachverhaltes unterschieden werden muß. In unserer Zeit hat beispielsweise P.
Feyerabend[3] davon gesprochen, daß die Antwort, die Aristoteles
gegeben hat, durch die moderne Physik wieder aufgegriffen worden sei. Die Quantentheorie zeigt, daß für einen Zustand mit einer
definierten Geschwindigkeit in der Tat ein Ort nicht definierbar
ist.

Nach dem Aufblühen der klassischen Physik und nach deren
Erfolgen mußte die Trennung zwischen den beiden Bereichen der
wissenschaftlichen Tätigkeit, zwischen einer sich am Vorbild der
Newtonschen Mechanik orientierenden Naturwissenschaft und den
oftmals hermeneutisch arbeitenden Geisteswissenschaften, nahezu als unüberwindbar erscheinen. Wegen der sich heute relativie-
renden Bedeutung des klassischen Bereiches der Naturwissenschaften vermute ich, daß sich nun auch die Tiefe der Gräben zwischen
den Wissenschaftsbereichen wieder verringern kann.

Einer der Gründe für meine Hoffnung besteht darin, daß mit der
modernen Quantenphysik der bisher oft zu naiv gebrauchte

---

[2]Aristoteles, 1967, 8. Buch, 263b 5.
[3]Feyerabend, P., 1986, S. 129.

Materiebegriff in der Tat unanwendbar geworden ist. Die **Materie –** Meinung, daß wir verstünden, was Materie ist, kann zur **bisher zu naiv** Zeit wohl nur schwerlich ernsthaft vertreten werden. Aller- **gesehen** dings wird vor allem in den naturwissenschaftlich orientierten Teilen der Biowissenschaften und Medizin noch vielfach ein historisch gewachsener und heute überholter Materiebegriff verwendet, dessen Begrenztheit dort nicht auffällt und die daher dort auch nicht reflektiert werden muß. Dieser Begriff von Materie kann als eine Verfeinerung dessen angesehen werden, was wir im landläufigen Sinne unter Materie verstehen – als etwas, das feiner ist als Sand, aber doch nicht wesentlich verschieden davon. Dieser Materiebegriff erfaßt im wesentlichen nur klassische Eigenschaften. Selbstverständlich gibt es bereits an kleinen Molekülen klassische Eigenschaften, und nur mittels dieser klassischen Attribute kann man viele biologische Vorgänge erklären.[4]

Aber für den Teil der biologischen Probleme, für welche die Erklärungskraft dieser einfachen Modelle nicht ausreicht, konnte ich bei vielen Kontakten selten Bereitschaft erkennen, sich die Beschränktheit der klassischen Erklärungsmuster zu verdeutlichen.

6.3 Holismus und Naturwissenschaften

Da die naturwissenschaftlichen Gesetze von ihrem Wesen her allgemeine sein sollen, ist ein wichtiger Bestandteil ihrer erkenntnistheoretischen Durchdringung die Prüfung auf mögliche Grenzen ihrer Gültigkeit.

Die Naturwissenschaft ist damit genötigt, ihre Untersuchungen soweit wie irgend möglich auszudehnen. Dies geschieht auf dem Weg ins Kleine, in die Mikrophysik, ins Große, die Astrophysik und auch ins Komplexe, wo immer diffizilere Zusammenhänge untersucht werden.

---

[4]Hierüber kann man beispielsweise bei H. Primas und A. Ammann vieles finden.

6.3.1 Holismus im Großen: Kosmologie

Astrophysik Dem Holismus der Mikrophysik haben wir uns bereits ausführlich gewidmet, bleiben wir jetzt für einen Moment bei der Astrophysik.

Die modernen Teleskope zeigen uns Milliarden von Galaxien, eine jede von ihnen enthält Milliarden von leuchtenden Sternen. Daß man über eine solche Vielfalt an ziemlich Ähnlichem allgemeine Gesetze finden und prüfen kann, dürfte jedem sofort einleuchten.

Wie sieht es aber aus, wenn wir das Blickfeld noch weiter vergrößern?

Um zu prüfen, ob die Gesetze für die Objekte *im* Kosmos untereinander konsistent sind, müssen diese Gesetze in ihrer Anwendung ausgeweitet werden bis auf den gesamten Kosmos als Ganzes. Wenn man also prüfen will, ob irgendwann bestimmte Gesetze – zum Beispiel über den Raum oder über die Gravitation – ihre Anwendungsmöglichkeit verlieren, so wird man immer weiter ins All hinausschauen müssen.

Kosmologie *Kosmologie wird daher zu einem unverzichtbaren Bestandteil der Naturwissenschaften.*

Was soll hier unter dem Begriff „Kosmos" verstanden werden, des Kosmos, den die Kosmologie als Wissenschaft untersuchen will?

Die Kosmologie befaßt sich nicht mit den einzelnen Objekten *im* Kosmos, mit den Galaxien, den Sternen, Planeten und Gaswolken, dafür sind Astrophysik und Astronomie zuständig. Kosmos meint die Welt als Ganzes.

Wenn wir den Kosmos *charakterisieren als die* Gesamtheit all dessen, wovon es nicht prinzipiell unmöglich erscheint, davon Wissen erhalten zu können, *so muß er notwendigerweise „einer" sein.*

Vielzahl von Universen? Eine Vielzahl von Universen kann nicht Gegenstand von empirischer Wissenschaft sein. Wenn wir über ein zweites – hypothetisches – Universum etwas erfahren könnten, so wäre es nach der hier gegebenen Definition doch nur ein Teil des einen Kosmos. Ist es hingegen tatsächlich von unserem Universum so vollständig getrennt, daß es einer Kenntnisnahme unzugänglich erscheint, so kann es vernünftigerweise auch nicht als ein Gegenstand möglicher wissenschaftlicher Erfahrung angesehen werden.

Nun mag man einwenden, daß es aber tatsächlich viele wissenschaftliche Veröffentlichungen gibt, in denen über genau solche Universen etwas ausgesagt wird. Wenn dies aber als mehr verstanden werden soll, als daß damit mathematische Übungen durchgeführt werden sollen, dann wird wissenschaftliche Phantasie und mögliche Empirie nicht mehr auseinandergehalten. Ich meine, daß hierbei – wie oft in der Wissenschaft – außerwissenschaftliche Beweggründe eine Rolle spielen, wenn beispielsweise Thesen über Bereiche aufgestellt werden, die keiner empirischen Überprüfung zugänglich sein können.

Wenn also – wie bereits der Name ausdrückt – das Universum notwendig eines ist, dann wird für dieses der Begriff des „allgemeinen Gesetzes" höchst zweifelhaft. Nicht nur die Quantenphysik, auch die Kosmologie gerät von ihrem Wissenschaftsgegenstand her daher notwendig in die Nähe geisteswissenschaftlicher Gesichtspunkte.

Ich darf hier noch einmal daran erinnern, daß der Sinn eines **Sinn von** Gesetzes darin besteht, für viele Fälle gültig zu sein. Dies **Gesetz** ist jedenfalls in den Naturwissenschaften so, in der Physik wird im Rahmen eines Naturgesetzes der einzelne Fall durch die sogenannten Anfangsbedingungen festgelegt, aber auch juristische Gesetze gelten ihrem Wesen nach stets für eine Vielzahl möglicher Fälle. Eine solche Vielzahl ist aber für die Kosmologie gerade nicht gegeben. Wir werden gleich ausführlicher auf dieses Problem eingehen.

An den großen Umwälzungen in der Sicht der Menschen auf die Natur haben wir gesehen, daß der gleiche Gegenstand durchaus durch verschiedene Beschreibungsweisen erfaßt werden kann – allerdings auch mit unterschiedlichem Erfolg hinsichtlich der daraus erwachsenden Prognose- und Anwendungsmöglichkeiten.

Kosmos – Es erscheint möglich, daß auch unser Verständnis des
ein Grenzfall Kosmos einer Revision bedarf. Daß der Kosmos zu einem
Grenzfall der Naturwissenschaften wird, nicht nur vom Gegenstand her – was evident ist –, sondern auch von der Methode
her, macht ihn aber nicht weniger interessant. In diesem Feld können wir Naturwissenschaftler möglicherweise noch einiges von den
Geisteswissenschaften lernen.

*So erachte ich es für eine höchst spannende wissenschaftstheoretische Frage, ob es eine gerechtfertigte Vorgehensweise ist,
Kosmologie auf die bisher in der Physik üblichen Weise zu betreiben.*

Diese Frage will ich etwas näher begründen: Kosmologische Modelle ergeben sich bei dem bisherigen Verfahren in der Kosmologie als spezielle Lösungen einer allgemeinen Gleichung, der
Einsteinschen Feldgleichungen der allgemeinen Relativitätstheorie. Aus den verschiedenen physikalischen Annahmen, die man unter
mathematischen Gesichtspunkten machen kann, folgen unendlich
viele verschiedene mathematische Modelle für ein mögliches Universum. Wenn wir annehmen dürfen, daß der Kosmos hinreichend
gut von unserer Theorie beschrieben wird, dann wird aber die oben
erwähnte Vielzahl von Lösungen – bis auf die eine, die die zutreffende ist – den vorfindlichen Kosmos gerade nicht richtig beschreiben.

Da aber der erkenntnistheoretische Gehalt eines Gleichungssystems mit der Menge seiner Lösungen zusammenfällt, muß man
sich fragen, was aus der soeben getroffenen Aussage gefolgert werden kann.

Eine Schlußfolgerung, die sofort zur Hand ist, läßt erkennen, daß
in den Gleichungen noch eine sehr große Unbestimmtheit über die
erlaubten Anfangsannahmen enthalten ist und die Gleichungen somit viel zu allgemein sein müssen.

Gleichungen werden für eine mögliche Vielzahl von Fällen aufgestellt. Jeder spezielle Fall wird durch Anfangsbedingungen erfaßt, die an alle dafür möglichen Fälle angepaßt werden können.

Anders stellt sich dieses Problem aber dar, wenn es nur einen einzigen Fall gibt und eine durch die Gleichung vorgetäuschte Vielheit von Anfangsbedingungen einen Widerspruch zum Sinn der Situation darstellt.

Wenn die Welt ein Unikat ist, so sind allgemeine Gleichungen dafür etwas Sinnwidriges. In anderen Bereichen unserer Erfahrungen, wo wir es ebenfalls mit Unikaten zu tun haben, käme uns ein solches Vorgehen, dafür eine allgemeine Gleichung anwenden zu wollen, sicherlich höchst seltsam vor. Es würde wohl niemandem einfallen, beispielsweise allgemeine Gesetze über Farbverteilungen in Rechtecken zu formulieren, um als spezielle Lösung daraus die Mona Lisa zu konstruieren.

Wenn aber eine allgemeine Gleichung für das Unikat Kosmos keinen Sinn ergibt, so ist vielleicht eine zutreffende Beschreibung der Entwicklung des Kosmos das Maximum dessen, was wir in der Wissenschaft erreichen können. Selbstverständlich bleibt natürlich eine Konsistenzprüfung dieser Beschreibung mit allen Gesetzen, die im Kosmos und für alle seiner Bestandteile gelten, sehr wichtig und unbedingt notwendig.

Im Sinne dieses zweiten Satzes ist es auch ein sinnvolles und konsequentes Vorgehen, die Einsteinschen Gleichungen als ein heuristisches Hilfsmittel zu verwenden, um mit ihrer Hilfe Anregungen und Vorgaben für mögliche kosmologische Modelle zu entwickeln.

Wenn ich daran erinnere, daß für die sprachlich mitteilbare Beschreibung quantenphysikalischer Sachverhalte deren Einbettung in den Rahmen einer Kosmologie als unverzichtbar erscheint, schließt sich damit der Bogen wieder zu unserem Hauptthema.

Das Wechselspiel von Quantenphysik und klassischer Sichtweise zeigt die Art und Weise, wie das „Eine" der Welt zerlegt werden kann in Einheiten – in Individuen – in ihrem vielfachen Auftreten.

6.3.2 Holismus im Komplexen

Auch im Bezug zu der dritten Herausforderung der Naturwissenschaften, der in das Komplexe, finden wir wiederum einen
holistischen Endpunkt.

komplexe Die komplexeste Struktur, die wir heute kennen, ist unser
Strukturen eigenes menschliches Gehirn – und das, was in ihm abläuft,
unser Bewußtsein. Ich habe den Eindruck gewonnen, daß
es bis heute noch keine wirklich zufriedenstellende Theorie über
Gehirn und Bewußtsein gibt, die bereits die Stufe eines weitgehenden Konsenses erreicht hätte. Am Ende dieses Kapitels sollen einige Bemerkungen und Überlegungen folgen, welche neuen oder alternativen Gesichtspunkte sich dazu aus dem hier vorgelegten Konzept ergeben können.

*Was ein jedes wache und gesunde Bewußtsein auszeichnet, ist die
unmittelbare Empfindung seiner Einheit. Hier liegt eine dritte
Erscheinung des Holismus in den Naturwissenschaften vor.*

Einheit des *Auch dieser Holismus ist nicht starr. Die Einheit unseres
Bewußtseins Bewußtseins, die wir an uns selbst wahrnehmen können,
wird geformt aus Teilkomponenten, die im Falle von
Krankheiten auch einzeln ausfallen können. Diese damit deutlich
werdende Zusammensetzung eines Ganzen aus seinen Teilen,
welches zugleich mehr ist als eine Summe seiner Teile, macht das
„Verstehen des Bewußtseins" zu einer so spannenden, aber auch
schwierigen Angelegenheit.*

Auch in diesem Fall scheint die holistische Struktur in einem gewissen Gegensatz zu dem Wunsch nach einer Beschreibung mittels allgemeiner Gesetze zu stehen. Leider muß man konstatieren,
daß dieses Problem innerhalb der Naturwissenschaften bis heute
oft nur unzureichend artikuliert und eingestanden wird. Ein Teil
der beklagten Trennung in die „zwei Kulturen" könnte bereits dadurch abgemildert werden, daß von seiten der Naturwissenschaften auch in der öffentlichen Diskussion öfter auf diese ihr notwendig und natürlich zukommenden Begrenzungen verwiesen würde.

Selbstverständlich gehe auch ich davon aus, daß der Gegenstand der Naturwissenschaften nichts ist, was der Mensch selbst so gesetzt hat. Im Gegensatz zu anderen Bereichen – wie beispielsweise in unserer Kultur – haben wir hier keine Freiheit, das Vorgefundene anders zu gestalten, beispielsweise in dem wir „neue Naturgesetze" erfinden würden. Über dieser Unabhängigkeit des Gegenstandes der Naturwissenschaften von unseren Wünschen und Vorstellungen darf aber nicht vergessen werden, daß die Begriffsbildung über diese Gegenstände von uns Menschen erfolgt. Und die Sprache mit ihren Begriffen gehört zur Kultur der Menschen. Sprache kann verändert werden und verändert sich auch laufend ohne unser aktives Zutun. Sie hat weitgehenden Einfluß darauf, wie wir unsere Erfahrungen mitteilbar werden lassen können. Von Bohr stammt der schöne Satz „Wir hängen in der Sprache", mit dem er die Abhängigkeit unseres gesamten Denkens und Erkennens von dieser wichtigsten Befähigung des Menschen verdeutlichen wollte. Der Zusammenhang zwischen dem Beschriebenen und der Beschreibung ist aber keineswegs so festgelegt wie ein naturwissenschaftliches Gesetz. Meiner Meinung nach lohnt es sich, gelegentlich hierüber wieder zu reflektieren.

Gegenstand der Naturwissenschaften – Beziehung zur Sprache

6.3.3 Erkenntnistheoretische Schlußfolgerungen aus dem Holismus für uns als Individuen

Wir hatten den Holismus dadurch charakterisiert, daß selbst eine lediglich gedankliche Teilung zu unzulässigen respektive zu falschen Aussagen führt. Wenn man allerdings die daraus folgenden Fehler in Kauf nimmt, dann kann man ein Individuum – im Gegensatz zu seiner Bezeichnung als ein „Unteilbares" – dennoch in Teile zerlegen. Dies mag entweder tatsächlich oder gedanklich geschehen. Für die dabei entstehenden Teile, falls sie in einer großen Anzahl vorkommen, können wir wiederum näherungsweise allgemeingültige Gesetze finden. Dies gilt nicht nur für die materiellen Bestandteile unseres Körpers, zum Beispiel unsere Zellen und Organe, sondern auch für unser Denken und Verhalten.

Zerlegung des Unteilbaren

Betrachten wir lediglich extrem simple und auch isolierbare Handlungen, wie etwa eine Wahlentscheidung, dann erlauben statistische Methoden recht oft eine ziemlich gute Prognose für ein großes Kollektiv von Wählern. In diesem Falle kommen wir dem Begriff von Gesetzmäßigkeit wesentlich näher. Allerdings lassen sich oft gerade die Überraschungen, die es auch in Wahlergebnissen öfter gibt, nur schwer prognostizieren – natürlich auch deshalb, weil gut und richtig prognostizierte Daten keine größeren Überraschungen mehr in sich bergen. Dies läßt sich aber stets nur im nachhinein bestätigen.

Auch im Hinblick auf die Organe unseres Körpers kann eine zutreffende klassisch-naturwissenschaftlich orientierte Medizin entwickelt werden. Allerdings ist sie dann in ihrer Wirksamkeit auch nur so gut, wie eine mögliche Erkrankung *nicht* mit der Persönlichkeit des Kranken als ganzer verkoppelt ist. Der große Bereich der psychosomatischen Medizin zeigt, wie oft die Reduktion eines erkrankten Menschen auf sein krankes Organ – „die Galle von Zimmer 15" – unzureichend ist, und ein wesentlicher Teil der ärztlichen Kunst besteht auch darin, die Gesamtpersönlichkeit in den Heilungsplan einzubeziehen und sich nicht nur auf ein erkranktes Organ zu beschränken.

Solche ganzheitlichen Erfahrungen, die uns im täglichen Leben ständig begegnen, sind in der Physik in unserem Jahrhundert ebenfalls nicht mehr zu ignorieren gewesen. Auch in dieser teilweise so weit von unserer Alltagserfahrung entfernten Wissenschaft zeigte es sich, daß die bis dahin so erfolgreich angewandte Zerlegung des Vorgefundenen in lauter unabhängige Teile unzureichend geworden war.

6.3.4 Quantenholismus und Denken

Wer will was Lebendiges erkennen und beschreiben,
sucht erst den Geist heraus zu treiben,
Dann hat er die Theile in seiner Hand,
fehlt leider! nur das geistige Band.[5]

Mephisto

---

[5]Goethe, J. W., *Faust, eine Tragödie* (erster Theil), Studierzimmer: „Schüler-Szene".

Ich hatte oben unser Bewußtsein als eine uns allen zugäng- **Erfahrung von**
liche Erfahrung von Ganzheit bezeichnet. Wenn man nun **Ganzheit**
allein mit den Denkmodellen der klassischen Physik versucht, sich zu verdeutlichen, wieso und auf welche Weise in einem
Klumpen Materie – unserem Gehirn – Bewußtsein entstehen und
sogar über sich selbst nachdenken kann, so läßt sich damit keine
befriedigende Lösung erwarten. Daher ist zu verstehen, daß das
Problem des Selbst-Bewußtseins oft verdrängt wird oder gar, wie
es auch geschieht, zu einem verleugneten Rätsel wird.

   Wenn durch eine Beschreibung der Eigenschaften und des Verhaltens von Elementarteilchen bereits vollständig geklärt sein soll,
was Materie ist, sind Schwierigkeiten zu erwarten, wenn dennoch
ein Konzept für Bewußtsein entwickelt werden soll.

*Wird der Geist aus der Naturwissenschaft gänzlich vertrieben
und postuliert, daß es nichts weiteres gibt als Materie in der
Form von Elementarteilchen beziehungsweise Quantenfeldern, so
ist zu erwarten, daß die Probleme deutlich werden, die mit dem
Gebrauch eines solchen zu einseitigen Begriffes von Materie verbunden sind – eines Begriffes, der meiner Meinung nach heute
als überholt angesehen werden darf.*

Hierbei wird die Gesamtheit alles Seienden mit einer so verstandenen Materie gleichgesetzt. Solange allerdings die Physik außer den
von ihr bisher beschriebenen Elementarteilchen nichts weiteres als
real und existierend zuläßt, muß Bewußtsein oder gar Geist eine
überflüssige Kategorie bleiben.

*Wir machen einen fundamentalen Fehler, wenn wir meinen,
daß das geschriebene Wort darauf hinweist, daß es ein Bewußtsein so wie einen Stuhl oder ein Buch oder ein Bett tatsächlich gibt. Durch die Abtrennung des Begriffes vom gespro-
chenen Wort und durch seine schriftliche Fixierung wird uns
vorgegaukelt, daß es Bewußtsein im eigentlichen Sinne des
Wortes gäbe.*[6]

---

[6]Pöppel, E., Edingshaus, A.-L., 1994, S. 179.

Determinismus Ein mögliches Motiv für das Festhalten an einem solch en-
verspricht gen Begriff von Materie könnte sein, daß Materie auch heu-
Sicherheit te noch recht eng mit Vorstellungen von Determinismus und
von Handhabbarkeit verbunden ist und ein solcher Begriff –
nicht anders als in früheren Zeiten – die Empfindung von Sicherheit im Weltgeschehen nahelegt, denn der Determinismus kann auch
als ein Ausdruck für Faßbarkeit und Berechenbarkeit angesehen
werden.

Dennoch bleibt es für viele Menschen unbefriedigend, wenn das,
was wir an uns so unmittelbar wahrnehmen – unser Denken und
Fühlen –, gleichsam in den Rang einer Illusion versetzt wird, wenn
Bewußtsein als ein Epiphänomen angesehen wird, was die gleiche
funktionale Bedeutung hat wie die Farbe des Gehäuses für meinen
Computer: keine![7]

Geist bleibt In einem langen Gespräch mit Carl Friedrich v. Weizsäk-
nötig ker über dieses Thema meinte er zum Zusammenhang von
Geist, Bewußtsein und Materie: „Wenn man den Geist nicht
hineinsteckt – das heißt in die Annahmen über das Bewußtsein und
seine Entstehung –, dann bekommt man ihn allerdings auch nicht
wieder heraus."

Soll man tatsächlich auf den Begriff des Geistes verzichten?

Ich gehe davon aus, daß Generationen von Philosophen nicht
ohne Grund den Begriff „Geist" verwendet haben, wenn sie versucht haben, über das Wesen des Menschen nachzudenken. Dann
muß ich mich allerdings auch der Frage stellen, wie eine solche
Aussage in einem *physikalischen* Zusammenhang gedacht werden
kann.

Was bedeutet es, in einen „Anfang" der Physik den Geist hinein-
zustecken?

Um dies zu erläutern, will ich nochmals auf einiges zurückkommen, was bisher aus dem Weizsäckerschen Ansatz einer Physik der
Uralternativen entwickelt worden ist.

---

[7]Ich schreibe dies trotz der großen Verkaufserfolge, die eine bekannte Firma wegen
des bunten Gehäuses ihrer neuen Computerreihe erzielt.

6.4   Information als Fundament der Physik

6.4.1   Skizze der Urtheorie

In Abschnitt 5.3.4 wurden einige einführende Erklärungen **Quanten-** zur Urtheorie gegeben. Wenn die fundamentale Zielrichtung **theorie der** der Naturwissenschaften auf empirisch entscheidbare Alter- **Information** nativen gerichtet ist und jede solche Alternative auf eine Folge von binären Alternativen zurückgeführt werden kann, so muß der Inhalt einer binären Alternative, ihre Information, zu einem Fundamentalbegriff der Physik werden.

Der damit intendierte Begriff von Information meint nicht, daß diese notwendigerweise bereits von einem Subjekt gewußt zu sein hat. Es genügt, wenn wir davon ausgehen, daß es im Prinzip nicht unmöglich ist, daß sie gewußt *und auch gemessen werden* könnte.

Dies ist nicht prinzipiell verschieden von anderen physikalischen Größen, deren Werte wir ebenfalls nur über gesetzmäßige Zusammenhänge erschließen können. Die Masse beispielsweise ist uns im täglichen Leben zu einem vertrauten Begriff geworden. Gemessen wird sie mit einer Waage durch den Vergleich mit einem Normal – umgangssprachlich einem „Gewichtsstück". Nun ist sicherlich für jedermann einleuchtend, daß die Masse beispielsweise auch für die Sonne einen sinnvollen Wert hat, obwohl dieser Körper nicht von uns auf eine Balkenwaage gelegt werden kann. Es genügt, daß wir sie aus Naturgesetzen erschließen, denen wir vertrauen dürfen. Für den Begriff der Information bedeutet dies, daß wir eine Vorstellung davon haben müssen, in welcher Weise sie erschlossen und gemessen werden könnte.

Bei der Information kommt nun noch eine weitere Schwie- **absolute** rigkeit hinzu. Sie ist üblicherweise nur bis auf eine frei wähl- **Skalen** bare Konstante bestimmt. Solange eine physikalische Grö- ße aber noch auf einen willkürlich gewählten Nullpunkt bezogen wird, haben wir eine fundamentale Eigenschaft von ihr noch nicht verstanden. Als Beispiel denke man an die Temperatur vor der Entdeckung des absoluten Nullpunktes. Im täglichen Leben beziehen wir die Temperatur auf den Gefrierpunkt des Wassers, man könnte aber – wie dies in den USA mit der Fahrenheit-Skala noch üblich ist – auch eine andere Temperatur als 0 Grad definieren. Erst mit dem absoluten Nullpunkt von $-273°C = 0$ K konnte Temperatur als innere Bewegung der Stoffe verstanden werden. 0 K ist dann der Zustand, wo keine innere Bewegung mehr vorhanden ist. Und noch weniger als „keine Bewegung" kann man sich nicht vorstellen.[8]

Ein anderes schönes Beispiel für unser Problem ist der Energiebegriff der Physik. Ähnlich wie Information beziehungsweise Entropie wird die Energie in der Physik in verschiedenen Formen betrachtet. Es war eine der größten Leistungen der klassischen Physik, die Äquivalenz dieser so verschieden definierten Energieformen zu zeigen.

Die kinetische Energie, die Energie der Bewegung $E_{kin} = \frac{1}{2} m v^2$, besitzt einen einleuchtenden Nullpunkt: Wenn die Geschwindigkeit $v = 0$ ist, verschwindet die kinetische Energie ebenfalls. Die Entscheidung, ob wir ein Objekt als ruhend ansehen wollen, fällt auf den ersten Blick nicht schwer. Die potentielle Energie, die der Lage, $E_{pot} = m g h$, kann in der Newtonschen Mechanik nur bis auf eine willkürlich zu wählende Konstante definiert werden. Ob wir nämlich die Höhe h vom Fußboden oder vom Tisch aus messen wollen, ist nicht ohne Willkür zu entscheiden.

Erst in der Relativitätstheorie kann die Energie durch die Entdeckung der Äquivalenz von Masse und Energie zu einer absoluten Größe werden, so daß schließlich in der Quantenfeldtheorie die Positivität der Energie ein zentrales Postulat wird.

Entropie   Die Information war in der Physik bisher nur in der Gestalt des Begriffes „Entropie" vorgekommen. Die Entropie war ebenfalls nur bis auf eine frei wählbare Konstante festgelegt. An der Schnittstelle von Quantentheorie und Gravitationstheorie,

---

[8]„Negative absolute Temperaturen", die beispielsweise im Zusammenhang mit der Beschreibung von Lasern eingeführt werden, liegen, salopp gesprochen, oberhalb einer unendlich hohen Temperatur.

das heißt in der Verbindung mit den Schwarzen Löchern, wird sie nun gleichfalls zu einer fundamentalen physikalischen Größe, die einen absoluten Wert erhalten kann.

Für den Begriff der Entropie gibt es – ähnlich wie bei der Energie – viele verschieden lautende Definitionen, auch ihre mathematische Form tritt in unterschiedlicher Gestalt auf. In unserem Zusammenhang dürfte die zweckmäßigste und kürzeste und trotzdem noch zutreffende Definition die folgende sein:

Entropie ist Information, welche nicht *zur Verfügung steht.*

Es war eine wichtige Entdeckung von Ludwig Boltzmann, daß die Entropie, die zuerst als eine rein thermische Größe definiert worden war, etwas mit Information zu tun hat. In der statistischen Deutung der Thermodynamik wurden die untersuchten Systeme als aus lauter kleinen Teilchen bestehend aufgefaßt. Wenn man nun Kenntnis über den globalen Systemzustand hatte, zum Beispiel über sein Volumen, seine Temperatur und den Druck, dann reicht diese Kenntnis nicht aus, um auch noch Genaues über die unzähligen einzelnen Bestandteile zu wissen. Die Information, die ein allwissender Dämon[9] zu unserer bloß makroskopischen Kenntnis noch hinzugewinnen könnte, ist gerade gleich der Entropie. In diesem Sinne soll der obige Satz verstanden werden.

Durch die Quantentheorie ist es in der Physik möglich **Menge** geworden, der „Menge der möglichen Information über ein **möglicher** System" einen besser definierten Sinn als bisher zu geben. **Information** Während in der klassischen Physik die Entropie nur bis auf eine beliebige und unbekannte Konstante festgelegt ist, kann sie in der Quantentheorie genauer bestimmt werden.

Für diejenigen, die sich unter dem Gesagten nur wenig vorstellen können, will ich dies noch an einem Beispiel aus dem Milieu des Krimis illustrieren:

---

[9] J. C. Maxwell hat diesen Begriff und die geschilderte Vorstellung in die Physik eingeführt. Daher wird diese Denkfigur oft als Maxwellscher Dämon bezeichnet.

ein   Der Kommissar möge wissen, daß der Gangster sich in
anschauliches einer Einfamilienhaussiedlung versteckt hat. Er weiß aber
Beispiel nicht, in welchem Haus er steckt.

Diese Kenntnis – über das Stadtviertel nämlich – würde
man in der Physik als Kenntnis des Makrozustandes bezeichnen.

Mit einem guten Stadtplan kann der Kommissar nun überlegen –
wenn er nämlich alle die Häuser in dem Stadtviertel betrachtet, in
deren jedem von ihnen der Gesuchte ja sein könnte –, welche Information über den genauen Standort des Gesuchten er nicht zur
Verfügung hat.

Dieser Größe, nämlich der fehlenden Information über den Mikro-
zustand – in unserem Beispiel über das entsprechende Einfamili-
enhaus –, der entspräche in der Physik die Entropie.

Nun mag man zu Recht einwenden, mit der Kenntnis des Hauses
allein ist der Gangster noch nicht gefunden, man sollte auch noch
die Zimmer kennen und vielleicht noch, ob man sich unter dem
Bett oder im Schrank verstecken kann.

In der Physik kennt man so etwas auch, nämlich daß die Festlegung der möglichen Mikrozustände unter Umständen unzureichend
und eine weitergehende Beschreibung erforderlich wird. Man spricht
in der Fachsprache davon, daß bestimmte Freiheitsgrade zuvor
„eingefroren" gewesen waren und nun „angeregt" seien.

Nun könnte ein richtig weltfremder Bürokrat daherkommen und
sagen, daß der Kommissar auch noch die Schubkästen und sonstigen Behältnisse zu erfassen hätte.

Dem Modell des Bürokraten würde die Denkweise der klassischen Physik entsprechen.

Die Quantentheorie hingegen würde die normale Vernunft widerspiegeln, nämlich daß es eine minimale Behältergröße gibt, die
vom Gangster zum Zwecke des Versteckens nicht unterschritten
werden kann.

Soviel zu der Information über ein recht anschauliches System.
Wie ist nun dieser Begriff im Zusammenhang mit einem Schwarzen Loch zu verstehen?

Schwarze   Ein Schwarzes Loch ist eine Ansammlung von Materie
Löcher mit einem besonders großen Gravitationsfeld. Dieses ist so
gewaltig, daß eine geschlossene Hüllfläche, der sogenannte

Horizont, existiert, welche aus ihrem Inneren überhaupt nichts mehr entkommen läßt. Gemäß der Theorie sind für alle Materie, die durch den Horizont in ein Schwarzes Loch hineingefallen ist, die einzigen von außerhalb noch wiß- und bestimmbaren Größen lediglich deren Masse, der Drehimpuls und die Ladung. Nichts anderes als nur diese drei Zahlen ist über eine solche riesige Materieansammlung wißbar!

Wenn über ein Objekt von vielen Millionen Sonnenmassen nicht mehr als drei Zahlwerte existieren, muß die Entropie, **Entropie des** die objektive Unkenntnis über den inneren Zustand, über **Schwarzen** seine Bestandteile und möglichen Zusammensetzungen, rie- **Loches** sengroß sein. Sie erweist sich nach der Theorie als proportional zum Quadrat der Masse des Schwarzen Loches. In geeignet gewählten Maßeinheiten können wir einfach sagen, sie ist gleich dem Massenquadrat. Mit einem einzelnen Elementarteilchen, das in ein großes Schwarzes Loch fällt, wird dessen Entropie um einen Wert vergrößert, der etwa das Produkt der Masse des Teilchens mit der Masse des *black hole* ist.[10]

Da es für Schwarze Löcher eine theoretische Obergrenze der Masse gibt – keines könnte mehr als die gesamte Materie des Weltalls beinhalten –, folgt auch eine Obergrenze für die Information, die wir mit dem Hindurchtreten von einem einzigen Materieteilchen – zum Beispiel einem Proton – durch den Horizont eines Schwarzen Loches verlieren werden und die sich daher als Entropiezunahme des *black hole* erweisen würde. Für ein Proton stellt sich diese Obergrenze als die schier unvorstellbar große Zahl 10^{40} dar. Damit ist eine Möglichkeit deutlich geworden, in welcher sich ein abstrakter und absoluter Informationsbegriff mit der bisherigen Physik verbinden läßt.

In der Theorie der Quantengravitation ist die Berechnung der Entropie eines *black hole* eine nicht ganz leichte Aufgabe, im Rahmen der Urtheorie hingegen geschieht die Verbindung von den Elementarteilchen zum Informationsbegriff auf eine leicht einsehbare Weise; allerdings gehört diese Theorie bisher noch nicht zur etablierten Physik.

---

[10]Sei M die Masse des Schwarzen Loches und m die sehr kleine des Elementarteilchens, dann gilt in sehr guter Näherung $(M + m)^2 - M^2 = 2Mm$.

6.4.2 Die Äquivalenz von Masse, Energie und Information

Im Rahmen der Urtheorie sind mathematische Konzepte und Modelle entwickelt worden, mit denen man zeigen kann, wie eine derart definierte Information zu Energie und weiter auch zu Materie, die sogar Ruhmasse besitzt, kondensieren kann.

Daß Materie Masse besitzt und damit schwer und träge ist, wird seit langem als ihr zentrales Kennzeichen angesehen. Wenn nun Aussagen der deutschen Philosophie des 19. Jahrhunderts, zum Beispiel bei Schelling, so verstanden werden können, daß **Masse** Geist zu Materie kondensiert, so mußte das damals aufgrund der Physik dieser Zeit als eine reine Metapher angesehen werden, die man selbstverständlich auch anders betrachten konnte – auch als baren Unsinn.

In unserem Jahrhundert hat sich aber die Physik grundlegend geändert. Heute wissen wir, daß die Umwandlung von etwas Masselosem – zum Beispiel Licht – in Materie mit Ruhmasse – zum Beispiel Elektronen und Positronen – in beiden Richtungen **Energie** geschehen kann. Wir wenden diese Kenntnis sogar in Wissenschaft und Technik praktisch an, etwa bei der Kernenergiegewinnung und in den großen Beschleunigern am DESY oder am CERN. Dort kann eine solche Umwandlung von Masse in Energie und auch der umgekehrte Vorgang immer wieder beobachtet werden. Im alltäglichen Leben allerdings kommen solche Phänomene nie vor, so daß es sinnvoll und richtig ist, **Energie in** hier beispielsweise streng zwischen Masse und kinetischer **Masse** Energie zu unterscheiden und deren theoretische Äquivalenz zu ignorieren. Das gleiche gilt für die zu Materie „kondensierte Information". Auch für diese gibt es in der normalen Alltagssituation oder in der gewöhnlichen Physik nichts, was an die prinzipielle Äquivalenz von Materie mit dieser „Information" erinnern könnte. Die prinzipiellen Überlegungen jedoch werden davon unbeeinflußt bleiben müssen.

Daß Information keine Masse besitzt, ist sicherlich ebenfalls konsensfähig.

Mit dem angesprochenen Phänomen wird es aber aufgrund der
mit der Quantenphysik und der Relativitätstheorie erworbenen
Kenntnisse darüber hinaus denkbar, daß masselose Infor-
mation übergehen kann in Materie mit Ruhmasse.   **Information in**
                                                         Masse
Genau dieses wird in der Urtheorie an mathematischen
Modellen vorgeführt.[11]

Wie ich gezeigt habe, kann der aus der Urtheorie stammende
Informationsbegriff mathematisch in Übereinstimmung mit der
Entropie von Gravitationsfeld und Materie gesehen werden, wie
sie an den Schwarzen Löchern deutlich wird. Während die *black
holes* noch vor einigen Jahren von vielen Physikern lediglich als
eine theoretische Konstruktion von zweifelhafter Bedeutung angesehen wurden, liegt heute eine ausreichende empirische Evidenz
für deren tatsächliche reale Existenz vor – sogar in unserer Milch-
straße. Hierdurch ist, wie bereits erwähnt, eine wichtige Verbindung der Urtheorie zur konventionellen Physik sichtbar geworden.

Wenn wir erkennen, daß die Äquivalenz von Masse und Information auch durch unsere mathematische Theorie erfaßt wird, so
sind wir damit heute in einer sehr viel komfortableren Lage als beispielsweise die Philosophen des vorigen Jahrhunderts, die sich nur
auf ihre Ahnungen stützen konnten.

6.4.3   Geist und Materie in der Physik

Da sich der Informationsbegriff auf mögliche Wißbarkeit bezieht,
ist es naheliegend, daß es auch Information über Information
geben kann.

Damit erhalten wir auf eine natürliche Weise die Möglichkeit für
Selbstbezüglichkeit, die wir bereits bei der Logik und der Wahrscheinlichkeit angesprochen hatten.

---

[11]Görnitz, Th., 1988ᵃ; Görnitz, Th., Ruhnau, E., 1989; Görnitz, Th., Graudenz, D., v.
Weizsäcker, C. F., 1991.

Selbst- Selbstbezüglichkeit ist nun eine notwendige Bedingung
bezüglichkeit für die Möglichkeit von Selbsterkenntnis, ohne die das Bewußtsein auf der Entwicklungsstufe des *homo sapiens* nicht
gedacht werden kann.

Ich hoffe, daß man mit einem solchen allgemeineren Informationsbegriff zu einem naturwissenschaftlichen Modell für das
gelangen kann, was in der traditionellen Philosophie als eine Substanz aufgefaßt worden ist und mit dem Begriff „Geist" bezeichnet
wurde und was oft als von der Materie unterschieden gedacht worden ist.

Aus der Quantenphysik kann geschlossen werden, daß eine sol-
che prinzipielle Unterscheidung von Geist und Materie nicht
notwendig ist und, darüber hinaus, daß wir der dann anzuneh-
menden einzigen fundamentalen Substanz aus physikalischen
Gründen eine Gestalt zuweisen können, die in der Sprache der
deutschen geistesgeschichtlichen Tradition wohl eher mit dem
Begriff „Geist" als mit dem der „Materie" zu bezeichnen ist.

6.4.4 Über Monismus und Dualismus

Als Monismus bezeichnet man eine Denktradition, die lediglich
eine fundamentale Substanz postuliert, während ein Dualismus
deren zwei annimmt. In der heutigen Weltsicht, vor allem wenn sie
sich als naturwissenschaftlich fundiert begreift, wird eher eine
monistische Denkhaltung eingenommen.

Nimmt man den Monismus ernst, kann man dies unter zwei mög-
lichen Gesichtspunkten tun. Der eine – und heute wohl in den
Naturwissenschaften verbreitete – besteht darin, Geist als eine
eigenständige Größe gänzlich zu leugnen.
Der andere Gesichtspunkt, den ich bevorzuge, läßt den Unter-
schied zwischen Geist und Materie als einen lediglich pragmati-
schen erscheinen, so daß das von beiden Begriffen Bezeichnete
somit nicht mehr als ein prinzipiell Verschiedenes anzusehen ist.

Es sei trotzdem noch einmal betont, daß selbstverständlich die Unterscheidung zwischen Geist – welcher Information mit beinhalten kann – und Materie weiterhin sehr nützlich und wichtig für unseren gesamten Erkenntnisprozeß bleibt. Wir werden im nächsten Abschnitt über das Leib-Seele-Problem noch ausführlicher darauf zurückkommen.

Wenn der Monismus nun aber nicht, wie es heute noch weitgehend geschieht, an dem Materiebegriff der Elementarteilchenphysik festgemacht wird, sondern, wie hier vorgeschlagen, primär mit einem allgemeinen Begriff von Information verkoppelt wird, gelangen wir mit diesem Bild in die Nähe der Philosophie des Parmenides, zu dessen wenigen von ihm überlieferten Zitaten dasjenige gehört, das Carl Friedrich v. Weizsäcker als Motto über sein Buch *Zeit und Wissen*[12] gesetzt hat:

To γαρ αυτο νοειν εστιν τε και ειναι. (*„Dasselbe nämlich ist Wissen und Sein."*)

Ich möchte betonen, daß in der hier von mir vorgestellten Sicht Wissen als etwas gemeint ist, das gewußt werden kann*!*

Wissen muß daher nicht bereits von einem Subjekt gewußt **Wissen kann**
worden sein, um Wissen sein zu können. Dann aber kann **gewußt**
Wissen etwas sein, das in der Entwicklung der Welt nicht **werden**
erst spät auftritt, sondern das implizit immer bereits vorhanden wäre.
Selbstbewußtsein hingegen als reflexives Wissen ist allerdings tatsächlich erst spät in der kosmischen Entwicklungsgeschichte zu finden, auf der Erde erst als eine Eigenschaft, welche die Primaten und besonders uns Menschen auszeichnet.

An dieser Stelle scheint mir eine Abgrenzung zu dem Begriff des „Panpsychismus" notwendig zu sein. Damit wird eine Vorstellung bezeichnet, die gleichsam allem Seienden ein Be- **Pan-** wußtsein zuspricht und dabei eine – beabsichtigte oder un- **psychismus?**

---

[12]Weizsäcker, C. F. v., 1992, S. 27.

beabsichtigte – Nähe zu dem impliziert, was wir an uns selbst als unser eigenes Bewußtsein – unser Selbst-Bewußtsein – wahrnehmen. Eine solche Weltsicht hat ihre Quellen oft in einer biologistischen Denkweise, die Aspekte des Lebendigen auf alles Seiende übertragen möchte. Ich meine, daß eine derart anthropomorphe Sprechweise, die manchmal sogar so weit geht, beispielsweise Elektronen einen „freien Willen" zusprechen zu wollen, viel zu weit über ein mögliches Ziel hinausschießt. Bewußtsein ist meines Erachtens ein Begriff, welcher frühestens auf Lebensformen, keinesfalls aber auf unbelebte Materie angewandt werden sollte.

Erkenntnisförmigkeit der Evolution

Wenn Information aber tatsächlich eine grundlegende physikalische Kategorie ist, dann ist es doch wohl eher naheliegend als verwunderlich, daß von der Umwelt getrennte Individuen auf einer bestimmten Komplexitätsstufe Informationen aus ihrer Umwelt aufnehmen und verarbeiten und dann aktiv darauf reagieren können. Der Begriff der „Erkenntnisförmigkeit der biologischen Evolution"[13] bringt deutlich den steigenden Grad an Informationsverarbeitungsmöglichkeiten zum Ausdruck, welcher mit der evolutiven Entwicklung verbunden ist.

Fortsetzung der biologischen Evolution

Damit hätten wir auch eine Möglichkeit, die mit biologischen Mitteln allein wohl schwer faßbare „Höherentwicklung" charakterisieren zu können. Hierdurch wird dann sogar eine Ausweitung dieser Vorstellung auf die kulturelle Evolution der Menschheit möglich, die sich damit als eine Fortsetzung der natürlichen Evolution darstellt. Mir wurde dies beispielsweise auf einer Tagung deutlich, wo ich eine gleichsam „natürliche Verständigungsmöglichkeit" von Evolutionsbiologen und Ökonomen beobachten konnte.

---

[13]Weizsäcker, C. F. v., 1985, S. 208.

6.5 Anmerkungen zum Leib-Seele-Problem

Mit der scharfen Unterscheidung von Geist und Materie, die sich im Abendland herausgebildet hat und die zumeist auf Descartes zurückgeführt wird, und mit dem daraus erwachsenen Erfolg der Naturwissenschaften hat sich zugleich ein Problem ergeben, das in früheren Zeiten nicht bestanden hatte: Das Leib-Seele-Problem handelt davon, wie diese beiden Substanzen miteinander in Beziehung treten könnten, obwohl sie als fundamental verschieden zu denken waren.

Descartes selbst hatte wohl die Vorstellung, der einzige **Geist und** unpaarige Teil des Gehirns, die Zirbeldrüse, sei die Stelle, **Gehirn** wo der Geist auf die Materie des Körpers wirken könnte. Eine solche Vorstellung ist heute natürlich nicht mehr akzeptabel. Die Frage aber, wie die Inhalte unseres Denkens und Gedächtnisses mit den Strukturen und Vorgängen im Gehirn verbunden sind, ist bis heute ein faszinierendes Feld der Forschung geblieben. Die einige Zeit in der Hirnforschung vertretene Auffassung, daß gleichsam für jeden *Begriff* eine *spezielle Hirnzelle* als Speicher zuständig sei, gilt heute als experimentell widerlegt. Dennoch sind, wie W. Singer[14] beschreibt, *einfache* Steuerungsmechanismen dann am effektivsten, wenn sie durch wenige und darauf spezialisierte Zellen erledigt werden. Wenn jedoch so etwas Komplexes wie etwa das optische oder akustische Erkennen von Objekten an jeweils eine zuständige Zelle delegiert würde, wäre mit einer solchen „Verschaltung" das Gehirn sehr bald an der Grenze seiner Leistungsfähigkeit angelangt. Denn neue Objekte gibt es potentiell unendlich viele, so daß man für mögliche neue Erfahrungen im Prinzip das ganze Gehirn reservieren müßte.

Ich verdanke D. S. Peters[15] die Mitteilung über Beobach- **Nebeneinander** tungen an Grabwespen, an denen ein Nebeneinander von **von Genetik** offenbar genetisch festgelegten – und damit klassischen – **und Umwelt** Verhaltensmustern und der Fähigkeit, eine konkrete Situati-

---

[14]Singer, W., 1998.
[15]Peters, D. S., 1998, und mündliche Mitteilung.

on lernend erfahren zu können, deutlich zu erkennen ist. Die Grabwespe legt in mehrere Erdhöhlen Eier ab und versorgt die heranwachsenden Larven mit Beuteinsekten. Dabei ist sie in der Lage, diese Höhlen und deren Versorgung *stets neu zu erlernen* und registrierend zu verarbeiten. *Zugleich* aber ist sie *unfähig, von* einem *Verhaltensmuster abzuweichen*, welches ohne Wiederholung durchaus sinnvoll erscheint. Bevor die Brut neu versorgt wird, wird die Beute vor der Höhle abgelegt, dann wird die Höhle inspiziert und danach die Beute rückwärts hineingezogen. Zieht man nun die Beute während der Inspektion etwas vom Höhleneingang weg, so daß die Wespe die Höhle vollständig verlassen muß, um sie wieder zu erreichen, zieht die Wespe die Beute wieder heran – und beginnt die Inspektion erneut. Dies kann nun bis zu 30- bis 40mal wiederholt werden, ohne daß die arme Wespe bis dahin in der Lage wäre, die stattgefundene Inspektion und deren Erfolg speichern zu können. Hier dürften einige wenige Nervenzellen das Programm der Inspektion steuern und dieses daher so unflexibel machen.

viele Zellen, Höhere Wahrnehmungs- und Erkenntnisleistungen sind
aber definierte an eine Vielzahl von beteiligten Nervenzellen gekoppelt.
Areale Allerdings ist aus Experimenten – zum Beispiel mit Kernspintomographen oder durch Positronen-Emmissions-Spektroskopie – bekannt, daß jeweils bestimmte geistige Aktivitäten nicht unterschiedslos über das gesamte Gehirn verstreut sind, sondern an die physiologische Aktivität in *definierten Hirnarealen* gebunden zu sein scheinen. Dies gilt auch für die emotionalen Fähigkeiten der Menschen.

Die chemischen Abläufe, die mit der Informationsverarbeitung im Gehirn verbunden sind, sind bereits recht gut erforscht. Die Prozesse im Gehirn sind an molekulare Austauschprozesse gekoppelt und chemisch beeinflußbar. Die enge Wechselwirkung zwischen geistigen Vorgängen und materiellen Gegebenheiten ist jedem Menschen aus eigener Erfahrung gut bekannt. Durch einen Willensakt können wir dazu gebracht werden, unseren Körper und mit seiner Hilfe andere Gegenstände zu bewegen. Reine Information – zum Beispiel beim Sehen eines Bildes – kann unsere Hormonausschüttung verändern. Durch chemische Substanzen wie Alkohol, aber auch Koffein aus Kaffee oder Tee, wird andererseits unser

Denken und Fühlen verändert. Eine Philosophie und eine Naturwissenschaft, die diese engen Wechselbeziehungen nicht betrachten würde, könnte nicht als vertrauenerweckend angesehen werden.

Physik im Gehirn

Die chemischen Vorgänge im Gehirn können offenbar einer *Steuerung* unterliegen, die im einzelnen wohl noch nicht völlig bekannt ist. Dennoch wird man annehmen dürfen, daß eine solche Steuerung im wesentlichen ein *physikalisch basierter Prozeß* sein wird. Ein reiner Materialtransport dürfte dafür zu langsam sein. Dies kann man beispielsweise aus der Geschwindigkeit von Denkvorgängen erschließen, die miteinander verkoppelt in weit voneinander entfernten Hirnarealen ablaufen und die schneller sind, als es lediglich aus einem Transport von Molekülen geschlossen werden könnte.

Informationsfluß statt Materiefluß

Wie wichtig quantenphysikalische Modelle auch für Abläufe sein können, von denen man meint, bereits mit klassischen Vorstellungen eine hinreichend gute Beschreibung erreichen zu können, zeigt ein einfaches Beispiel. Die Stromleitung in Säuren erfolgt auch durch bewegliche positive Ladungen, das heißt durch die Ionen des Wasserstoffes, die Protonen. Während man im klassischen Bild annimmt, daß die Protonen wie bei der Brownschen Bewegung durch die Säure diffundieren, haben neue Rechnungen[16] gezeigt, daß dieser Vorgang in Wirklichkeit viel effektiver abläuft. Quantenphysikalische Rechnungen zeigten, daß sich nicht einzelne Protonen, sondern statt dessen die *Veränderungen der quantenphysikalischen Strukturen* durch die Säure bewegen. Dies geschieht weitgehend auf eine nichtlokale Weise. Man kann also sagen, daß hierbei anstatt eines Materieflusses ein Quanteninformationsfluß stattfindet.

Wenn man sieht, wie gut trotz aller Einschränkungen bereits die auf der klassischen Physik basierenden Modelle arbeiten, kann man sich leicht verdeutlichen, daß besonders die fundamentale Nichtlokalität der Quantentheorie Denkmodelle wird bereitstellen können, aus denen man weitere wichtige Anregungen für ein volles Verständnis dieser schwierigen Probleme gewinnen kann.

---

[16]Marx, D. et al., 1999.

Wesentlich für die Akzeptanz solcher Modelle wird es aber sein, das Vorurteil zu überwinden, der Geltungsbereich der Quantenphysik sei lediglich der atomare und subatomare Bereich der Wirklichkeit.

Elektrizität im Gehirn Eine Möglichkeit für eine Steuerung der chemischen Reaktionen im Hirn stellen die elektromagnetischen Prozesse dar, die offenbar mit jeder Form von Leben verbunden sind. Daß an jede Denktätigkeit elektromagnetische Vorgänge in unserem Gehirn gekoppelt sind, ist allgemein bekannt. Zuerst wurden sie im EEG (Elektroencephalogramm) gemessen, allerdings in einer recht groben Weise, gemittelt über weite Hirnbereiche. Später konnte man die elektrische Erregung einzelner Nervenzellen untersuchen und man lernte, daß das Verhalten von Verbänden von Nervenzellen nicht bereits dadurch verstanden werden konnte, daß man die Einzelzellen beschrieb.

Schon heute kann man aus den elektromagnetischen Untersuchungen wichtige Erkenntnisse über die Tätigkeit des Gehirns gewinnen. Dadurch war man beispielsweise in der Lage, durch neuartige Prothesen, die mittels winziger Computer elektrische Impulse an Nervenzellen senden, taub geborenen Kindern die Fähigkeit zu geben, hören zu können. Auf ähnliche Weise plant man, Blinden mit noch intakten Sehnerven wieder optische Informationen zugänglich zu machen.

Das völlige Ausbleiben der elektromagnetischen Erscheinungen am Gehirn gilt heute als ein wesentliches Kriterium für den eingetretenen Tod des betreffenden Menschen als bewußtseinsfähiger Persönlichkeit. Sie ist nach den heutigen Kenntnissen verbunden mit einer unwiederbringlichen Auslöschung jeglicher Erinnerung und des Selbstbewußtseins des gestorbenen Menschen.

6.5.1 Quantenphysik, Gehirn und Geist

Über die Wechselbeziehungen zwischen dem Gehirn und dem, was wir an uns als Geist beziehungsweise Bewußtsein oder – vielleicht weniger anspruchsvoll formuliert – als Denken an uns wahrnehmen, gibt es viele interessante Veröffentlichungen.

Stellvertretend aus der Fülle der Literatur möchte ich mich hier zuerst etwas näher mit G. M. Edelmans *Göttliche Luft, vernichtendes Feuer – Wie der Geist im Gehirn entsteht* als einer materialistisch-monistischen Sichtweise, und mit J. C. Eccles' *Wie das Selbst sein Gehirn steuert* als einem Vertreter einer dualistischen Weltsicht befassen.

Für Edelman muß eine Theorie des Bewußtseins an *neuralen Modellen*[17] anknüpfen. Er postuliert drei Grundpfeiler[18], die dazu dienen sollen, sowohl eine kartesianische Position als auch den Panpsychismus und auch den, wie er formuliert, „kognitivistisch-objektivistischen Morast" zu vermeiden.

Menschliches Bewußtsein hat sich auf der Erde im Laufe einer langen evolutionären Entwicklung herausgebildet. Dies muß von einer Theorie des Bewußtseins erfaßt werden. Sie muß aber auch die Verknüpfungen von Begriffsbildung, Gedächtnis und Sprache erklären und hat Überprüfungsmöglichkeiten für ihre Thesen zu eröffnen.

Die drei Postulate, die Edelman aufstellt, sind *die physikalische, die evolutionäre und die Qualia-Annahme.* **Edelmans Thesen**

Die physikalische Annahme geht davon aus, daß die Gesetze der Physik auch durch eine Theorie des Bewußtseins nicht verletzt werden sollten.

Ich finde als Physiker diese Annahme natürlich sehr sympathisch. Daß die Gesetze der Physik, die wir heute als vertrauenswürdig ansehen, verletzt werden müßten, nur damit eine Theorie unserer Geistestätigkeit möglich werden sollte, würde ich für einen Ausdruck von noch unzureichender Kenntnisse erachten. Allerdings habe ich bewußt von „vertrauenswürdigen" und nicht von „wahren" physikalischen Theorien gesprochen. Solange wir die letzteren nicht besitzen, sollten wir auch dafür offen sein, mit unseren Erklärungsversuchen möglicherweise den Gültigkeitsbereich vertrauenswürdiger Theorien überschreiten zu müssen. Es ist aber eine

---

[17]Edelman, G. M., 1995, S. 164.
[18]a. o. O., S. 165.

wichtige wissenschaftshistorische Erfahrung, sich zu solchen Unternehmungen erst dann zu entschließen, wenn alle anderen Versuche ihr Ungenügen erwiesen haben.

Quanten- Wenn Edelman schreibt, daß die Quantenfeldtheorie eine
feldtheorie formale Beschreibung der Materie liefert, so ist dies eine zutreffende Darstellung der Meinung der überwiegenden Zahl der Physiker. Auf jeden Fall ist diese Theorie zu den „vertrauenswürdigen" Bereichen der modernen Physik zu rechnen, ihre numerischen Erfolge sind überwältigend gut und beschreiben die experimentellen Erfahrungen überraschend genau. Das Überraschende daran ist, daß die mathematische Struktur dieser Theorie, die ein Konglomerat aus der klassischen, lokalen und somit nichtholistischen speziellen Relativitätstheorie und der im Wesen nichtlokalen und holistischen Quantenphysik darstellt, bisher noch keine im Grunde zufriedenstellende Form gefunden hat. Während in der Quantenmechanik die Ortsobservable wie alle anderen observablen, also beobachtbaren, Größen durch einen Operator beschrieben wird und lediglich die Zeit wie ein klassischer Parameter, sind wegen der relativistischen Invarianz in der Quantenfeldtheorie Ort und Zeit in gleicher Weise und auf gleicher Stufe zu behandeln. In ihr werden die Zeiten und auch die Orte nicht durch Operatoren sondern durch klassische Variable beschrieben, das heißt durch Zahlen und nicht durch Matrizen. Die Felder beziehungsweise die Teilchen sind in ihr allerdings quantisiert. Die erwähnten genauen Resultate werden mit Hilfe einer Prozedur, der Renormierung, erhalten, bei der – kurz gesagt – unendlich große Werte gleich Null gesetzt werden.

Edelman weist darauf hin, daß diese Theorie weder eine „Theorie der Intentionalität noch eine für die Namen der makroskopischen Objekte" enthält, daß dies aber kein Problem sei. Auch hierin ist ihm zuzustimmen.

Fremdheit der Problematischer ist aber meiner Meinung nach seine in
Quanten- diesem Zusammenhang gemachte Bemerkung „keine Ge-
theorie? spenster – keine Quantengravitation, keine Sofortwirkung über Entfernung hinweg". Edelman meint[19], die einerseits

---

[19]a. o. O., S. 306.

gegebene „Fremdheit der Quantentheorie" habe die Physiker verführt, sie mit der andererseits gegebenen „Fremdheit des Bewußtseins" zu verknüpfen. Ich habe dargelegt, daß die Strukturen der
Quantentheorie nur dann fremd erscheinen, wenn man sich entschließt, sich ausschließlich auf die Denk- und Erkenntnisweisen
der klassischen Physik zu beschränken, und meine daher, daß der
Holismus der Quantentheorie und der Holismus unseres Bewußtseins vielmehr die Überlegung nahelegen, daß eine solche Verknüp-
fung von Quanten- und Bewußtseinstheorie auch eine reale Beziehung widerspiegelt.

Die Quantentheorie ist kein Problem, sondern die Lösung **Quanten-**
von Problemen, nämlich die Lösung für das Verhältnis von **theorie als**
Teilen zum Ganzen für einen holistischen Zusammenhang. **Problemlösung**
Diese Lösung funktioniert in der Physik hervorragend,
daher wird sie auch zur Lösung des Bewußtseinsproblems betra-
gen können.

Edelman setzt sich auch mit einem Ansatz von Roger Penrose auseinander, der die Meinung vertritt, daß zu einem Verständnis des
Bewußtseins eine über die bisherige Quantentheorie hinausgehen-
de Struktur notwendig sei.

Penrose will eine neue Theorie aus Quantenphysik und **Penrose**
allgemeiner Relativitätstheorie schaffen, die als eine bestimmte Form der Quantengravitation bezeichnet werden könnte.

Nach Edelman ignoriert Penrose in seinem Entwurf[20] sowohl das
psychologische als auch das biologische Wissen. Wie zutreffend
diese Aussage ist, kann ich nicht beurteilen. Es ist aber anzumer-
ken, daß Edelman aus einer Theorie des Bewußtseins offenbar gerade diejenigen Anteile der Quantenphysik ausschließen will, die
deren holistischen Charakter begründen. Natürlich ist die allgemeine Quantengravitation eine Theorie, die wir bisher lediglich in An-
sätzen erahnen. Und auch wenn ich das Ziel von Penrose, die Quantentheorie selbst abzuändern, nicht teile, denke ich dennoch, daß
zum Verständnis der Quantenphysik eine Verkoppelung von ihr mit

---

[20]Penrose, R., 1989 und 1991.

Kosmologie beziehungsweise Gravitation auf die eine oder andere Art notwendig ist. Davon habe ich oben zum Beispiel in Verbindung mit dem Meßprozeß gesprochen. Aber auch wenn man darüber streiten kann, ob die Quantentheorie tatsächlich eine *Sofortwirkung* zuläßt – die Edelman untersagen möchte –, so bleibt doch die sofortige Änderung von *Korrelationen* ein heute bereits vielfach experimentell bestätigter Tatbestand, an dem das eigentliche Wesen der Quantenphysik besonders deutlich zutage tritt.[21]

Edelmans Ablehnung holistischer Strukturen   Eine solche Ablehnung der wesentlich holistischen Strukturen der Quantenphysik teilt Edelman mit vielen der besten Physiker unserer Zeit. Zu den Physikerkontakten, durch die er offenbar seine Ansichten über die Quantentheorie entwickelte, gehörte zum Beispiel der Nobelpreisträger Isidore Rabi. Diesen hat er über verschiedene Interpretationen der Quantenphysik befragt. In einer sehr lesenswerten Anekdote schildert Edelman einen Ausschnitt eines Gesprächs darüber mit Rabi[22]:

> *Rabi: „Die Quantenmechanik ist nur ein Algorithmus. Benutze ihn. Er funktioniert, mach dir keine Gedanken"*
> *Edelmann: „Rabi, sage nicht, du wirst wie Einstein und fängst an zu zweifeln!"*
> *Rabi (lachend): „Hör mal, ich hab Schwierigkeiten mit Gott, warum sollte ich nicht auch Schwierigkeiten mit der Quantenmechanik haben?"*

Rabi verdeutlicht hier die *pragmatische Haltung vieler Physiker,* denen es genügt, die *Quantentheorie* in der Praxis sehr erfolgreich *anwenden* zu können, und die meinen, daß man sich darüber hinaus *nicht* auch noch *mit den philosophischen Problemen befassen* müßte, die durch diese Theorie aufgeworfen werden.

---

[21]Ich darf noch einmal daran erinnern, daß es in der Quantentheorie Beziehungen gibt, die sich gleichsam mit unendlicher Geschwindigkeit ändern können. Wenn man eine solche Änderung wie eine normale Ursache-Wirkungs-Beziehung verstehen wollte, so würden damit die Gesetze der Relativitätstheorie verletzt.
[22]Edelman, a. o. O, S. 310.

Die *evolutionäre Annahme* beschreibt das Bewußtsein als **die evolutionä-**
eine phänotypische Eigenschaft, die für diejenigen Lebe- **re Annahme**
wesen eine Erhöhung der Fitneß zur Folge hatte, welche ein
solches Bewußtsein entwickeln konnten. Um dies verstehen zu können, ist die Annahme notwendig, daß Bewußtsein „wirklich" ist
und daß es nicht nur eine Begleiterscheinung darstellt, die ohne
eigenständige Bedeutung wäre.

Für mich als Physiker ist eine solche evolutionäre Annahme sehr
natürlich: Die Entwicklung biologischer Systeme kann nur in Form
von Individuen vonstatten gehen, die vom Rest der Welt getrennt
sind. In einem solchen Individuum kann sich eine interne Darstellung der Umwelt entwickeln, die eine Repräsentation von dieser
Umwelt erlaubt. Ein dadurch bei den höheren Entwicklungsstufen
der Lebewesen ermöglichtes Probehandeln im Bewußtsein stellt
einen großen Entwicklungsfortschritt dar. Wesentlich ist aber zuerst die Möglichkeit einer Informationsaufnahme überhaupt. Bei
Einzellern ist die Zelle als Ganzes an der Informationsverarbeitung
beteiligt. Bei höheren Lebewesen entstand dann ein Nervensystem,
wodurch eine noch bessere interne Informationsver- und -
bearbeitung möglich wurde. Eine besondere Form zellulärer Informationsverarbeitung in hochentwickelten Organismen stellt das
Immunsystem dar. Edelman hebt besonders die Ähnlichkeit von
dessen Arbeitsweise mit den Vorgängen im Nervensystem hervor.

Aber auch wenn es sehr viele interessante Querbe-
ziehungen zwischen den Wirkungsweisen von Immunsystem **Immunsystem**
und Gehirn gibt, so wird man doch nicht bestreiten können, **versus Gehirn**
daß das Immunsystem wohl niemals das Gehirn wird ver-
stehen können, vielleicht aber bald das menschliche Gehirn die Wir-
kungsweise des Immunsystems wirklich verstehen wird. Hier ist
mit „verstehen" natürlich die umgangssprachliche Bedeutung gemeint, daß man sich über das Verstandene auch sprachlich oder
schriftlich mitteilen kann. Daß in einem übertragenen Sinne das
Immunsystem auch das Gehirn „verstehen", nämlich auf dessen
Zustand sinnvoll reagieren kann, ist selbstverständlich. Ebenso
selbstverständlich ist für mich die wechselseitige Beeinflussung
beider, die allerdings zumeist *unterhalb der Schwelle meines wachen Bewußtseins* abläuft.

Qualia- Die *Qualia-Annahme*[23] ist nach Edelman „die schwierig-
Annahme ste". Sie ist methodologisch und durch die Art aufgezwun-
gen, in der sich Bewußtsein manifestiert.

Die Empfindungen, die die Qualia begründen, werden nach
Edelman dann genau sein, wenn sie mit Wahrnehmungen verbunden sind, sonst werden sie eher diffus sein.

*Die Qualia stellen persönliche und subjektive Erfahrungen dar
und sind unterscheidbare Teile einer geistigen Szene, die trotzdem eine Einheit bildet.*

Diese Zweiheit von „Teilen" und „Ganzem" läßt erwarten, daß ein
Verständnis der Qualia, das lediglich auf den Strukturen einer klassischen Naturwissenschaft basiert, nur unvollkommen sein wird.

Der subjektive Bezug der Qualia stellt offenbar das größte Problem dar.

*Wir können keine Psychologie der Erscheinungen konstru-
ieren, die sich ähnlich vermitteln läßt wie die Physik.*[24]

Was einer an Qualia erfährt, kann ein anderer vielleicht nicht nachvollziehen, Mitteilungen darüber werden stets unvollständig sein
müssen. Qualia sind flüchtig, und Eingriffe können sie ändern.

Qualia werden durch bewußte und unbewußte Prozesse beeinflußt. Aber, so Edelman, über individuelle Erfahrungen ist keine
wissenschaftliche Theorie möglich:

*Das Paradoxon ist offenbar: Um Physik betreiben zu kön-
nen, brauche ich mein bewußtes Leben, meine Wahrnehmung, meine Qualia. Aber in meiner intersubjektiven Kommunikation lasse ich sie aus meiner Beschreibung heraus
... der Geist wird aus der Natur entfernt. Bei der Erforschung
des Bewußtseins lassen sich jedoch nicht ignorieren.*[25]

---

[23]a. o. O., S. 166.
[24]a. o. O., S. 167.
[25]a. o. O., S. 167.

Ich sehe eine Analogie zur Quantentheorie bei den „Emp- **Analogie**
findlichkeiten der Qualia", bei ihren Änderungen unter Be- **Quanten-**
obachtungen. Auch in der Quantentheorie ist nach einer **theorie –**
Messung nicht mehr derjenige Quantenzustand vollständig **Qualia**
gegeben, der vor der Messung vorhanden gewesen war.

Die Bewußtseinsvorgänge sind ein so komplexes Gebiet, daß we-
der mit klassischen Vorstellungen allein noch mit einem Verzicht
auf diese eine sinnvolle Beschreibung möglich sein wird.

Beispielsweise beruhen die frühen Phänomene der Bewußtseins-
entwicklung auf einer sich anatomisch ausprägenden Weise der
Nervenverbindungen. Diese anatomische Grobdifferenzierung der
Hirnareale und der Hauptnervenverbindungen ist genetisch codiert.
Die Phänomene des Langzeitgedächtnisses beruhen wohl auch
wesentlich auf einer molekularen Speicherung. Die Vorgänge bei
der Analyse des genetischen Codes werden bisher sehr gut mit klassischen Vorstellungen verstanden, eine Gensequenzierung kann analog zu einem Sortiervorgang in einem Computer beschrieben werden. Ich vermute, daß auch die molekularen Vorgänge bei der
Informationsspeicherung im Gehirn mit klassischen Modellen gut
erfaßt werden.

Andererseits wird aber genau dann, wenn unsere Be- **Schichten-**
wußtseinsprozesse *auch* auf dem Holismus der Quantentheo- **struktur**
rie beruhen und die Qualia ein Ausdruck dieses Holismus
sind – wofür nach meiner Wahrnehmung vieles spricht –, die Physik erklären können, warum der von Edelman als gleichsam
unverstehbar monierte Sachverhalt zutreffen *muß* und warum ein
Wechselspiel von klassischen und Quantenvorgängen für die Beschreibung der Bewußtseinsprozesse erforderlich ist, ein Wechselspiel, wie es in der „Schichtenstruktur" verdeutlicht worden ist.

Durch Arbeiten aus dem Bereich des Quantencomputings[26] weiß
man, daß zwar ein Quantenzustand ohne Veränderung „teleportiert",
das heißt von einer Stelle in Raum und Zeit zu einer anderen über-

---

[26]Zum Beispiel Wotters, W. K., Zureck, W. H., 1982; Bennett, C. H., Brassard, G.,
Crépeau, C., Josza, R., Peres, A., Wootters, W. K., 1993.

mittelt werden kann, daß dies aber nur möglich ist, wenn an der Ausgangsstelle der ursprüngliche Zustand vernichtet und *nicht gemessen* wird. Ohne diese Vernichtung an der Ausgangsstelle wäre sonst ein Duplizieren von Quantenzuständen möglich – und eine solche Möglichkeit würde es beispielsweise erlauben, die Unbestimmtheitsrelation außer Kraft zu setzen.

Nur klassische *Daraus folgt,* daß Kommunikation lediglich über klassische
Information oder klassisch gewordene Sachverhalte möglich ist, denn
kann kommu- Kommunikation besteht ja gerade darin, daß ich Informatio-
niziert werden nen anderen zugänglich mache und sie zugleich behalte, das heißt sie vervielfältige. *In enger Analogie zum Meßprozeß wird sich daher in der Regel auch ein Bewußtseinszustand ändern, wenn er in eine mitteilbare Form gebracht wird.*

Im Gegensatz zur Quanteninformation kann klassische Information dupliziert werden, daher ist es auch notwendig, daß in beispielsweise in der Quantenmechanik das Ergebnis eines Meßprozesses, das ja intersubjektiv zu sein hat, in einer klassischen Form vorliegen muß und dadurch erst mitteilbar wird.

Während bei Edelman die Realität des Bewußtseins eingeräumt und in Form der Qualia-Hypothese formuliert wird, bleibt für mich in seinem Modell der Zusammenhang zwischen den Qualia und den „materiellen Vorgängen im Gehirn" noch unklar. Introspektion zumindest erzeugt den Eindruck, daß die Qualia, unsere Gefühle, unsere Gedanken und Emotionen, etwas in unserem Körper bewirken können, daß also nicht nur auf der einen Seite chemische Substanzen das Bewußtsein beeinflussen, sondern auf der an-
Einfluß des deren Seite auch das Bewußtsein – zusammen mit seinen
Bewußtseins verdrängten Anteilen – ‚Einfluß auf materielle Vorgänge im
auf die Körper hat. Ich erinnere an die enge Beziehung zwischen
Materie Immunsystem und emotionalen Zuständen, welche die Psychoneuroimmunologie untersucht, oder an die Unterscheidung von Eustreß und Disstreß, bei der eine äußerlich gleiche Belastung je nach emotionaler Einstellung als Beeinträchtigung oder als Herausforderung empfunden werden kann.

Für das weite Feld der psychosomatischen Krankheiten, **Psychosomatik**
bei denen psychische Probleme sich in Form körperlicher
Symptome ausdrücken können, ist eine Betrachtung des menschlichen Individuums als eine unteilbare Ganzheit von Leib und Seele
unabdingbar. Wie Overbeck et al.[27] beschreiben, drückt sich dies
auch in einer Rückkehr zur Einzelfallforschung aus. So zeigt sich,
daß systematische Zusammenhänge zwischen psychischen Vorgängen und körperlichen Reaktionen *im Zeitverlauf am Einzelfall* be-
legbar werden. Während bisher bei psychologischen Fragestellungen recht oft nur der Kraft der großen Zahl vertraut wurde, wird
hier der Schwerpunkt auf eine genaue Untersuchung der jeweiligen
Einzelfälle gelegt. *Dies erinnert den Physiker sofort an Erscheinungen aus der Quantenphysik.*
Dazu ein Beispiel: Wir lassen einen Teilchenstrahl gegen einen
Doppelspalt laufen, dessen Löcher unabhängig voneinander geöffnet werden können. Hinter den beiden Öffnungen kann man dann
die Teilchenzahlen messen und daraus Schlüsse ziehen. Mit einer
großen Stichprobe von klassischen Teilchen, zum Beispiel Mur-
meln oder Sandkörnern, wird sich die relative Öffnungsdauer der
beiden Spalte gut beschreiben lassen. Diese wird der relativen Häu-
figkeit der beiden Teilchenhaufen hinter dem jeweiligen Spalt entsprechen. Niemals aber wird sich auch mit noch so großen Teilchenzahlen feststellen lassen, ob die Spalte zugleich oder nacheinander
geöffnet worden waren. Eine solche Unterscheidung aber ist mit
Quantenteilchen möglich, die dabei sogar *einzeln* durch unser Experiment gelaufen sein dürfen.
Wir sehen an diesem Beispiel, daß auch in der Physik Wissenschaftlichkeit nicht notwendig nur an eine umfangreiche Statistik,
an das gleichzeitige Vorkommen von großen Anzahlen gebunden
ist. Wenn ein entsprechendes Mehrwissen berücksichtigt wird, in
diesem Fall quantenphysikalische Beziehungen, lassen sich auch
mit Einzelobjekten Fragestellungen untersuchen, die ohne solche
Beziehungen nicht einmal ansatzweise geprüft werden könnten.

---

[27]Overbeck et al., 1999.

Entwicklung Selbst wenn für die in diesem Bereich vorliegenden **von Analogien** holistischen Phänomene eine mathematische Anwendung der quantentheoretischen Modelle noch nicht erkennbar ist, so können solche Vorstellungen doch für die *Entwicklung von Analogien* sicherlich bereits jetzt schon sehr nützlich sein. Ich denke hierbei auch an die Probleme, die der Psychosomatik aus monokausalen Denkansätzen erwachsen und die ihren Ursprung mehr oder weniger in Denkweisen der klassischen Physik haben. Die quantenphysikalischen Vorstellungen, von denen ein wesentlicher Aspekt ihre *Möglichkeitsoffenheit* ist, können hier den Weg zu zutreffenderen Modellen bahnen.

Eccles Die deutliche Wechselwirkung von Geist und Gehirn haben *Eccles* offenbar bewogen, ein dualistisches Bild über Gehirn und Bewußtsein zu entwickeln.[28]

Bei ihm stellt das Bewußtsein eine eigenständige Substanz dar, die in eine enge Wechselwirkung mit der Materie des Gehirns treten kann. Eccles gibt sogar ein Modell an, wie auf quantenmechanischem Wege diese Wechselwirkung vonstatten gehen soll. Ich empfinde es allerdings als etwas schwierig zu verstehen, wie seine Bewußtseinssubstanz auf physikalische Weise mit der Gehirnmaterie wechselwirken kann. Wenn sie der Physik genügen soll, dann ist schwer zu verstehen, warum sie eine von der Materie *prinzipiell verschiedene* Substanz sein soll, und wenn sie nicht der Physik unterliegt, wird die Angelegenheit noch schwieriger.

Eccles – prag- Sehr viel leichter zu verstehen wäre dieses Modell, wenn **matisch lesen** diese Zweiteilung nicht als prinzipiell, sondern eher als pragmatisch zu verstehen wäre. Dann hätten wir damit ein nützliches und gut anwendbares Konzept.

Aber bei einer pragmatischen Interpretation bliebe Eccles' berechtigter Einwand, *daß der materielle Monismus keine Erklärung für Bewußtsein habe bereitstellen können, weiterhin bestehen.*

---

[28]Zum Beispiel Eccles, J. C., 1994.

Hierzu kann der aus der Urtheorie entwickelte „spirituel- **informationel-**
le Monismus"(C. F. v. Weizsäcker) eine wichtige Denk- **ler Monismus**
alternative liefern. Er ist ein Monismus, der zwischen Geist
und Materie lediglich einen pragmatischen, allerdings dennoch sehr
gewichtigen Unterschied behauptet, andererseits mit der *Information als Fundament der Physik* einer Erklärung von Bewußtsein
keine gravierenden philosophischen Probleme entgegenstellt.

Wie oben bereits erwähnt, rücken neben das Studium der chemischen Vorgänge im Gehirn die dort wirkenden elektromagnetischen
Erscheinungen immer stärker in den Brennpunkt des wissenschaftlichen Interesses. Solche elektromagnetischen Phänomene werden
wesentlich an der Auslösung und der Steuerung der chemischen
Vorgänge beteiligt sein. Als Quantenvorgänge müssen sie nicht an
die klassische Lokalität gebunden sein und können damit helfen,
einige holistische Eigenschaften unseres Denkens besser als bisher
zu erklären. Ich denke hier besonders an unsere Fähigkeit,
assoziativ denken zu können. Wir hatten gesehen, daß es ein **Assoziativität**
Grundprinzip der Quantenzustände ist, daß mit einem Zu-
stand auch alle anderen Zustände „virtuell anwesend" sind, sofern
diese nicht gerade das genaue Gegenteil des ersteren sind. Bereits
eine geringe Übereinstimmung zwischen den Zuständen ermöglicht
es, daß bei Vorliegen des ersten ein solch zweiter gefunden werden
kann. Und mit dem assoziativen Denken ergeht es uns ähnlich. Man
denke an die Scherzgeschichte über den Biologiestudenten, der sich
für seine Prüfung nur auf die Würmer vorbereitet hat und dann die
Frage nach den Elefanten zu beantworten beginnt: „Der Elefant ist
ein großes Tier mit Schwanz und Rüssel. Beide Körperteile erinnern an Würmer. Diese unterteilt man in …"

Die Urtheorie würde es über die elektromagnetischen Phänomene hinaus auch gestatten, spekulativ die Möglichkeit **eine**
eines Informationsaustausches zu bedenken, der nicht nur **Spekulation**
jenseits der ruhmassebehafteten Materie stattfindet, zu der
beispielsweise die Moleküle gehören, sondern vielleicht sogar jenseits der heute bekannten Elementarteilchen ohne Ruhmasse, die
als Photonen die elektromagnetischen Erscheinungen konstituieren. Durch die urtheoretischen Elementarteilchenmodelle wissen
wir, daß ein „normales" Photon aus etwa 10^{30} Uren konstituiert wird,

daß es damit – grob gesprochen – 10^{30} Bit „enthält". Um diese ungeheure Menge potentieller Information zu charakterisieren, sei darauf hingewiesen, daß das vorliegende Buch ohne die Bilder bequem auf einer 1,4-MB-Diskette gespeichert werden kann. Das bedeutet, daß Text und Formatierungsangaben weniger als 10^7 Bit umfassen. Wenn wir die Zahlen ausschreiben, wird deren Größenunterschied deutlich sichtbar:

10^{30} = 1 000 000 000 000 000 000 000 000 000 000 und
10^7 = 10 000 000

Mit der Urtheorie werden also Modelle der Informationsverarbeitung denkbar, die sogar unterhalb der Ebene der Photonen stattfinden könnten. Wir kennen allerdings heute noch keinerlei Ansätze dafür, wie eine solche Anwendung der Urtheorie auf die Arbeit des Gehirns konkret aussehen könnte. Wem aber meine Andeutungen bereits jetzt schon als zu phantastisch erscheinen, der sollte bedenken, daß uns heute Erscheinungen als vollkommen alltäglich gelten, die vor nicht allzu langer Zeit nur und ausschließlich dem Märchen vorbehalten waren.

Märchen wurden wahr   Stellen wir uns vor, jemand hätte dem großen Philosophen Immanuel Kant erzählt, der Nachfahre des Königs von England werde ein kleines Kästchen haben, mit dessen Hilfe er die Gespielin seines Herzens zu jeder Zeit und auch an jedem Ort, zum Beispiel auf der Jagd, sprechen könne, und außerdem im Schloß einen Wunderspiegel besitzen, mit dem sehen könne, was in seinem auf allen Kontinenten liegenden Reich zur selben Zeit geschieht. Sicherlich würde Kant ihm so freundlich, wie es seine Art gewesen sein soll, darauf verwiesen haben, daß man im Zeitalter der Aufklärung lebe und nicht mehr im Mittelalter – und selbst in dieser Zeit habe nur ein geringer Teil der Menschen an Märchen geglaubt.

Heute besitzt nicht nur Prinz Charles ein Handy und einen Fernseher, sondern auch ein großer Teil der Leser. Und wer diese Geräte nicht besitzt, tut dies wohl nicht deshalb, weil er glaubt, daß sie nicht so funktionieren, wie ich es beschrieben habe.

Wenn wir also mit der Urtheorie mathematische Modelle besitzen, die uns die „Information" in einem anderen Licht als bisher erscheinen lassen, so ist es nicht unvernünftig, daraus auch praktische Schlußfolgerungen zu erhoffen.

Allerdings ist es dazu nötig, sich wieder zu verdeutlichen, daß Quantentheorie nicht auf die atomaren und subatomaren Vorgänge eingeschränkt ist, wie dies noch immer manchmal dargestellt wird, sondern daß sie als Physik der Beziehungen immer dann von Bedeutung sein kann, wenn es um echte holistische Gegebenheiten geht.

Je geringer im urtheoretischen Sinne die Information ist, um die es geht, desto weniger kann diese als lokalisiert gedacht werden. Ein einziges Ur muß man sich vorstellen wie eine über den ganzen kosmischen Raum ausgebreitete Schwingung mit nur einem Knoten, und erst aus sehr vielen von ihnen kann so etwas wie ein Photon werden, das einen beschränkten Wirkungsbereich besitzt. Ein Gebilde aus *wenigen Uren* wird also sowohl *im Ort* als auch *in der Zeit nur als etwas Nichtlokales* verstanden werden können.

6.5.2 Quantentheorie und geistige Vorgänge

Das Sprechen erzeugt klassische Teile aus dem Ganzen des **Sprechen** Bewußtseins, erzeugt also eine Trennung, und legt durch **trennt** die sprachliche Formulierung Informationsanteile fest. Solches Sprechen kann das Befinden des Betreffenden wesentlich verändern. Hier sehe ich eine Analogie zum Meßprozeß, der ebenfalls durch den zwischengeschalteten Trennungsprozeß in der Regel den Quantenzustand des gemessenen Objektes verändert.

In der Quantenphysik ist die einzige Ausnahme von dieser Regel einer Zustandsänderung im Gefolge der Messung derjenige Fall, daß ich den Zustand bereits vollständig kenne und mich nur noch einmal darüber vergewissern will. Dann kann ich möglicherweise den Meßvorgang so organisieren, daß damit keine Zustandsänderung eintritt. Ähnlich mag es in einem Gespräch über bekannte Tatsachen sein. Wenn ich nur über mir vollständig Bekanntes berichte, ist die Wahrscheinlichkeit gering, dadurch meinen Zustand zu verändern. Werden hingegen auch Anteile zur Sprache gebracht, die ich bisher nicht bewußt kenne oder die mir als Affekte bisher nicht deutlich formuliert bewußt waren, dann eröffnet sich die Möglichkeit, durch diesen Prozeß eine Veränderung zu bewirken. Dies geschieht, wie sicher jedermann weiß, beispielsweise in jedem guten und vertrauensvollen Gespräch.

Noch eine weitere Analogie besteht zwischen der Quantentheorie und der prinzipiellen Unsicherheit über unbewußte Denkinhalte: Zwei identische Meßergebnisse können aus verschiedenen Zuständen gewonnen sein, und zwei identische bewußte Aussagen können auf verschiedenen unbewußten Ursachen beruhen. *Dies kann auch als ein Argument gegen die Vorstellung verstanden werden, daß gleiche Bewußtseinsinhalte auf gleichen physikalischen Zuständen des Gehirns beruhen müßten.*

über Chemie hinaus Obwohl die Wissenschaft von einem kompletten Verständnis des schwierigen Problemkreises von „Leib und Seele" noch weit entfernt ist, vermute ich, daß eine Beschränkung auf die bio *chemischen* Vorgänge in ihrem klassischen Gewand dafür unzureichend sein muß. Ich hoffe, daß hierzu der Ansatz der Urtheorie, welcher ein viel umfassenderer ist und über den Bereich der Information als Bedeutungsträger *für uns* weit hinaus reicht, einiges an Verständnishilfe wird leisten können.

Wenn beispielsweise von Metzinger darauf verwiesen wird, daß es keine Hinweise darauf gäbe, daß das Denken den Energiesatz verletzen könne[29]– worin ich ihm selbstverständlich recht gebe –, so kann ich dies nach dem soeben Ausgeführten dennoch nicht als ein Argument gegen eine Verwendung der philosophischen Kategorie „Geist" verstehen.

Quanteninformation Mit der sich heute entwickelnden Physik der Quanteninformation können hierfür Denkanstöße und -modelle geliefert werden. Der eine oder andere Leser wird den Begriff

---

[29]Metzinger, Th., 1993, S. 19.

der „Quanteninformation" bereits aus Darstellungen kennen, in denen es zum Beispiel um moderne Codierungsverfahren und spektakuläre Verbesserungen an Rechenmaschinen geht. Ich vermute darüber hinaus, daß ohne den Einschluß von Quantenstrukturen alle Versuche des Aufbaues von sogenannter künstlicher Intelligenz nicht werden erfolgreich sein können. Wir haben in Abschnitt 4.2.2 gesehen, daß sich der Quantisierungsprozeß als ein Berücksichtigen der Beziehungen zur Umwelt interpretieren läßt. Dies kann als eine spezielle Form einer Kontextabhängigkeit angesehen werden und sollte in Beziehung zu der heute immer klarer erkannten Kontextabhängigkeit jeglicher Intelligenz gesetzt werden.

Ich vermute, daß es selbst mit der Einbeziehung quantenphysikalischer Theorien wohl nur schwerlich eine echte Nachbildung menschlicher Intelligenz wird geben können, aber auf jeden Fall wird auch für diesen Bereich die Quanteninformation eine unabdingbare Vorarbeit zu leisten haben. Über einen möglichen Erfolg möchte ich hier nicht weiter spekulieren. Mit Sicherheit aber werden auch diejenigen Neurowissenschaften, die sich mit natürlicher Intelligenz und derem Verständnis befassen, am Quantenbereich der Physik nicht vorbeigehen können. Es sei betont, daß diese Überlegungen unabhängig von den Begriffen und Konzepten der Urtheorie sind, welche noch weit über die bisher untersuchte Quanteninformation hinausgehen.

Von den hier vorgestellten Überlegungen gibt es eine ge- **Unterschiede** wissen Nähe zu den oben erwähnten von Penrose[30], der für **zu Penrose** ein Verständnis des Denkens ebenfalls die Quantentheorie für unverzichtbar erachtet. Im Unterschied zu Penrose möchte ich aber die fundamentale Bedeutung der Quantenphysik für diesen Bereich nicht an einem speziellen Teil der Nervenzellen festmachen.

Des weiteren kann ich auch keine Notwendigkeit erkennen, die Quantentheorie in der von ihm in Aussicht gestellten Weise abzuändern. Wir hatten bei der zweiten Quantisierung darüber gesprochen, daß in den Feldtheorien der Übergang von der klassischen zur quantisierten Theorie dadurch beschrieben werden kann, daß

---

[30]Penrose, R., 1989, 1991 und 1995.

das Feld durch teilchenartige Objekte erfaßt wird. Diese werden für das elektromagnetische Feld als Photonen bezeichnet und in Analogie dazu für das Gravitationsfeld als Gravitonen. Beide sind masselos; ihr Unterschied besteht darin, daß Photonen einen Spin 1 und Gravitonen einen Spin 2 besitzen.

In dem Modell von Penrose sollen nun die Gravitonen die wesentliche Rolle bei der Entstehung von Fakten spielen. Sie sind aber noch vollständig in das Denkschema der Quantenfeldtheorie einbettbar – und diese Theorie legt bisher für Raum und Zeit keine Quantenstruktur zugrunde. Aber eine solche Quantenstruktur auch für Raum und Zeit sollte man von einer Quantengravitation erwarten dürfen.

6.5.3   Über Bekanntes hinaus

Bewußtes und Unbewußtes   Die quantenphysikalischen Phänomene können wichtige Aspekte für das Verständnis von bewußten und auch von unbewußten Teilen der menschlichen Geistestätigkeit liefern. Von Eduard v. Hartmann und William James stammt die Formel „Bewußtsein ist ein unbewußter Akt".[31]

Dies war eine sehr klarsichtige Erkenntnis, die im Lichte der heutigen Psychologie wohl erweitert werden müßte zu der Aussage, daß das *Bewußtsein durch Akte des Unbewußten mitgestaltet ist und wird.*

Umgangssprachlich bezeichnen wir in der Regel das als uns bewußt, was wir auch sprachlich formuliert ausdrücken können. Dies ist aber stets nur ein kleiner Anteil dessen, was in uns vorgeht und was *möglicherweise* noch ausdrückbar werden kann. Wie solche nicht bewußten Anteile unserer Geistestätigkeit zu bewerten sind, ist sicherlich noch ein kontrovers diskutierter Aspekt in den Wissenschaften, aber *daß* es sie gibt, wird kaum mehr bestritten.

Entstehung von Bewußtem   Wir hatten bereits davon gesprochen, daß sich Bewußtsein auch – in gewissen Grenzen – selbst bewußt wahrnehmen kann. Aus der holistischen Einheit von Bewußtem und

---

[31]Weizsäcker, C. F. v., 1992, S. 331.

Unbewußtem *können* dabei durch einen *Akt einer Trennung* Teile des Bewußten isoliert werden. Diese Teile können „klassische Bereiche" des Bewußtseins erzeugen und bieten damit die Möglichkeit eines intersubjektiven Austausches über sie. Die Annahme, daß solche Bewußtseinsanteile bei den verschiedenen Menschen im wesentlichen das gleiche bedeuten, ist eine der Voraussetzungen für die Möglichkeit von Sprache. Da die Spezialisierung der Hirnareale genetisch vorgegeben wird, darf man annehmen, daß auch die dort stattfindenden Prozesse bei allen Menschen in ähnlicher Weise geschehen. Darüber hinaus kann man aus der gleichen evolutiven Abstammung der entsprechenden Hirnareale bei verschiedenen Arten schließen, daß dort im wesentlichen ähnliche Prozesse ablaufen.[32]

Menschen werden in ihrem Verhalten natürlich nicht **Affekte und** nur von ihren bewußten Einsichten, sondern wesentlich auch **Emotionen** von ihren Affekten und Emotionen gesteuert. Die Affekte werden als angeborene Einheiten von mimischen Ausdruckskomponenten verstanden, die eine motivationale Komponente und eine Handlungsbereitschaft wie auch eine physiologisch-hormonale Komponente umfassen. Als sogenannte Primäraffekte lassen sich bereits am Säugling Freude, Trauer, Wut, Ekel, Überraschung, Furcht und Interesse unterscheiden.[33]

Emotionen können als komplexe Kombinationen primärer Affekte verstanden werden.[34]

Entwicklungsbiologisch gesehen sind Affekte und Emotionen auf jeden Fall früher entstanden als das Selbstbewußtsein. Emotionen stellen sich uns in der Regel als ganzheitliche Zustände dar und unterliegen auch nicht durchgängig den Regeln der klassischen Logik.

Man kann sich daher fragen, ob eine solche prälogische Struktur wie die der Affekte und Emotionen nicht nur entwicklungsbiologisch und historisch sondern auch kausal eine Voraussetzung für Selbstbewußtsein darstellt?

---

[32]Singer, W., Vortrag an der Universität Frankfurt am 11.2.1999
[33]Siehe zum Beispiel Overbeck, G. et al., 1999.
[34]Siehe zum Beispiel Kernberg, O. F., 1997, S. 16.

Schichten- Diese Frage der prälogischen Strukturen legt sich nicht nur
struktur der aus evolutiver Sicht nahe, sondern *auch aus dem Blickwin-*
Beschreibungs- *kel der Quantenphysik.* Sind doch auch die quanten-
möglichkeiten physikalischen Möglichkeiten nicht gemäß der Aristotelischen Logik strukturiert, welche erst für die Fakten zuständig wird, die sich aus diesen Möglichkeiten ergeben können. Auf
einer Metaebene läßt sich dann allerdings durchaus wiederum logisch über die Quantenstruktur diskutieren, und auch für den Bereich der Emotionen und des Selbstbewußtseins wird eine *Schichten-*
struktur der Beschreibungsmöglichkeiten deutlich.

Selbstbewußt-   Selbstbewußtsein benötigt für und wegen seiner Rück-
sein und bezüglichkeit Fakten, möglicherweise auch subjekt-interne,
Fakten auf welche es sich beziehen kann. Solche Fakten werden in
einem Vorgang entstehen können, der zum Meßprozeß analog ist.

Bei einer nicht zu genauen Betrachtung werden sich aber mögliche *quantenphysikalische Zusammenhänge* für eine Beschreibung
von Denkvorgängen *noch nicht als notwendig* offenbaren müssen, so daß sich manche geistigen Vorgänge recht gut in einem
klassischen Rahmen verstehen lassen werden.

Beispielsweise unterliegen die Reiz-Reaktions-Schemata der
verhaltenspsychologischen Modelle der klassischen Logik und sind
daher auch so eindeutig wie die klassische Naturwissenschaft.
    Welche Aspekte ergeben sich aus den bisherigen Überlegungen
für das Verstehen von Bewußtsein und von Selbstbewußtsein?
    Wie könnte nach dem bisher Ausgeführten ein Modell dafür aus-
sehen?
                Es ist unbestritten, daß wir zuerst eine Wechselwirkung
ein Modell zwischen dem Gehirn und den übrigen Teilen des Körpers
                zu beschreiben haben, die wesentlich über die Vermittlung
durch biochemische Vorgänge abläuft. Dazu gehören auch mole-
kular verankerte Veränderungen an den Neuronen, durch welche
Beziehungen zwischen den Nervenzellen und damit so etwas wie
Gedächtnisinhalte gespeichert werden können. Diese müssen dau-
erhaft, das heißt als Fakten verankert sein, stehen sie uns doch auch

nach einer Bewußtlosigkeit wieder zur Verfügung. Andererseits zeigen solch schreckliche Krankheiten wie Morbus Alzheimer, wie mit der Zerstörung des Nervengewebes auch der Verlust von Gedächtnis- und anderen Bewußtseinsinhalten einhergeht.

Nun kann ich natürlich nicht nur über das nachdenken, was länger zurückliegt und daher im Langzeitgedächtnis gespeichert ist, sondern auch über das, worüber ich „gerade" nachdenke.

Damit dies möglich ist, müssen Teilbereiche *meines Bewußtseins wenigstens prinzipiell in der Lage sein,* das gesamte *Bewußtsein zu* repräsentieren.   **Bedingungen der Reflexionsfähigkeit**

Auch an dieser Stelle sehe ich einen wesentlichen Grund für die Einbeziehung der Quantenphysik in meine Überlegungen.

Klassische Systeme von endlich vielen Teilchen haben stets endlich dimensionale Zustandsräume. Ein Teil von etwas Endlichem wird immer echt kleiner sein als das Ganze; beispielsweise ist bei einer endlichen Summe jeder Summand kleiner als die ganze Summe, und ein Teilraum eines endlich dimensionalen Raumes wird nicht in der Lage sein, den Gesamtraum so abzubilden, daß dabei keine wesentlichen Zusammenhänge verlorengehen müßten. Da die Gesamtzahl der Atome in unserem Gehirn endlich ist, würde bei einer lediglich klassischen Beschreibung dieser Teilchen ihr gemeinsamer Zustandsraum ebenfalls nur endlich dimensional sein. Wenn also ein Teil das Ganze darstellen können soll, ist es mir unerklärlich, wie mit Hilfe von klassischen Vorstellungen allein Modelle für Selbstbewußtsein sollten entwickelt werden können.

Wie sieht es aber aus, wenn wir die Quantenphysik zu Hilfe nehmen?

Für alle realen Quantenobjekte, beispielsweise Atome oder Moleküle, werden die Zustände in einem unendlich dimensionalen Zustandsraum beschrieben. Das Produkt von solchen Räumen, in dem eine Vielheit von Atomen beschrieben wird, ist ebenfalls wieder ein unendlich dimensionaler Raum.   **Quantentheorie erlaubt Selbstreflexion**

Er hat wegen dieser Unendlichkeit eine Eigenschaft, die im Endlichen nicht auftreten kann: Er kann eineindeutig – das heißt ohne daß dabei etwas verlorengeht oder hinzukommt – auf einen echten

Teil abgebildet werden. Wem dies seltsam vorkommt, kann sich an einem einfachen Beispiel verdeutlichen, daß dies nicht sehr schwer zu verstehen ist. Die natürlichen Zahlen 1, 2, 3, 4, 5, 6, 7, 8, … bilden eine unendliche Folge, man kann sie immer weiter fortsetzen. Wenn wir nur die geraden Zahlen 2, 4, 6, 8, … betrachten, ist dies eine echte Teilfolge. Dennoch kann ich mit einer einfachen Zuordnung jede natürliche Zahl auf genau eine gerade Zahl abbilden:

1 auf 2, 2 auf 4, 3 auf 6, 4 auf 8, 5 auf 10, und so weiter.

$$
\begin{array}{cccccccc}
1 & 2 & 3 & 4 & 5 & 6 & 7 & 8 & \cdots \\
\updownarrow & \updownarrow & \updownarrow & \updownarrow & \updownarrow & \updownarrow & \updownarrow & \updownarrow & \cdots \\
2 & 4 & 6 & 8 & 10 & 12 & 14 & 16 & \cdots
\end{array}
$$

Analog erlaubt die Unendlichkeit der Quantenzustände ein Modell, in dem ein Teil des Ganzen in der Lage ist, das Ganze selbst zu repräsentieren.

Die Inhalte meines Geistes, die aus bewußten, aber auch aus unbewußten Anteilen bestehen, werden durch eine solche Zerlegung teilweise zu Fakten. Diese Geistesanteile, die als Bewußtseins*möglichkeiten* vorlagen, werden also in einen faktischen Zustand überführt. Dabei wird die Fülle der Möglichkeiten auf die dann real werdenden Fakten reduziert und eine gewaltige Vereinfachung der Beschreibung bewirkt.

Ein solcher Teilbereich meines Geistes, der in einem bestimmten Moment meinen Geist abbildet, muß keineswegs als ein räumlich eng lokalisierter Bereich der Hirnrinde vorgestellt werden, er kann – wie das Ganze auch – ebenfalls über den ganzen Bereich meines Denkens und Fühlens – mindestens über mein ganzes Gehirn – ausgedehnt sein.

Homunculus   Vielleicht liegt manchem der Leser die Vermutung nahe, daß mit obigem Abbildungsvorgang gleichsam ein infiniter Regreß postuliert wird, wie er beispielsweise in dem *Homunculus-Problem* dargestellt wird.[35]

Wenn nämlich für das Bewußtwerden eines Geisteszustandes eine *zentrale Instanz – der Homunculus –* angenommen wird, so kann man natürlich fragen, wieso dieser wissen kann, was in ihm vorgeht. Man müßte in ihm nun wiederum eine Zentralinstanz fordern, die ... und so weiter – und wäre auf der nächsten Stufe wiederum vor das gleiche Problem gestellt.

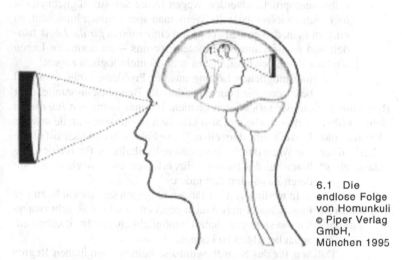

6.1 Die endlose Folge von Homunkuli
© Piper Verlag GmbH, München 1995

Eine mögliche „Lösung" dieses Problems besteht darin, diese Frage als einen *Kategorienfehler* zu bezeichnen und damit gleichsam als eine Frage zu deklarieren, die man nicht stellen darf. Mit dem Begriff des Kategorienfehlers wird eine Verwechslung von Diskursebenen bezeichnet, die zu vermeiden ist.

Ein lustiges Beispiel für die Paradoxie ist vielleicht die Geschichte von dem Dorfbarbier, der aus Gründen des **Russels** Konkurrenzschutzes alle die Leute in seinem Dorf rasieren **Paradoxie** kann und muß – und nur diese –, die sich nicht selbst rasie-

---

[35]Siehe beispielsweise Edelman, a. o. O., S. 120.

ren. Zu einem Problem der Logik wird es, wenn man fragt, ob er sich dann selbst rasieren kann, darf, muß ...?

In der Mengenlehre hat Bertrand Russel auf diese Paradoxie verwiesen, und dort kann man durch entsprechende Verbote das Problem umgehen.

Im realen Leben ist diese Paradoxie aber nicht so einfach durch ein Verbot zu lösen. Man muß sicherlich zugeben, daß das *reale Ich-Bewußtsein*, das sicherlich auch die meisten der Leser für sich selbst beanspruchen werden, wegen seiner Selbstbezüglichkeit *ein logisches Problem* darstellt. Wenn man aber genauer hinschaut, so erkennt man, daß es sich zuerst um ein *Problem für die Logik* handelt und weniger um ein Problem für uns – im normalen Leben sind wir daran gewöhnt, daß es sehr oft nicht logisch zugeht!

Reflexion geschieht über Fakten, das heißt über „Klassisches"
Zu einer möglichen Lösung unseres Problemes trägt eventuell bei, wenn wir bedenken, daß die Bewußtseinsanteile, über die wir reflektieren können, in einer Form von *internalen Fakten* vorliegen, also klassisch gewordene Anteile unseres Bewußtseins darstellen. Diese Fakten lassen sich auf einfache Weise durch eine quantenphysikalische Basis eines Teilbereiches des Bewußtseins erfassen und assoziativ mit anderen Zuständen verbinden.

Meditation ist anders
In meditativen Zuständen hingegen scheint ein Bezug zu klassischen Anteilen nicht gegeben zu sein, was recht zwanglos die stets erwähnte Unmöglichkeit erklärt, darüber adäquat berichten zu können.

Daß wir für das Selbstbewußtsein keinen unendlichen Regreß annehmen müssen, kann man bereits am obigen Zahlenbeispiel erkennen. Aus ihm ist ersichtlich, daß die Zahlenreihe der natürlichen Zahlen, die auf die geraden Zahlen abgebildet werden, damit zugleich auch eine Abbildung der geraden Zahlen in sich umfassen. Eine weitere, noch speziell für die geraden Zahlen hinzukommende Abbildung wird hier nicht benötigt.

Bewußtes ist faktisch
Die für mich und in mir durch den Prozeß der Reflexion erzeugten Fakten sind derjenige Anteil meiner selbst, der mir damit bewußt wird. Dieser Anteil ist das, über das ich dann auch werde sprechen können.

Eine solche „Aufteilung" meiner selbst ist natürlich keine statische und festliegende, sondern eine sich fortwährend in ihren Anteilen verändernde Struktur. Diese Annahme wird auch durch empirische Ergebnisse gestützt.[36]

Es spricht nichts dagegen, daß eine solche Unterteilung mehrfach auftritt, analog dazu, daß ich ja *auch über eine Reflexion reflektieren* kann. Daß dies nur mit zunehmender Mühe weiter getrieben werden kann, dürfte auch daran liegen, daß die dazu notwendigen Unterteilungen und vor allem deren Trennung und Isolierung voneinander innerhalb des Gehirns immer störanfälliger werden, je mehr solcher Bereiche vorhanden sind. Dies ist nicht anders als in anderen Bereichen der Quantenphysik. Auch dort ist das eigentliche *Problem* die *Isolierung des Systems von seiner Umwelt*. Wie bereits dargestellt worden ist, gelingt dies für einzelne Atome relativ leicht, für Tausende von ihnen bei der Bose-Einstein-Kondensation nur mittels sehr tiefer Temperaturen. Für elektromagnetische Phänomene hingegen werden solche verschränkten Zustände, die völlig von ihrer Umwelt isoliert bleiben, bereits mit kilometerweiter Ausdehnung technisch erzeugt.

Das Auftreten einer gewissen Form von Ich-Bewußtsein **Erkennen im** bei anderen wird experimentell an der Fähigkeit festgemacht, **Spiegel** sein *eigenes Spiegelbild als das eigene zu erkennen*. Hunde sind in der Lage, ein Spiegelbild als „Hund" zu erkennen, auch wenn es die für sie wichtige Eigenschaft von Gerüchen nicht besitzt. Nach einiger Erfahrung damit werden sie es fast immer ignorieren. Bei Primaten hingegen wurde ab einem gewissen Alter beobachtet, daß Farbflecke auf der eigenen Stirn im Spiegel erkannt und danach weggewischt wurden.

An diesem Beispiel wird deutlich, daß zu dieser Wahr- **Wahrnehmung** nehmung des Spiegelbildes die weitere Wahrnehmung hin- **der Wahrneh-** zutritt, daß man selbst diese Wahrnehmung hat. **mung**

Hier sind also mindestens zwei voneinander getrennte Wahrnehmungszentren nötig, von denen mindestens eines eine innere Wahrnehmung erlaubt.

---

[36]Siehe beispielsweise Singer, W., 1998.

Aufgrund des oben Ausgeführten kann auch die Wahrnehmung der Wahrnehmung genauso effizient und genau sein wie die primär durch die Sinneseindrücke gelieferte. Dies deckt sich auch mit hirn-physiologischen Untersuchungen.

Meditation und individu-eller Prozeß Selbstbeobachtung lehrt, daß in der Regel ein Bewußt-sein nur von dem gegeben ist, was gerade reflektiert wird, was also für mich bereits vergangen ist. Eine Wahrnehmung der primären Reflexion aber wird erst in einer weiteren Stu-fe erhalten werden können, wenn auch diese faktisch geworden ist. Von Meditationstechniken wurde oben berichtet, daß es zu einer reflexionsfreien „Wahrnehmung der Wahrnehmung selbst" kom-men kann. Ein solcher Zustand wird aber zugleich als ein solcher beschrieben, in welchem die faktenerzeugende Struktur der Zeit für den Meditierenden offensichtlich aufgehoben. Dieser Zustand scheint eine mentale Verkörperung dessen zu sein, was im Rahmen der Quantenphysik als ein individueller Prozeß bezeichnet wird, der ja ebenfalls durch eine interne Zeitfreiheit und die Abwesen-heit von Fakten ausgezeichnet ist.

Kulturen und Naturwissen-schaften Meinem Eindruck nach sind Kulturen mit reicher Meditationserfahrung, so wie manche asiatische, primär nicht in der gleichen Weise an einer Entwicklung von Na-turwissenschaften interessiert gewesen wie die abendländi-sche. *Daß die Naturwissenschaften mit einer zerlegenden und nicht mit einer holistischen Betrachtung der Welt beginnen*, ist bereits ausführlich begründet worden. Die Korrektur dieser Sicht durch die *Quantenphysik* erweist sich dann möglicherweise als der *Weg der abendländischen Naturwissenschaften zu den holistischen Aspekten* der Welt. Ich sehe hierin nicht eine Übernahme aus östli-chen Philosophien oder eine bloße Annäherung an diese, sondern die staunenswerte Folge einer Suche nach reiner Erkenntnis. Deren Ergebnisse können sich offenbar unabhängig vom Ausgangspunkt in ähnlicher Weise offenbaren.

Wenn es in der Vergangenheit eine von uns und unseren Wünschen unabhängige Entwicklung evolutionärer Strukturen gab, die wir in den Naturwissenschaften entdecken können, so werden die Ursachen dafür auch bei unserer eigenen Entwicklung mitgewirkt haben. Wir werden sie daher auch an und in uns wiederfinden können.

Wahrnehmungsvorgänge, die bisher vorwiegend am Seh- und am Hörzentrum untersucht werden, zeigen eine sehr erstaunliche Geschwindigkeit bei der Synchronisation von auseinanderliegenden Nervenzellen, die für den gleichen Wahrnehmungsaspekt empfindlich sind. Hierbei werden keine Einschwingvorgänge gefunden, sondern die Synchronisation setzt in einer Weise ein, die an das erinnert, was wir in der Physik von plötzlichen Quantenübergängen kennen.[37]

Ergebnisse der Hirnforschung[38] und auch der Säuglingsforschung[39] legen nahe, daß die Selbstreflexion eine Weiterentwicklung und Abstraktion aus einer primär *sozialen* Kommunikation darstellt. Damit erweist sich die interne Reflexion als eine Weiterentwicklung der äußeren. Säuglinge sind etwa mit eineinhalb Jahren in der Lage, den Spiegeltest mit dem Farbfleck auf der Stirn zu bestehen, besitzen aber bereits *ab Geburt* all die Fähigkeiten, die sie für ihre *soziale Basiskommunikation* benötigen. **Selbstreflexion als Weiterentwicklung einer sozialen Kommunikation**

Auch wenn eine sehr einfache Kausalkette etwa nach der Art, daß hochentwickelte Säuger mit komplexen Sozialstrukturen einen differenzierten Neocortex benötigen – oder umgekehrt – daß ein solches Großhirn eine differenzierte Sozialstruktur ermöglicht, nicht konstruiert werden kann, so erscheint dennoch eine wechselseitige Bedingtheit dieser Faktoren gewiß zu sein.

Man hüte sich allerdings vor voreiligen Vereinfachungen, besonders vor dem Versuch, sich auf *einen* Mechanismus oder *eine* Beschreibungsweise beschränken zu wollen. Ein Teil der Komplexität unseres Problems besteht auch darin, mehrere verschiedene Informationsverarbeitungs- und -speicherungsmechanismen in ihrem Zusammenwirken verstehen zu müssen. **keine voreiligen Vereinfachungen**

Ich möchte hier noch einmal an das obige Beispiel von D. S. Peters über die Beobachtungen an Grabwespen erinnern, die ein Nebeneinander der verschiedensten Komplexitätsstufen bereits in diesen einfachen Organismen zeigen.

---

[37]Singer, W., a. o. O., esp., *Rapid Synchronisation*, S. 1832.
[38]Singer, W., a. o. O.
[39]Dornes, M., *Der kompetente Säugling*, Fischer TB 11263, Frankfurt/M, 1993.

unbewußte   Auch für uns Menschen trifft es zu, daß viele Vorgänge
Informations- unterhalb der Bewußtseinsstufe ablaufen. Man bedenke, daß
verarbeitung der Verdauungstrakt fast so viele Neuronen beherbergt wie
unser Gehirn und daß wir von den dort ablaufenden
Informationsverarbeitungsprozessen fast nichts bewußt wahrnehmen. Dies dürfte auch erklären, wieso wir diese Vorgänge nur sehr
schwer bewußt beeinflussen können, diese ihrerseits aber durchaus
Auswirkungen auf unsere Stimmungen und Gefühle haben. Andererseits zeigen Ergebnisse der praktischen Neurologie und Psychologie, daß Menschen mittels Biofeedback nicht nur ihren Blutdruck
dem Normbereich annähern, sondern sogar lernen können, ihr elektromagnetisches Hirnwellenbild so zu manipulieren, daß sie mit
diesen Musterveränderungen Computer steuern können. Damit war
es möglich geworden, total gelähmten Kranken wieder den Kontakt zur Außenwelt zu eröffnen.[40]

Bindungs-   Die bereits angesprochene Mehrzahl von Reflexionsbe-
problem reichen erlaubt es auch, das sogenannte Bindungsproblem
neu zu betrachten. Die Teilbereiche können sich gegenseitig wahrnehmen, dies aber in einer zeitlich wechselnden Weise.
Wenn wir die Skizze mit dem Homunculus im Lichte des hier Gesagten neu zu zeichnen versuchen, dann erkennen wir die Teilbereiche, die die *äußere Wahrnehmung, die Reflexion dieser Wahrnehmung und ihre eigene Spiegelung in einer zeitlich abwechseln-
den Folge* darstellen.

*Das Wesen des Selbsterkenntnisprozesses wird daher darin beste-
hen, die Beziehungen zur Außenwelt und die Beziehungen mit
und zwischen meinen eigenen historisch gewachsenen Erfahrungen stets neu zu vereinheitlichen.*

Ob es gelingen kann, dies ohne eine Hinzunahme quantenphysikalischer Vorstellungen überzeugend zu modellieren, ist mir
wegen der aufgezeigten Gründe sehr zweifelhaft.

---

[40]*Süddeutsche Zeitung* vom 19.1.1999, Wissenschaftsteil S. II.

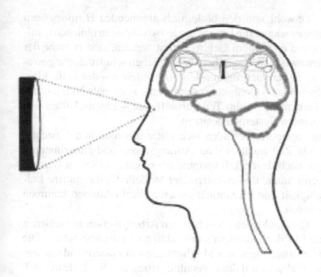

6.2 Ein Modell
für Selbst-
reflektion,
basierend auf
der Quanten-
theorie

Gewisse Rahmenvorgaben für die Verschaltungen der **verschiedene**
Hirnareale werden genetisch angelegt. Die Feinverknüpfung **Lernstufen**
der Nervenverbindungen geschieht aber erst nach der Ge-
burt. Die meisten Nerven|*zellen* sind schon bei Geburt vorhanden.
Die weitere gewaltige Volumenzunahme des Gehirns nach der Geburt besteht vor allem im Ausbau der Verbindungen zwischen diesen Nervenzellen. Mit der Pubertät gelangt dieser Prozeß zum Abschluß. Die weitere Informationsaufnahme und -verarbeitung geschieht danach vor allem durch die Veränderungen an den Synapsen
der Nervenzellen. Dies erklärt sofort, warum der Lernvorgang im
Erwachsenenalter anders vor sich geht als bei Kindern, denen ihr
Wissen ja gleichsam „hinzuwächst". Andererseits erklärt bereits ein
so klassisches Modell wie das des Computers die psychologischen
Erfahrungen, daß sich auch im Erwachsenenalter eingefahrene Ver-
haltensweisen gleichsam „umprogrammieren" lassen. Dies könnte
beispielsweise wie eine Softwaresimulation von einem Rechner auf
einen anderen Rechner mit einer vollkommen verschiedenen Hard-
ware gedeutet werden.

Computer als Gehirnmodell? Obwohl von den biologisch arbeitenden Hirnforschern immer wieder die Unterschiede zwischen den üblichen Computern und einem Gehirn betont werden, sind manche der Analogien zwischen diesen beiden Bereichen sehr fruchtbar gewesen. So kann man bereits mit den vorhandenen – das heißt klassisch arbeitenden – Computern sogenannte neuronale Netze simulieren, die manche – zum Teil verblüffende – Eigenschaften von selbstlernenden Systemen besitzen.

Quantencomputer befinden sich unter theoretischen Gesichtspunkten zur Zeit noch in ihrer Anfangsphase und experimentell sozusagen noch davor. Ich vermute aber, daß aus diesem Bereich noch interessantere und zutreffendere Modelle für die enorme Leistungsfähigkeit und Flexibilität unserer Hirnfunktionen kommen werden.

Quanten- und Erkenntnisprozesse Die Analogien zwischen den Arbeitsweisen in Gehirnen und in der Quantentheorie sind nicht zu übersehen. Die Umwandlungen von Möglichkeiten in Fakten sind ein wesentlicher Anteil des Erkenntnisprozesses. Dies bedeutet, daß mir bewußt werdende Fakten mein ganzes Bewußtsein verändern werden, ja müssen, und daß diese Veränderung wiederum Auswirkungen bis hin auf die Chemie meines Denkens haben wird.

Bedeutung Von der ungeheuren Menge an „physikalischer Information" wird im wachen Bewußtsein ein winziger Bruchteil in Form von „Bedeutung" wahrgenommen und verarbeitet. Die *Aussonderung der Bedeutung* aus einer vorliegenden Gesamtinformation ist sicherlich der komplizierteste Aspekt unserer Wahrnehmung. Dies ist auch die Stelle, wo die Kontextabhängigkeit von Intelligenz zum Tragen kommt. Die meisten Kriminalromane leben davon, daß der Detektiv Informationen als bedeutsam erkennen kann, die allen anderen ebenfalls zugänglich sind, aber deren Bedeutung nicht wahrgenommen wird.

Eine solche Bewertung dessen, was bedeutsam ist, geschieht nicht nur auf der Grundlage des äußeren Kontextes, sondern auch im Lichte des inneren Kontextes und der Erfahrungen des Subjektes, die diesen Kontext begründet haben. Dieser Prozeß hängt nicht nur von den bewußten Anteilen meines Ichs ab, sondern auch von vielen unbewußten Faktoren. Bedeutung ändert sich mit jeder Änderung des Kontextes, zum Beispiel auch durch eine hormonal hervorgerufene Änderung der Emotionen.

Die beim Menschen entstandene kognitive Struktur und **Sprache** ihre sprachliche Ausprägung ist als eine entwicklungsgeschichtlich sehr hoch stehende Erwerbung zu bewerten. Eine Dressur kann auch Tieren bis zu einem gewissen Grade sprachliche Signale verstehbar werden lassen. Allerdings empfinde ich es oft als viel verblüffender, wie gut hochentwickelte Säuger emotionale Vorgänge ihrer Umwelt erfassen können.

Die klassischen Strukturen, welche die Voraussetzung der sprachlichen Mitteilbarkeit bilden, bedeuten zugleich auch eine Vergröberung des beschriebenen Sachverhaltes – wie in der Physik sonst auch.

Als Beispiel wähle ich eine Aussage über Farbwahrnehmungen. Ich kann mich mit den meisten Menschen über die meisten Farben einigen, über manche wegen einer angeborenen Farbschwäche aber kaum. Eine solche *Aussage* von mir über eine Farbwahrnehmung ist eine *klassische Vergröberung* meines Sinneseindruckes, welche diesen aus meinem Bewußtseinszusammenhang herauslöst und dann sogar mitteilbar werden läßt.

Ob die Empfindungen von einem Sprecher und einem **Empfindungen** Hörer in ihrem vollen Umfang gleich sind, ist nicht in Gän- **von Sprecher** ze nachvollziehbar, in der Regel wohl eher unwahrschein- **und Hörer** lich. Bei eineiigen Zwillingen mag es eventuell eine weiterreichende Übereinstimmung geben als bei anderen Menschen, aber Gleichheit wohl auch dort nicht. So hat mich eine Reportage über siamesische Zwillinge beeindruckt, die von der Schulter ab zusammengewachsen waren. Obwohl jede von ihnen nur einen Arm und ein Bein besaß, waren sie in der Lage, solch koordinierte Bewegungen auszuführen, wie sie beim Rennen, Reiten oder Schwimmen erforderlich sind. Andererseits wurde deutlich, wie durchaus verschieden diese beiden Mädchen emotional reagierten und wie verschieden ihre Interessen waren, obwohl sie die gleiche genetische Ausstattung besaßen und eine weitgehend gleiche Entwicklungsgeschichte durchlaufen hatten.

An einem solchen Fall kann offenbar auch das Wirken **Zufall als** von zufälligen Einflüssen deutlich werden. Da die Modelle **Gestaltungs-** der klassischen Physik deterministisch im mathematischen **faktor?**

Sinne sind, kann der Zufall dort entweder dadurch erscheinen, daß dem Beschreiber eines Systems viele Informationen nicht zugänglich sind, die betreffenden Größen aber gemäß der Theorie dennoch wohldefinierte Werte besitzen. Dann folgt der *Zufall* in der Beschreibung lediglich *aus subjektiver Unkenntnis* und hat damit *keine objektive Bedeutung*. Oder aber man verändert die mathematische Struktur der Theorie, um dadurch Raum für mathematisch zufälliges Verhalten zu schaffen. Wenn aber eine *Theorie* derartig verändert wird, so bedeutet dies, daß man sie in Strenge als *unzutreffend* ansehen muß – oder aber, daß man aufgrund einer umfassenderen Theorie, der man mehr vertrauen darf, derartige Näherungen an der alten Theorie rechtfertigen kann. *Und genau diese Rechtfertigungen für die Näherungen der klassischen Physik, durch welche in derem Rahmen dem Zufall Raum gegeben wird, kommen aus der Quantentheorie.* Wenn man diesen Begründungszusammenhang vor Augen behält, darf man die klassischen Modelle durchaus weiterhin dort verwenden, wo sie nützlich sind.

6.5.4   Quanteninformation und das „kollektive Unbewußte"

Pauli und Jung   In einem über viele Jahre währenden Gedankenaustausch mit dem Tiefenpsychologen Carl Gustav Jung ist der Physiknobelpreisträger Wolfgang Pauli auch auf das zu sprechen gekommen, was in Jungs Sprache als das „kollektive Unbewußte" bezeichnet wird. Pauli, auch ein genialer Mathematiker, hat diese Dinge sehr ernsthaft erwogen, konnte aber zu seiner Zeit noch keine Beziehungen zur Physik sehen.

Jung spricht auch dem „kollektiven Unbewußten" Auswirkungen auf das Denken und Fühlen des einzelnen menschlichen Individuums zu.

kollektives   Nach ihm sind es Inhalte, die aus den ererbten Möglich-
Unbewußtes   keiten des psychischen Funktionierens überhaupt stammen, das heißt aus der ererbten Hirnstruktur. Sie äußern sich als Bilder und mythologische Vorstellungen.[41] Allerdings wird nicht

---

[41]Jung, C. G., 1990[b], S. 193 f.

angenommen, daß es sich dabei um ererbte Vorstellungen handeln würde, statt dessen spricht Jung von ererbten Bahnungen.[42]

Daß die genetische Information starke Auswirkungen auf die Entwicklung und das Funktionieren eines Lebewesens hat, gilt heute als selbstverständlich. Jungs kollektives Unbewußtes könnte dann unter anderem eine Auswirkung der in der genetischen Entwicklung angehäuften Information auf das Denken und Fühlen beinhalten, ohne daß es auf die angeborenen Reflexe reduziert werden dürfte. Der Kern dieser Äußerung in Mythen und Märchen ist weitgehend kulturunabhängig, auch die Traumfiguren können größtenteils universell auftreten. Das kollektive Unbewußte zeigt sich auch in den Halluzinationen psychisch Kranker.

Über Jung hinausgehend vermute ich, daß ein solches „kollektives Unbewußte" darüber hinaus durch quantentheoretische Korrelationen mitbestimmt werden könnte. Dies kann eine Korrelation zwischen unbewußten Anteilen verschiedener Individuen erlauben und wäre vielleicht eine physikalische Metapher für manche Aspekte von Hegels „absolutem Geist". Ich gestehe, daß dies nicht nur sehr spekulativ klingt sondern auch ist. Andererseits war es für Jahrzehnte für alle Physiker evident, daß das Einstein-Podolsky-Rosen-Gedankenexperiment mit seinen so merkwürdigen und an Zauberei erinnernden Konsequenzen für immer ein Gedankenexperiment bleiben würde. Heute hingegen gehört es zum Alltag der Experimentalphysik.

Wenn meine Spekulationen allerdings einen realen Hintergrund besitzen würden, dann kann die raumzeitliche Nichtlokalität der Quantentheorie auch für den Bereich des kollektiven Unbewußten eine Bedeutung erhalten. Wie wir gesehen haben, kann man die Phänomene der Nichtlokalität als eine *Pseudoinformationsvermittlung* beschreiben. Dabei wird unter einer Überschreitung der raumzeitlichen Beschränkungen, welche die Relativitätstheorie fordert, Pseudoinformation mit gleichsam „unendlicher" Geschwindigkeit – aber unter einer extrem wichtigen Nebenbedingung! – von etwas Fernem erhalten. Ob nämlich das, was in diesem Zusammenhang als Information bezeichnet wird,

Pseudoinformations-vermittlung

---

[42]Jung, C. G., 1990ᵃ, S. 21.

diesen Namen tatsächlich verdient, hängt davon ab, *ob bestimmte Nebenbedingungen eingehalten worden sind.* Und dieses „Einhalten von Abmachungen" zum Beispiel kann nur klassisch – das heißt mit maximal Lichtgeschwindigkeit – geprüft werden!

Es sei noch einmal daran erinnert, daß man bei quantenphysikalischen Korrelationsexperimenten beispielsweise momentan eine Aussage über das Meßergebnis seines Kollegen machen kann – falls dieser die getroffenen Abmachungen einhalten konnte oder wollte! Unter dieser Bedingung kann ich wissen, was bei ihm passiert.

Ob aber meine Interpretation der Korrelation zwischen dem, was ich bei mir erfahre, und dem, was ich bei ihm vermute, eine zutreffende Interpretation ist, das kann ich nicht sofort klären.

Auch kann mir mein Partner *durch die Korrelationen* allein *nichts mitteilen,* denn dieses „Passieren" ist nichts, was er zum Zwecke einer Nachrichtenübermittlung beeinflussen könnte.

„Ausbrechen" Im Rahmen der speziellen Relativitätstheorie ist nun das
aus der Überschreiten raumzeitlicher Beschränkungen bezüglich des
Gegenwart Raumes gleichbedeutend mit einer Korrelation in der Zeit, zum Beispiel zwischen Gegenwart und Zukunft.

Das „Wissenwollen über die Zukunft" scheint eines der tiefsten Bedürfnisse des Menschen zu sein. Schon immer haben die Menschen versucht, künftiges Geschehen vorherwissen zu können. Mit den modernen Naturwissenschaften ist dies für bestimmte Bereiche der Wirklichkeit hervorragend gelungen, und historisch waren die Naturwissenschaften auch mit aus derartigen Bestrebungen erwachsen. So führte die Idee astrologischer Zusammenhänge zwischen Planetenkonstellationen und dem politischen Schicksal des Königs und damit des Landes bereits im antiken Babylon zu einer bemerkenswerten astronomischen Beobachtungspraxis. Daneben schätzte man damals aber auch Wahrsager und Propheten. Propheten hatten „Gesichter" künftiger Ereignisse, mit denen es ihnen aber nicht anders erging als bei den beschriebenen Quantenkorrelationen. Ob sich der „Partner" an die Abmachung hielt, konnte man erst wissen, wenn der fragliche Zeitpunkt eingetreten war.

Mir gefällt in diesem Zusammenhang besonders gut die **der Prophet** Geschichte vom Propheten Jonas. Im Gegensatz zu vielen **Jonas** Menschen, die sich vielleicht prophetische Gaben wünschen, war sich Jonas darüber im klaren, daß im Gegensatz zu einem Vorherberechnen das Vorherwissen des Schicksals ein beunruhigendes und oft undankbares Wissen ist. Als er in die Metropole Ninive geschickt werden sollte, um dort eine Prophezeiung zu verkünden, versuchte er nach einigem verbalen Widerstreit sein Heil in einer Flucht übers Meer. Ein ungeheurer Sturm schien dann das Schiff versenken zu wollen, und die Mannschaft versuchte herauszufinden, was der Grund für ein solches Unheil sei. Schließlich stellte sich Jonas als die Ursache dieses Aufruhrs der Elemente heraus und er ließ sich als Lösung des Problems der Mannschaft von dieser ins Meer werfen. Möglicherweise erschien ihm der Tod im Wasser weniger bedrohlich als ein Auftritt als Prophet.

Allerdings geschah nun etwas weiteres völlig Unwahrscheinliches: Ein großer Fisch schluckte Jonas und brachte ihn unversehrt an den Strand bei Ninive. Damit war sein Widerstand gebrochen und er erzählte der Bevölkerung, was er für die Stadt vorhersehen konnte. Danach ging er auf einen Hügel vor der Stadt und harrte der Dinge, die da kommen sollten: Ein unerhörtes Feuerwerk mit Pech und Schwefel vom Himmel.

Dann aber geschah für den Propheten das Zweitschlimmste, was man sich denken kann. Er wurde zwar nicht wegen seiner Botschaft umgebracht, aber es geschah das Allerunwahrscheinlichste der ganzen Geschichte: Die Menschen in Ninive änderten ihr Verhalten – und die angedrohte Vernichtung blieb aus.

Das Resultat dieser Geschichte empfinde ich als sehr cha- **Prophetie** rakteristisch für den ganzen Problemkreis der Prophetie.

In voller Analogie zu den Phänomenen der Quantenphysik mag man eine als – zeitlich oder räumlich – nichtlokal zu verstehende Erscheinung haben. Wie diese aber zu interpretieren ist, ist mit dieser Wahrnehmung keineswegs zweifelsfrei verbunden und auch aus ihr nicht herleitbar.

Mit diesem Beispiel wollte ich daran erinnern, daß Quantenkorrelationen grundverschieden von einem etwaigen Vorherberechnen eines künftigen Systemverhaltens sind.

Man kann nicht von vornherein ausschließen, daß der Holismus der Quantenphysik möglicherweise auch holistische Effekte für den menschlichen Geist hervorruft. Ein intersubjektiver Holismus ist daher aus physikalischen Gründen allein nicht zwingend als unmöglich anzusehen.

unmögliche Erlebnisse Viele Menschen haben eine große Scheu, über eigene Erlebnisse zu berichten, in denen sie Wahrnehmungen hatten, die gemäß der normalen Raum-Zeit-Struktur, wie sie uns die klassische Physik einschließlich der Relativitätstheorie nahelegt, als unmöglich deklariert werden müssen. Falls solche Phänomene einen realen Kern haben und falls sie eine quantenphysikalische Grundlage besitzen, ist aber zugleich zu bemerken, daß sie auch die Struktur von Quantenkorrelationen besitzen müssen. Dies bedeutet, daß mit ihrer Hilfe *keine Übertragung von Information* in einem klassischen, das heißt *einem beweisbaren Sinne*, möglich wäre.

Ein manchmal recht euphorisches Wunschdenken, welches die Existenz des kollektiven Unbewußten und der damit möglicherweise gegebenen Zusammenhänge weniger wie eine mythische Wahrheit, sondern eher wie ein gesichertes wissenschaftliches Faktum betrachten möchte, bewirkt allerdings eine große Skepsis über all dieses im Bereich der Naturwissenschaften.

Welche Theorien kann man glauben? *Man muß allerdings zugestehen, daß für einen Außenstehenden oftmals nicht einfach zu erkennen ist, welche der für ihn gleicherweise kühn klingenden Hypothesen sich auf eine wesentliche und gesicherte empirische Evidenz stützen können, welche in bewährte theoretische Zusammenhänge eingebettet sind und welche Hypothesen sich solchen Kriterien nicht unterwerfen wollen oder können.*

Ein Begriff, der nach meiner Wahrnehmung noch jenseits der empirischen Bewährung liegt, ist der von R. Sheldrake stammende Terminus des morphogenetischen Feldes.[43]

---

[43]Zum Beispiel Sheldrake, R., 1981 und 1990.

A. Sokal hatte ihn in seinen Artikel eingebaut und sich wohl zu Recht über dessen anstandslose Akzeptanz ereifert. Ich möchte nicht ausschließen, daß Sheldrake hiermit etwas angesprochen hat, was in einem *mythologischen Sinne* einen tiefen Wahrheitsgehalt besitzen könnte. Allerdings sehe ich bis jetzt keinen Anlaß, diesen Begriff in der naturwissenschaftlichen Diskussion zu verwenden, zumal für eine empirische Bestätigung bis heute überzeugende Beweise ausgeblieben sind. Falls es aber dennoch einmal notwendig werden sollte, dieses Konzept ernsthafter als bisher zu betrachten, wird es sich nur über die durch die Quantenphysik eingeführten Korrelationen mit der existierenden und bewährten Naturwissenschaft in Beziehung setzen lassen.

Auch dann, wenn wir von den exotischen Gedankenspielen absehen, räume ich gern ein, daß im Rahmen einer Sprechweise der klassischen Physik bereits die grundlegenden Überlegungen dieses Kapitels nicht einmal hätten formuliert werden können.

Die Ferne der klassischen Physik zu dem, was wir an uns selbst immer wieder wahrnehmen können, mag ein Grund dafür sein, daß Physik insgesamt leider oftmals als lebensfremd oder lebensfern empfunden wird.

Für das, was hier als eine im Vergleich mit der klassischen Physik erweiterte Weise des Denkens und Fühlens angesprochen worden ist, hat man in früheren Zeiten wohl den Begriff der Weisheit, griechisch sophia, herangezogen. Sie war nach dem **Weisheit** früheren Verständnis die „Königin" der sieben freien Künste, und sie umfaßte nicht nur den logos, sondern ganz wesentlich auch den emotionalen und ganzheitlichen Aspekt menschlicher Erfahrungen. Dies gründlicher zu untersuchen, würde aber den Rahmen dieses Buches sprengen und soll vielleicht an anderer Stelle ausführlicher betrachtet werden.

Epilog: Natur ist Beziehung

Unsere Zeit sucht nach Visionen für das neue Jahrtausend. Sie ist genötigt, die Folgen menschlichen Handelns immer besser zu begreifen, denn die Welt wird durch die wachsenden technischen Möglichkeiten in einer bisher ungeahnten Weise umgestaltet. Damit sind auch Gefährdungen verbunden, die sich weitgehend aus von uns nicht beachteten Beziehungen zwischen allen Teilen der belebten und unbelebten Natur ergeben. Nur eine wachsende Erkenntnis über die äußeren wie auch über die inneren Bedingungen des Menschseins wird helfen können, Schaden zu vermeiden. Das Verständnis des Ganzen wird aber auch gesucht, weil viele spüren, daß die Welt mehr ist als eine Sinn-lose Anhäufung von Dingen, daß sie mehr ist als nur das, was offen vor Augen liegt.

Um die Komplexität der uns zugänglichen Welt zu erfassen und zu erkennen, verwenden die Menschen seit alters her Modelle, Analogien und Metaphern. Solche Erkenntnishilfen wurden und werden recht oft dem Bereich der uns umgebenden Natur entnommen. Dies hat zur Folge, daß sie in der Neuzeit zunehmend aus den *Naturwissenschaften* entstammen.

Unter den Naturwissenschaften kommt der Physik heute eine besondere Rolle zu, weil deutlich geworden ist, daß sie eine Basis für alle übrigen Naturwissenschaften bildet. Außerdem sind ihre Gegenstände so einfach, daß sie durchgehend mathematisch erfaßt werden können.

Die größte theoretisch-physikalische Entdeckung in unserem Jahrhundert ist die Quantentheorie. Auf der Anwendung der Quantenphysik beruht ein immer größerer Bereich unserer technischen Zivilisation, dennoch wird sie oft angewandt, ohne daß man sich dessen bewußt ist. Hinzu kommt, daß die Quantenphysik mit ihrer fundamentalen Struktur so anders ist als alle bisherige Naturwissenschaft, daß ihr gemeinhin der Ruf vorausgeht, sie sei eine Wissenschaft, die unverstehbar, gar widersinnig sei. Sie wird bis heute zumindest als sehr befremdlich charakterisiert – auch von denen, die sie so erfolgreich anwenden!

Jedoch – Quanten sind anders.

Was heute den meisten unverstehbar dünkt, wird den Menschen des neuen Jahrtausends bald als selbstverständlich erscheinen, denn Quantentheorie wird anschaulich, wenn sie verstanden und interpretiert wird als Physik der Beziehungen – Beziehungen, die bewirken, daß für die Quanten das Ganze mehr ist als die Summe seiner Teile.

Ein solches Ganzes wird damit ein Unteilbares, es ist ein Individuum, ein Atom. Diese drei Begriffe, der deutsche, der lateinische und der griechische, haben die gleiche Bedeutung, obwohl sie nach den Empfindungen unserer Alltagssprache mit recht verschiedenen Vorstellungen verbunden werden. Die Quantenphysik aber zielt auf den Kern der dennoch vorhandenen gemeinsamen Bedeutung aller drei.

Wir verstehen uns selbst als Individuen und meinen dabei sicherlich vor allem die Einzigartigkeit eines jeden Menschen, die sich in der Ganzheit von Körper und Geist ausdrückt.

Wie wir heute wissen, können die Atome der Physik zwar durchaus gespalten werden, werden dabei aber in ihrem Wesen verändert. Denn ein Atom kann in Zuständen sein, die für seine Teile nach der Zerlegung nicht mehr erreichbar sind. Erst durch die Quantentheorie wurde verstehbar, in welcher Weise Atome mehr sind als die Summe ihrer Bestandteile.

Wie es sich vor allem gegen Ende unseres Jahrhunderts zeigt, ist die Gültigkeit der Quantenphysik nicht auf den Bereich der Mikrophysik beschränkt. Mit unseren heutigen technischen Möglichkeiten können wir Quantenzustände präparieren, welche räumliche Ausdehnungen von vielen Kilometern besitzen. Wir haben gelernt, daß die Quantenphysik wesentlich die Beziehungen von den kleinsten Teilchen bis zum Ganzen, von den Quarks bis zum Kosmos regiert. Erst durch die Quantentheorie werden die Struktur der Welt, in der wir leben, und die Stabilität der materiellen Objekte in ihr verstehbar.

Dennoch bleibt für die Erkenntnis der Welt auch das Gedankengebäude der klassischen Physik weiterhin notwendig, denn die Vorstellung räumlich getrennter Objekte ist im Grunde nur außerhalb des Rahmens der Quantentheorie möglich.

Zwar nahmen die erfolgreichen abendländischen Wissenschaften damit ihren Anfang, daß man nicht in der bloßen Betrachtung der Welt verharrte und nicht versuchte, sie als ein einziges Ganzes anzusehen. Die theoretische und experimentelle Zerlegung in begreifbare Teile, die Analyse, begründete die Machtförmigkeit der modernen Wissenschaften und bot den Vorteil einer durchgängigen Anwendbarkeit der klassischen Logik. Aber mit der sich aufgrund dieser Wissenschaft entwickelnden experimentellen Erfahrung wurden zunehmend ihre Grenzen deutlich. Als ein sich selbstkorrigierendes System hatte die abendländische Wissenschaft am Anfang unseres Jahrhunderts die Kraft gefunden, mit der Entdeckung der Quantentheorie von sich heraus diese Mängel zu beheben.

Heute erkennen wir die Fundamentalität der Quantenphysik und zugleich die Notwendigkeit, trotzdem die klassischen Strukturen zur Formulierung und zur Mitteilung unserer Erfahrungen und Erkenntnisse zu verwenden. Mit dem „Quantencomputing" hat die Quantentheorie auch in der Informationstechnologie Einzug gehalten, und es zeigt sich, daß ohne klassische Strukturen Kommunikation theoretisch unausführbar wäre, denn Quantenbits können nicht kloniert, das heißt vervielfacht werden. Somit muß mitteilbare Information klassisch sein. Damit wird die klassische Physik mit all ihren Erfolgen nicht in ein Abseits geschoben, sondern erhält die ihr zukommende Bedeutung im Rahmen menschlicher Erkenntnis.

Für die „Information" geht die Bedeutung der Quantentheorie aber weit über den technologischen Aspekt hinaus, denn sie erlaubt die Konstruktion mathematischer Modelle, die zeigen, wie die Elementarteilchen der Physik verstanden werden können als gleichsam „kondensierte Information".

Wenn nun Information andererseits auch verstanden wird als dasjenige am Geistigen, was meßbar ist, dann eröffnet die Quantenphysik von der naturwissenschaftlichen Seite her einen Weg zur

Überwindung des Leib-Seele-Problems, zur Überwindung der im Abendland seit Jahrhunderten herrschenden Philosophie einer fundamentalen Spaltung zwischen Geist und Materie beziehungsweise der Leugnung des Geistigen überhaupt. Eine solche Entwicklung ist naturwissenschaftlich und philosophisch von größter Bedeutung.

Wir haben davon gesprochen, daß unsere gegenwärtige technische Zivilisation daran krankt, daß wir ein Bild von Wissenschaft verinnerlicht haben, das noch immer weitgehend von den Prämissen der klassischen Physik geprägt ist. Dieses Bild von Wissenschaft hat uns zugleich ein unzureichendes Bild von der Natur, von der Wirklichkeit vermittelt. Es verführt durch seine Überbetonung der klassischen Logik darüber hinaus auch zu einer falschen Vorstellung vom Menschen.

Wenn wir verstehen, daß die Quantentheorie, die aus der Erfahrung erwachsen und aus ihr abgeleitet ist, auch weitgehend den Erfahrungen entspricht, die wir Menschen als Produkte der Evolution an uns selbst machen können, wird der allgemeine Eindruck ihrer Unverständlichkeit schwinden. Darüber hinaus wird mit ihr deutlich, daß man beim Betreiben von Wissenschaft nicht immer und nicht grundsätzlich davon absehen kann, daß wir es sind, die sie betreiben.

Mit der Quantentheorie hat die Physik wieder einen Zugang zur Einheit der Wirklichkeit erhalten, der im Rahmen der klassischen Physik nicht formulierbar war. Diese Einheit aber ist keine totale, denn auch wir können uns selbst nur dann als Individuen wahrnehmen, wenn wir uns vom Rest der Welt merkbar unterscheiden.

Unsere eigene Individualität, die für uns als die Einheit unseres Bewußtseins am markantesten bemerkbar wird, läßt uns selbst wiederum in sehr guter Näherung als ein unteilbares Ganzes erscheinen.

Wir können daher erkennen, daß sowohl die Vorstellung einer vollkommenen – und damit strukturlosen – Einheit der Welt als auch die Vorstellung einer Welt, die aus isolierten Objekten zusammengesetzt ist, unsere Lebenserfahrung nicht hinreichend genau widerspiegeln könnte. Und dies gilt auch für die wissenschaftliche Empirie. Mit der in diesem Buch beschriebenen Schichtenstruktur von Quantentheorie und klassischer Theorie werden wir in die Lage versetzt, eine dieser Wirklichkeit entsprechende Struktur in einer mathematischen Gestalt zu repräsentieren.

Diese Schichtenstruktur tritt uns – ohne mathematische Untermauerung – im täglichen Leben immer wieder entgegen. Ambivalente Wünsche, die ihrerseits der klassischen Logik nicht unterliegen, können uns in unserem Verhalten stärker beeinflussen, als uns manchmal bewußt ist. Schichtenstruktur meint, daß auf einer Metaebene dennoch auch darüber im Rahmen einer klassischen Logik gesprochen werden kann. Dies gilt erst recht für die Physik, wo auf einer Metaebene beispielsweise über die Gültigkeit oder Ungültigkeit des tertium non datur in der Quantentheorie durchaus *klassischlogisch diskutiert werden kann.*

Im Widerstreit zwischen einer deterministischen Weltsicht, die in ihrer Rigidität keinen Platz für Freiheit und damit auch nicht für wirkliche Entwicklung hätte, und einem „Universum des Zufalls", welchem keine Sinn- und Regelhaftigkeit zugesprochen werden könnte, zeigt die moderne Physik einen Weg auf, der durch die Determiniertheit der Möglichkeiten *Entwicklung und Freiheit unter der Gültigkeit von Regeln erlaubt, der aber das Ergebnis des Übergangs von den Möglichkeiten zu den Fakten für den Einzelfall nicht festlegt.*

Zusammenfassend können wir feststellen: Die Einheit der Welt ist eine verborgene. Wissenschaftliche Erfahrungen haben sie erst durch sehr genaue Experimente entdeckt. Mit der Quantentheorie wurde sie in eine mathematische Gestalt gebracht. Die Ursache dieser Verborgenheit liegt darin, daß die den Menschen gemeinsam zugängliche Vergangenheit als Fakten vorliegt und daß diese der klassischen Physik und Logik genügen. Dieses gilt daher auch für das, was wir anderen in sprachlich klarer Weise als Tatsachen mitteilen können. Somit wird die klassische Theorie der Physik als Struktur zur Beschreibung von Welt zumeist und oft zu Recht angewandt, auch wenn die Quantenphysik mit ihren holistischen Beziehungen das Fundamentale ist.

Dies klingt nach einem Widerspruch – aber in diesem Widerspruch verkörpert sich etwas von der Wahrheit des Lebens.

Zitierte Literatur

Aristoteles: Werke in deutscher Übersetzung, *Hrsg. Ernst Grumach, Band 11, Physikvorlesung, übersetzt von Hans Wagner, Wissenschaftliche Buchgesellschaft, Darmstadt (1967)*

Bennett, C. H., Brassard, G., Crépeau, C., Josza, R., Peres, A., Wootters, W. K.: Phys. Rev. Lett. **70**, S. 1895 (1993)

Bohm, D.: A Suggested Interpretation of the Quantum Theory in Terms of Hidden Variables, *I und II, Phys. Rev. **85** (1952) S. 166–179, S. 180–193*

Brockhaus, Der Große, *16. Aufl., Wiesbaden (1952)*

Connes, A.: Noncommutative Geometry, *Academic Press, San Diego, New York, Boston, London (1994)*

Dirac, P. A. M.: Why We Believe in the Einstein Theory, *in Gruber, B. (Hrsg.): Symmetries in Science, Plenum, New York, London (1980)*

Doebner, H. D., Lücke, W.: Quantum Logic as a Consequence of Realistic Measurements on Deterministic Systems, *J. Math. Phys. **32** (1990) S. 250–253*

Dornes, M.: Der kompetente Säugling, *Fischer TB 11263, Frankfurt/Main (1993)*

Drieschner, M.: Quantum Mechanics as a General Theory of Objective Prediction, *Thesis, Hamburg (1970)*

Drieschner, M., Görnitz, Th., Weizsäcker, C. F. v.: Reconstruction of Abstract Quantum Theory, *Intern. Journ. Theoret. Phys. **27** (1988) S. 289–306*

Eccles, John C.: Wie das Selbst sein Gehirn steuert, *Piper, München (1994)*

Edelman, M.: Göttliche Luft, vernichtendes Feuer – Wie der Geist im Gehirn entsteht, *Piper, München (1995)*

Englert, B.-G., Scully, M. O., Suessmann, G., Walter, H.: Surrealistic Bohm Trajectories, *Zeitschr. f. Naturforschung **47a** (1992) S. 1175–1186*

Feyerabend, P.: Wider den Methodenzwang, *stw 597, Suhrkamp, Frankfurt (1986)*

Feynman, R. P., Leighton, R. B., Sands, M.: The Feynman Lectures on Physics, *Bd. III:* Quantum Mechanics, deutsch-englisch, *Oldenbourg, München, Wien (1971)*

Fraunberger, F., Teichmann, J.: Das Experiment in der Physik, *Fried. Vieweg, Braunschweig, Wiesbaden (1984) S. 24ff.*

Fritzsch, G.: Gesicht zur Wand, *3. Aufl., Benno-Verl., Leipzig (1996)*

Gaiser, K.: Platons ungeschriebene Lehre, *Stuttgart, Ernst Klett (1963)*

Galilei, G.: Unterredungen und mathematische Demonstrationen über zwei neue Wissenszweige, die Mechanik und die Fallgesetze betreffend, Discorsi v. 1638, Hrsg. A. v. Oettingen, Wissenschaftliche Buchgesellschaft, Darmstadt (1964)

Gell-Mann, M: Das Quark und der Jaguar, *Piper, München (1994)*

Görnitz, Th.: Abstract Quantum Theory and Space-Time-Structure, Part I: Ur-Theory, Space Time Continuum and Bekenstein-Hawking-Entropy, *Intern. Journ. Theoret. Phys.* **27** *(1988ᵃ) S. 527–542*

Görnitz, Th.: On Connections Between Abstract Quantum Theory and Space-Time-Structure, Part II: A Model of Cosmological Evolution, *Intern. Journ. Theoret. Phys.* **27** *(1988ᵇ) S. 659–666*

Görnitz, Th., Ruhnau, E.: Connections Between Abstract Quantum Theory and Space-Time-Structure, Part III: Vacuum Structure and Black Holes, *Intern. Journ. Theoret. Phys.* **28** *(1989) S. 651–657*

Görnitz, Th., Graudenz, D., Weizsäcker, C. F. v.: Quantum Field Theory of Binary Alternatives, *Intern. J. Theoret. Phys.* **31** *(1992) S. 1929–1959*

Görnitz, Th.: C. F. v. Weizsäcker, ein Denker an der Schwelle zum neuen Jahrtausend, *Herder, Freiburg (1992), Herder/Spektrum 4125*

Goethe, J. W: Schriften zur Naturwissenschaft, *Reclam, Stuttgart (1977)*

Goethe, J. W.: Faust, eine Tragödie

Giulini, D., Joos, E., Kiefer, C., Kupsch, J., Stamatescu, I.-O., Zeh, H. D.: Decoherence and Appearence of a Classical World in Quantum Theory, *Springer, Berlin, Heidelberg (1996)*

Haag, R.: Subject, Object, and Measurement, *in Mehra, J. (Hrsg.) (1973) S. 691–696*

Haag, R.: Local Quantum Physics, *Springer, Berlin (1992)*

Hawking, S. W.: Eine kurze Geschichte der Zeit, *rororo-Sachbuch 8850, Rowohlt, Reinbek bei Hamburg (1988)*

Heisenberg, W.: Physikalische Prinzipien der Quantentheorie, *Nachdruck als BI Hochschultaschenbuch, Mannheim (1958)*

Joos, E.: Philosophia Naturalis **27** *(1990), Heft 1, S. 31–42*

Jung, C. G.: Die Beziehungen zwischen dem Ich und dem Unbewußten, *dtv 15061, München (1990ᵃ)*

Jung, C. G.: Typologie, *dtv 15063, München (1990ᵇ)*

Kernberg, O. F. : Wut und Haß, *Stuttgart, Klett-Cotta (1997)*

Kuhn, Th.: Die Struktur wissenschaftlicher Revolutionen, *stw 25, Suhrkamp, Frankfurt (1993)*

Lyre, H.: Quantentheorie der Information, *Dissertation an der Ruhr-Universität Bochum (1997), Springer, Wien, New York (1998)*

Marx, D., Tuckerman, M. E., Hutter, J., Parrinello, M.: Nature *397 (1999) S. 601–604*

Mehra, J. (Hrsg.): The Physicists Conception of Nature, *Reidel, Dordrecht (1973)*

Metzinger, Th.: Subjekt und Selbstmodell, *Schönigh, Paderborn usw. (1993)*

Müller, A. M. K.: Die Präparierte Zeit, *Radius-Verlag, Stuttgart (1972)*

Müller, A. M. K.: Das Unbekannte Land, *Radius-Verlag, Stuttgart (1987)*

Overbeck, G., Grabhorn, R., Stirn, A., Jordan, J.: Neuere Entwicklungen in der psychosomatischen Medizin, *in* Psychotherapeut *44 (1999) S. 1-12, Springer, Berlin*

Pais, A.: Subtle is the Lord … , *Oxford, Oxford University Press (1982)*

Peters, D. S.: Biologische Anmerkungen zur Frage nach dem Sinn des Leidens in der Natur, *Manuskript, Museum Senkenberg, Frankfurt/ Main (1998)*

Penrose, R.: The Emperors New Mind, *Oxford (1989): deutsch: Computerdenken, Spektrum Akademischer Verlag, Heidelberg (1991)*

Penrose, R.: Schatten des Geistes, *Spektrum Akademischer Verlag, Heidelberg (1995)*

Planck, M.: Wege zur physikalischen Erkenntnis, *4. Aufl. (1944)*

Planck, M.: Neue Bahnen der physikalischen Erkenntnis *(1913) in (1944) S. 47*

Planck, M.: Die Entstehung und bisherige Entwicklung der Quantentheorie, *Nobelvortrag 1920, in (1944) S. 104*

Pöppel, E., Edingshaus, A.-L.: Geheimnisvoller Kosmos Gehirn, *Bertelsmann, München (1994), S. 179*

Reale, G.: Zu einer neuen Interpretation Platons. Eine Auslegung der Metaphysik der großen Dialoge im Lichte der ungeschriebenen Lehren, *Schöningh, Paderborn (1993)*

Sacks, O.: Der Tag, an dem mein Bein fortging, *rororo-Sachbuch, Hamburg (1991) S. 8884*

Scheibe, E.: Kant's Apriorism and Some Modern Positions, *in Scheibe, E. (1988)*

Scheibe, E. (Hrsg.): The Role of Experience in Science, *W. de Gruyter, Berlin, New York (1988)*

Scheibe, E.: C. F. v. Weizsäcker und die Einheit der Physik, *Philosophia Naturalis 30 (1993) S. 126–145*

Schlüter, A.: Der wachsende Kosmos und die Realität der Quanten, *Nova Acta Leopoldina NF 69, Nr. 285 (1993) S. 127–135*

Sheldrake, R.: Das schöpferische Universum, *Goldmann TB 1985 (1981)*
Sheldrake, R.: Das Gedächtnis der Natur *(1990)Singer, W.:* Consciosness and the Structure of Neuronal Representations, *Phil. Trans. R. Soc. Lond. B 353 (1998) S. 1829–1840*
Weizsäcker, C. F. v.: Ortsbestimmung eines Elektrons durch ein Mikroskop, *Z. Phys.* **70** *(1931) S. 114–130*
Weizsäcker, C. F. v.: Ein Blick auf Platon, *Reclam, Stuttgart (1981) RUB 7731*
Weizsäcker C. F. v.: Aufbau der Physik, *Hanser, München (1985)*
Weizsäcker C. F. v.: Zeit und Wissen, *Hanser, München (1992)*
Wotters, W. K., Zureck, W. H.: Nature **299** (1982) S. 802

Sachverzeichnis

Namensverzeichnis